移动 App 测试技术

陈文捷　蔡立志　刘振宇　沈　颖　编著

哈爾濱工程大學出版社
Harbin Engineering University Press

内容简介

移动 App 的运行环境、输入、使用方式较复杂，其测试技术与传统应用软件测试技术存在一定差异。本书分析了移动 App 的典型特征、架构、运行环境，以 GB/T 25000.10—2016《系统与软件工程 系统与软件质量要求和评价(SQuaRE) 第 10 部分：系统与软件质量模型》为基本框架，结合 Android 应用的特点，从功能性、性能效率、兼容性、易用性、可靠性、信息安全性、维护性、可移植性等方面对基于 Android 的移动 App 的测试方法、测试工具进行了详细介绍。

本书可供基于 Android 的移动 App 的开发、维护、测试人员阅读，也可供对移动 App 测试感兴趣的人员阅读。

图书在版编目(CIP)数据

移动 App 测试技术 / 陈文捷等编著. —哈尔滨：哈尔滨工程大学出版社，2023.4

ISBN 978-7-5661-3890-3

Ⅰ. ①移… Ⅱ. ①陈… Ⅲ. ①移动终端-应用程序-程序测试 Ⅳ. ①TN929.53

中国国家版本馆 CIP 数据核字(2023)第 056056 号

移动 App 测试技术
YIDONG APP CESHI JISHU

选题策划 刘凯元
责任编辑 刘凯元
封面设计 博鑫设计

出版发行 哈尔滨工程大学出版社
社　　址 哈尔滨市南岗区南通大街 145 号
邮政编码 150001
发行电话 0451-82519328
传　　真 0451-82519699
经　　销 新华书店
印　　刷 哈尔滨午阳印刷有限公司
开　　本 787 mm×1 092 mm 1/16
印　　张 15.5
字　　数 400 千字
版　　次 2023 年 4 月第 1 版
印　　次 2023 年 4 月第 1 次印刷
定　　价 80.00 元

http://www.hrbeupress.com
E-mail:heupress@hrbeu.edu.cn

前言

目前,移动终端已经渗透到人们生活的方方面面,其用户数量也在不断增长。国内外各大知名厂商,如苹果、谷歌、华为等公司,都将主要的业务方向放在了智能手机的研发上。目前在 iOS(苹果)、Android(安卓)两大移动操作系统阵营中,几乎每一天都有大量的移动 App(计算机应用程序)被开发出来,这些移动 App 涵盖了生活、娱乐、游戏、运动、医疗等各个领域。据 App Annie 的调查研究表明,2015 年全球移动 App 市场达到了 400 亿美元,2020 年已达到 1 010 亿美元。移动 App 由于其设备还有其他硬件特性,比如 GPS、触控、陀螺仪、罗盘、内置摄像头、麦克风功能的调用等,给用户带来的体验也与传统应用完全不同,对移动 App 的测试有着重要的影响。

移动 App 测试由于其测试环境复杂多变、测试本地资源有限、测试需求严格苛刻、模拟器测试无法真实反映物理真机测试等原因,使得其与传统软件测试存在很大差别。2016 年,我国发布了国家标准 GB/T 25000.10—2016《系统与软件工程 系统与软件质量要求和评价(SQuaRE) 第 10 部分:系统与软件质量模型》及 GB/T 25000.51—2016《系统与软件工程 系统与软件质量要求和评价(SQuaRE) 第 51 部分:就绪可用软件产品(RUSP)的质量要求和测试细则》。本书以 GB/T 25000.10—2016 为基本框架,结合 Android 应用的特点,从功能性、性能效率、兼容性、易用性、可靠性、信息安全性、维护性、可移植性等方面介绍了移动 App 的测试方法,可为 Android 软件的开发者和测试人员提供参考。在不引起歧义的情况,本书中的移动 App 均指基于 Android 的移动 App。

本书尽可能用简单易懂的语言全面地介绍移动 App 测试技术,但要完全理解本书的内容,读者还需要具备一定的背景知识。具体有以下几方面:

- 读者需要有一定的 Java 语言编程基础,若有 Android 开发方面基础则更佳。本书介绍的一些 Android 应用测试工具需要用 Java 语言编写测试脚本,因此读者需要有一定的 Java 语言编程基础。

- 读者需要具备出现问题后解决问题的能力。由于读者所使用的硬件、软件环境与本书中的样例可能不尽相同,其在测试工具使用过程中可能遇到本书没有提及的问题,因此查阅资料、解决问题是必备的技能。

本书内容共分为 10 章,具体如下:

- 第 1 章介绍了移动 App 的典型应用形式、典型操作系统、Android 系统,以及移动终端的特点。

- 第 2 章主要介绍了移动 App 测试相比传统软件测试的不同点,并建立了移动 App 的质量模型。本章的目的旨在使读者对移动 App 测试有一个概括性的认识。

- 第 3 章主要介绍了移动 App 功能性测试,包括自动化功能测试和专项功能测试。

• 第 4 章主要介绍了移动 App 性能效率测试，包括时间特性和容量、资源利用及基准测试。

• 第 5 章主要介绍了移动 App 兼容性测试，主要关注移动 App 的多版本兼容性问题和接口兼容问题。

• 第 6 章主要介绍了移动 App 易用性测试，从可辨识性、易学性、易操作性、易访问性方面测试移动 App 的易用性。

• 第 7 章主要介绍了移动 App 可靠性测试，对来电中断、前后台切换、弱网络等多种场景进行了探讨。

• 第 8 章主要介绍了移动 App 信息安全性测试，针对移动 App 的权限管理、广告植入、恶意软件、篡改等问题及其测试方法进行了深入的介绍。

• 第 9 章主要介绍了移动 App 维护性测试，主要从易分析性、易修改性、易测试性三方面进行了介绍。

• 第 10 章主要介绍了移动 App 可移植性测试，主要关注移动 App 在不同操作系统、不同设备上的可移植性测试。

本书的完成离不开各位作者的共同努力，在此感谢本书的主要作者，以及对本书的校对、修订、出版做出贡献的所有人员。

感谢支持本书的各位读者，希望本书能帮助读者更好地进行移动 App 的开发、测试和维护工作。

由于本书编著者水平有限，书中难免有错漏之处，欢迎读者批评指正。

编著者

2023 年 1 月

目录

第 1 章　移动 App 概述

随着移动终端市场的飞速发展,移动终端已经渗透到人们生活的方方面面,用户数量也在不断迅速增长。国内外各大知名厂商,如苹果、谷歌、华为等,都将主要的业务方向放在了智能手机的研发上。市场研究机构 eMarketer 发表的趋势报告中提出,2014—2018 年,中国的智能手机用户从总人口的 38.3%增加到 51.1%;2014 年中国智能手机用户已超过 5 亿,2018 年底已超过 7 亿。艾媒数据显示,近年来,中国智能手机用户数量呈现逐年上涨的趋势。2019 年中国智能手机用户数量超过 748.3 百万人,2020 年达到 781.7 百万人,2021 年已经突破 800 百万人①。

目前在 iOS(苹果)、Android(安卓)两大移动操作系统阵营中,几乎每一天都有大量的移动 App 被开发出来,这些移动 App 涵盖了生活、娱乐、游戏、运动、医疗等各个领域。据 App Annie 的调查,2015 年全球移动 App 市场达到了 400 亿美元,2020 年已达到 1 010 亿美元。2019 年全球应用商店用户支出突破 1 200 亿美元,全球移动 App 下载量达到 2 040 亿次。2020 年全球移动 App 和移动广告支出突破了 2 400 亿美元②。

移动 App 与桌面应用的比较见表 1-1。

表 1-1　移动 App 与桌面应用的比较

方面	移动 App	桌面应用
应用类型	原生(Native)App、Web App、混合型	客户端、Web 应用
操作方式	多点触摸	鼠标和键盘
界面布局	简单	复杂
屏幕	较小,种类多	较大
功能	部分	全部
设备网络连接方式	3G、4G、5G、WiFi	有线或者无线(WiFi)
存储空间	较小	较大
设备性能	不可扩展	可扩展
用户使用习惯	随时随地,移动状态	固定地点
产品开发周期	较短	较长
产品更新	较频繁	较慢

移动 App 与桌面应用的区别如下。

(1)从应用类型上:移动 App 的类型分为原生 App、Web App 及混合型;桌面应用包括客

① 数据来源:data.iimedia.cn。

② 数据来源:https://www.data.ai/en/insights/market-data/market-data-state-of-mobile-2021/。

户端应用和 Web 应用。

(2)从操作方式上:移动终端设备基本支持多点触摸,因此移动 App 可以支持多种操作手势;桌面应用的载体计算机使用的是鼠标和键盘。

(3)从界面布局上:移动 App 操作界面少、流程简单;桌面应用操作界面及流程均相对复杂。

(4)从屏幕上:移动设备屏幕较小,并且种类繁多;桌面应用的显示屏幕大且屏幕限制通常较少。

(5)从功能上:移动 App 强调主要功能及用户常用功能;桌面应用支持全部功能。

(6)从设备网络连接方式上:移动终端设备连接方式主要是 3G、4G、5G、WiFi;桌面应用的载体计算机的网络连接方式主要是有线或者 WiFi。

(7)从存储空间、设备性能上:移动终端设备的存储空间、计算性能往往不可扩展;而桌面应用的计算机存储空间和计算性能可扩展性强。

(8)从用户使用习惯上:用户可以随时随地安装或使用移动 App,强调的是移动性、便捷性,而传统计算机用户一般在固定的地点使用桌面应用;用户通常无须接受培训即可使用移动 App(尤其是对公众开放的 App),而桌面应用有时候需要经过培训或提供操作手册才能使用。

(9)从产品开发周期上:移动 App 的开发周期一般比较短;而桌面应用的开发周期相对较长。

(10)从产品更新上:移动 App 的更新与桌面应用相比较更为频繁。

此外移动 App 由于其设备还有其他硬件特性,比如对全球定位系统(GPS)、触控、陀螺仪、罗盘、内置摄像头、麦克风功能的调用等,给用户带来的体验也与传统应用完全不同。这些所有的特性都对移动 App 的测试有着重要的影响,使移动 App 测试与传统桌面应用的测试有明显差异。

1.1 典型应用形式

1.1.1 原生应用

原生应用通常称为原生 App(也称本地 App),是一种独立的、需安装的应用软件,应用于移动终端,如智能手机、平板电脑等设备。一般不同的移动终端的操作系统(如 iOS、Android)有不同的版本,需采用特定开发语言编写和运行第三方应用程序。常见的原生 App 的开发语言为 Java、Objective-C。

原生 App 针对 iOS、Android 等不同的移动终端的操作系统采用不同的语言和框架进行开发,其所有的 UI 元素、数据内容、逻辑框架均安装在手机终端上。

原生 App 典型的应用包括游戏、电子杂志、管理应用、物联网等。用户一般通过应用商店来获取原生 App,如 App Store 与 Android Apps on Google Play。

原生 App 的优点:

(1)可访问移动终端所有功能,如 GPS、摄像头、语音、短信、蓝牙、重力感应等;

(2)速度快、性能高、整体用户体验较好;

(3)可线下使用(非原生 App 通过 Web 方式一般需要联网使用);

(4)支持大量图形和动画,在应用商店易被发现和被更新;

(5)质量及安全性好。

原生 App 的缺点:

(1)开发及维护成本高,如果一个原生 App 支持多个平台,每个平台都需要独立开发;

(2)上线时间不确定(应用商店有自己的审核流程与机制);

(3)内容受限制(应用商店会对移动 App 进行审核);

(4)每次获得新版本时需重新下载应用更新,特别是每次获取最新功能时,需要升级原生 App 应用;

(5)安装包需下载且相对较大,特别是随着 iOS 和 Android 的版本升级后,安装包大小也逐渐增大,下载时一般需要网速较好或在 WiFi 网络中进行。

原生 App 可以充分利用设备的特性,实现 Web 浏览器所达不到的功能。因此,对于一个产品本身而言,原生 App 是最佳选择。同时原生 App 的运行可以不依赖于网络环境,用户断网时也可访问原生 App 应用中已下载的数据,如音频、视频、媒体等数据。

1.1.2　Web App

基于 Web 的应用(也称 Web App、移动 Web、移动 Web 应用)是一种基于 HTML5 的 App 开发模式,其使用通常基于移动终端内嵌的浏览器,这种应用形式不依赖于具体的移动终端及操作系统,具有很好的通用性。

与桌面 Web 一样,Web App 支持各种标准的协议,可以与桌面 Web 提供相同的功能和相似的操作,较适用于电子商务、金融、新闻资讯、企业集团等需经常更新内容的行业。

Web App 的优点:

(1)运行于浏览器,可以与桌面 Web 互通;

(2)跨平台开发,不需要针对每个平台开发;

(3)不需要安装额外软件,一般主流移动终端都会有浏览器,控制版本非常容易。

Web App 的缺点:

(1)仅支持有限的移动硬件设备能力,复杂的移动硬件设备的支持需要开发或者暂时不支持;

(2)搜索 Web App 比较困难,需要知道链接地址;

(3)安全性受到浏览器的影响;

(4)必须联网才能使用;

(5)Web App 的用户体验较原生 App 在某些领域略差;

(6)性能需要进行检验;

(7)一般采用基于 HTML5 方式,若基于非 HTML5,界面中元素显示会出现较小或排列混乱的情况。

因此,Web App 的应用是基于 HTML5 的浏览器模式,即使 Web 代码全部下载在本地运行,运行效率也要比原生 App 差一些。

1.1.3 混合模式应用

混合模式应用是原生 App 和基于 Web App 两种应用形式的结合,通常也称混合模式移动 App。

混合模式应用兼具“原生 App 良好用户交互体验的优势”和“Web App 跨平台开发和低成本的优势”。因此,可以把混合模式应用看作介于原生 App 和 Web App 两者之间的应用程序。

Web App 模式通常由 HTML5 服务端和 App 应用客户端两大部分构成;移动 App 的客户端只需安装应用的框架部分,而应用的数据则是每次打开 App 的时候,由 HTML5 服务端获取数据呈现给移动 App 的用户。混合模式也需要下载 App 并安装,但是 App 安装包只包含框架文件,而大量的 UI 元素、数据内容则存放在 HTML5 服务端;用户无须频繁更新 App 应用,而是与 HTML5 服务端实现实时的数据交互。

混合模式应用主要以 JS+Native 两者相互调用为主,从开发层面实现“一次开发,多处运行”机制。2012 年,混合模式应用的践行者 Facebook 决定大量弃用 App 中的 HTML 页面,转向更加 Native 化的方案,目前已经有众多混合模式应用成功应用,比如百度、网易等知名移动 App,都是采用混合模式应用开发模式。

混合模式应用的优点:

(1)混合模式应用是原生应用和 Web 应用的结合体,两者比例相对自由;

(2)开发成本低,Web 前端工程师易上手;

(3)能节省跨平台的时间和成本,只需编写一次核心代码就可部署到多个平台,快速实现跨平台需求;

(4)可任意调整风格,可自定义版面布局;

(5)可兼容多平台;

(6)可顺利访问手机的多种功能;

(7)可在应用商店下载,同时内容的实时更新不依赖 App 版本;

(8)可线下使用。

混合模式应用的缺点:

(1)不确定上线时间;

(2)用户体验不如本地应用;

(3)性能稍慢(需要连接网络)。

混合模式应用和 Web App 类似,其本质是 HTML5,因此 Web 代码在本地运行效率会低于原生 App。同时,取决于不同的应用类型,对交互体验和性能有很高要求的应用是不适合用混合模式的。

1.1.4 其他应用

随着应用的快速发展,衍生出一种嵌入在移动 App 中的应用,这种应用被称为小程序,也被称为轻应用。从本质上分析,小程序就是一类移动 App,其特点是运行依赖于某个特定的移动 App。因此,小程序可以即需即用,不需要通过应用商店进行下载。常见的小程序有微信小程序、支付宝小程序、百度小程序等。

例如微信小程序,是一种不需要下载安装即可使用的应用,其实现了应用“触手可及”的梦想。在移动互联网时代,微信不仅提供资讯服务,而且通过社交可顺利连接到商城、游戏及各种 O2O 服务场景。

1.2 典型操作系统

移动 App 的操作系统经历着快速的发展。2000 年,Symbian(塞班)系统开始流行,在一段时间内曾经占据移动操作系统的领先地位,但最终因没能适应智能手机市场的变化而逐渐没落。BlackBerry(黑莓)操作系统在 2010 年前后也曾有过一段辉煌时期,但随着触屏智能手机的崛起,基于物理键盘的黑莓系统也慢慢淡出市场。Windows Phone 是微软公司推出的基于 WinCE 内核的移动操作系统,由于其软件生态无法与 iOS 和 Android 系统媲美,其竞争力也在不断下降。目前,Android 和 iOS 系统成为移动设备最常见的两大主流操作系统,其他移动操作系统的市场份额不足 1%。

1.2.1 Android

Android 是一种基于 Linux 的自由及开放源代码的操作系统,主要应用于移动设备,如智能手机和平板电脑,由谷歌(Google)公司和开放手机联盟领导及开发。第一部 Android 智能手机于 2008 年 10 月发布。

Android 操作系统最初由 Andy Rubin 开发,主要支持智能手机。2005 年 8 月,Google 对 Android 进行收购注资。2007 年 11 月,Google 与 84 家硬件制造商、软件开发商及电信运营商组建开放手机联盟共同研发和改良 Android 系统。随后 Google 以 Apache 开源许可证的授权方式,发布了 Android 的源代码。其最早的一个版本 Android 1.0 beta 发布于 2007 年 11 月 5 日,至今已经发布了多个更新版本。这些更新版本都在前一个版本的基础上修复了缺陷(Bug)并增加了新特性。

目前 Android 已逐渐扩展到平板电脑及其他领域,如电视、数码相机、游戏机等。2011 年第一季度,Android 在全球的市场份额首次超过 Symbian 系统,跃居全球第一。2013 年的第四季度,Android 平台手机的全球市场份额已经达到 78.1%。2013 年 9 月 24 日,Google 开发的操作系统 Android 迎来了 5 岁生日,全世界采用 Android 系统的各类设备数量已经达到 10 亿台。

本书将以 Android 为例来介绍相关移动 App 的测试方法,其他操作系统的移动 App 可参考本书的测试方法进行测试。

1.2.2 iOS

iOS 是由美国苹果公司开发的移动操作系统。美国苹果公司最早于 2007 年 1 月 9 日的 Macworld 大会上公布了这个系统,最初是设计给 iPhone 使用的,后来陆续被套用到 iPod touch、iPad 及 Apple TV 等产品上。iOS 与苹果的 Mac OS 操作系统一样,都属于类 Unix 的商业操作系统。

在 2018 年 6 月 5 日召开的苹果全球开发者大会(WWDC)上,苹果公司公布了 iOS 12 版本,同年 9 月 18 日正式发布了 iOS 12,2019 年 9 月 20 日推出了 iOS 13 正式版。iOS 开发语言为 Objective-C。美国苹果公司于 2014 年 WWDC 发布的新开发语言 Swift 可与 Objective-C 共同运行于 Mac OS 和 iOS 平台,用于搭建基于苹果平台的应用程序。

1.2.3 Windows Phone

Windows Phone(WP)是美国微软公司(以下简称微软)于 2010 年 10 月 21 日正式发布的一款手机操作系统,初始版本命名为 Windows Phone 7.0。其基于 Windows CE 内核,采用 Metro 的用户界面(UI),并将微软旗下的 Xbox Live 游戏、Xbox Music 音乐与独特的视频体验集成至手机中。2012 年 6 月 21 日,微软正式发布 Windows Phone 8,全新的 Windows Phone 8 舍弃了老旧 Windows CE 内核,采用了与 Windows 系统相同的 Windows NT 内核。2015 年,微软发布了 Windows 10 Mobile, 2017 年 10 月,微软因其市场占有率低和平台缺乏第三方开发而停止了对 Windows 10 手机的开发。2019 年 12 月,Windows 10 Mobile 停止对软件缺陷和安全问题的修复。

1.2.4 BlackBerry

BlackBerry 是加拿大 Research in Motion(RIM)公司持有的品牌名字。2013 年 1 月 30 日,RIM 公司在美国纽约召开发布会,宣布 RIM 正式更名为 BlackBerry。

2002 年 3 月,BlackBerry OS 4.0 版发布,用于 BlackBerry 5810 智能手机上。2009 年 8 月 4 日, BlackBerry OS 5.0 版发布,用于 BlackBerry 8520 手机上。到了 2010 年第三季度, BlackBerry OS 6.0 版发布,新增了基于 WebKit 的浏览器。2011 年 8 月,BlackBerry OS 7.0 版发布,并被部署在多款型号的 BlackBerry 手机上。2013 年 1 月 30 日,BlackBerry OS 10 版发布。BlackBerry OS 经历了多个小版本的更新后,于 2019 年末停止技术支持。

1.2.5 Symbian

1998 年,Ericsson(爱立信公司)、Nokia(诺基亚公司)、Motorola(摩托罗拉公司)和 Psion 共同合作成立 Symbian 公司。Symbian 操作系统是 Symbian 公司为手机而设计的操作系统,是实时性、多任务的纯 32 位操作系统,具有功耗低、内存占用少等特点,在有限的内存和运存情况下,非常适合手机等移动设备使用,支持 GPRS、蓝牙、SyncML、NFC 及 3G 技术。

2008 年 12 月 2 日,Symbian 公司被诺基亚公司收购。2011 年 12 月 21 日,诺基亚公司官方宣布放弃 Symbian 品牌。由于缺乏新技术支持,Symbian 市场份额日益萎缩。截至 2012 年 2 月,Symbian 系统的全球市场占有量仅为 3%。2012 年 5 月 27 日,诺基亚公司彻底放弃开发 Symbian 系统,但是服务将一直持续到 2016 年。2013 年 1 月 24 日晚间,诺基亚公司宣布,今后将不再发布 Symbian 系统的手机,意味着 Symbian 这个智能手机操作系统,在长达 14 年的历史之后,终于迎来了谢幕。2014 年 1 月 1 日,诺基亚公司正式停止了 Nokia Store 应用商店内对 Symbian 应用的更新,也禁止开发人员发布新应用。

1.3 Android 系统

Android 一词的本义指“机器人”,该词最早出现于法国作家利尔·亚当在 1886 年发表的科幻小说《未来夏娃》中,书中将外表像人的机器起名为 Android。Android 的 Logo 由

Ascender 公司设计,诞生于 2010 年,其设计灵感源于男女厕所门上的图形符号。Ascender 公司设计了一个简单的机器人,它的躯干就像锡罐的形状,头上还有两根天线。其中的文字使用了 Ascender 公司专门制作的"Droid"字体。Android 是一个全身绿色的机器人,绿色也是 Android 的标志。Android 尚未有统一中文名称,使用最多的名称为"安卓"。

Android 的系统架构和其他操作系统一样,采用了分层的架构,Android 分为 5 层,从高层到低层分别是应用程序层、应用程序框架层、系统运行库层、硬件抽象层和 Linux 核心层。

1.3.1　Android 系统版本的变迁

Android 在正式发行之前,最开始拥有两个内部测试版本,并且以著名的机器人名称来对其进行命名,它们分别是阿童木(Android Beta)和发条机器人(Android 1.0)。后来由于涉及版权问题,谷歌将其命名规则变更为用甜点作为它们系统版本的代号的命名方法。这些版本按照从 C 大写字母开始的顺序来进行命名,如 Cupcake、Donut、Éclair 等。Android 10.0 不再使用甜点的名称作为版本代号。附录中的附表列出了 Android 系统的部分版本的发布时间及对应的版本号。

1.3.2　Android 衍生系统

Android 衍生系统主要包括华为 EMUI、小米 MIUI、乐视 EUI、中兴 MiFavor UI 及其旗下努比亚 nubia UI 、酷派 Cool UI、联想 VIBE UI 及其旗下 ZUK ZUI 等、魅族 Flyme、OPPO Color OS、锤子 Smartisan OS、一加 H2OS/Oxygen OS、VIVO Funtouch OS、金立 Amigo OS、360 OS、IUNI OS、乐蛙 OS(已停止更新)、百度云 OS、雷电 OS、点心 OS、三星 Touchwiz、LG UX、Moto Blur、CyanogenMod 等。下面主要介绍其中的几种。

1.华为 EMUI 简介

EMUI 是华为(华为技术有限公司)基于 Android 系统开发的情感化用户界面。其独创的 Me Widget 整合常用功能,一步到位;快速便捷的合一桌面,减少了二级菜单;触手可及的智能指导和贴心的语音助手,可解放双手。目前该衍生系统已超过 1 亿用户。

2014 年 8 月,华为发布 EMUI 3.0,彻底颠覆了 EMUI 的设计风格,对杂志锁屏进行了一系列优化。2015 年 4 月,华为发布的 EMUI 3.1,首次在 P8 旗舰手机的相机内使用流光模式。

EMUI 的主要功能介绍如下。

亲情模式:可以通过网络将手机屏幕分享给对方,可在通话的同时处理各种网络问题,还可以用自己的手指,在对方的手机屏幕上随意涂鸦。

懒人模式:当手机键盘过大而不便于操作时,用户只要左右倾斜手机,就可以掌握键盘,轻松自如地单手操作大屏手机;如果上下抖动手机的话,悬浮窗就会下移,让界面上那些"高"不可攀的内容可以轻松掌握;即便只是简单地下拉,也可以展开二维码卡片、摄像头等常用功能。

应用市场:EMUI 在机器自动检测的基础上增加了人工检测环节,让广告、盗号等恶意应用无所遁形,以及不需要二次确认的安装模式和定时下载等功能。

生活黄页:丰富的联系人服务信息、海量的陌生号码库、近三百个城市的黄页信息查询等便捷服务。

一触即拍：采取先拍照、后对焦的模式让使用者可以轻松地将每一张照片按照自己的想法进行处理；丰富的镜头水印让风景、美食等图片变得更加生动有趣；美肤功能让使用者可以留下自己最美丽的瞬间；使用者可以轻松地通过时间、地点模式查找照片，将每一份记忆都鲜活保存。除了这些丰富、实用的功能之外，EMUI 还可以轻松地利用镜头翻译外文路牌、菜单等内容，其独有的前置镜头全景自拍功能，更是让使用者在聚会、旅游的过程中能够利用前置镜头一展身手。

悦动视听：EMUI 为用户提供了高品质的音乐及最新的美剧、娱乐节目，具有新颖、炫酷的播放界面和卓越的播放效果，帮助用户随意裁剪喜欢的歌曲将其设置为铃声，并能通过云端同步的方式随时在不同的终端聆听自己喜爱的音乐。此外，针对不同用户的音乐需求，EMUI 还提供锁屏歌词、智能睡眠模式、歌词微调等功能。

自在桌面：EMUI 具有丰富的全球化主题和高效的桌面手势。

杂志锁屏：EMUI 让用户可以将自己喜欢的照片、图片添加到锁屏中循环播放，有丰富的主题图片库可供选择。

2.小米 MIUI 简介

MIUI 是小米公司（小米科技有限责任公司）旗下基于 Android 系统所开发的手机操作系统。其全面改进了原生体验，能够带给用户更为贴心的智能手机体验。MIUI 累计发布 293 个版本，拥有激活用户 2 亿，遍布 156 个国家和地区。

2015 年 8 月 13 日，小米公司召开发布会，发布了新一代的操作系统，即 MIUI 7。2016 年 5 月 10 日，小米公司发布了全新 MIUI 8 手机操作系统。新版系统在色彩、交互动画、系统字体等方面进行了大胆改进，功能上则提供了应用/手机分身及扫一扫做题等功能。

MIUI 系统的功能特点如下。

桌面底部快捷程序栏：桌面底部提供快捷程序栏，最多支持放 5 个程序图标，也可以放入文件夹。如果把电话或短信放在快捷栏，则在任何界面都能快速进入电话或短信程序。

桌面文件夹：可以通过建立新的文件夹来管理桌面图标，支持给文件夹命名，给文件夹内的图标排序。文件夹有隐藏程序的特性，放入文件夹的程序可以自动隐藏。

全新桌面编辑模式：在桌面双指捏合进入编辑模式后，可以修改壁纸和锁屏壁纸，支持多点触摸移动图标，打开小工具盒子支持拖拽添加小工具。如果想卸载程序，可以把程序拖拽到顶部垃圾筐处即可。如果桌面图标比较凌乱，只需进入编辑模式摇晃手机便可使图标快速变整齐。

屏幕缩略图模式：通过三根手指一“捏”进入屏幕缩略图浏览，支持屏幕排序，可自由添加、删除屏幕及设置默认主屏。

任务管理器：进入任务管理器，可以快速切换最新使用的程序，或者关闭正在运行的程序。

2015 年 8 月 13 日，小米公司在秋季新品发布会上发布了 MIUI 7，同时适配了自家全部手机型号，以及 Galaxy S4 等第三方机型。8 月 17 日开放了开发版下载，9 月中旬陆续开展了 MIUI 7 稳定版的推送。MIUI 7 在系统设计上的轻、快，传承了 MIUI 6“好看好用即是美”的设计理念，新增了 4 套系统 UI，传承了“拒绝单调，为你设计”的新理念。

MIUI 8 具有几十项重大功能改进，近千项细节体验优化。MIUI 8 系统的设计灵感源于变幻万千的“万花筒”，在色彩、交互动画、系统字体等方面的大胆改进让新系统看上去焕然一新。MIUI 8 中，常用的微信、QQ、微博等社交软件都可以实现分身，甚至包括游戏在内的几乎所有应用同样可以分身。此外，MIUI 8 系统还实现了手机的分身。同一部手机可通过不同的密码或者指纹进入不同的桌面，两个空间内的数据及应用相互完全隔离，比如不同空间内的相册图片都是完全不同的。当然，用户也可以根据自己的需求，将诸如通讯录、通话记录等数据进行合并。

3.魅族 Flyme 简介

Flyme 是魅族（星纪魅族集团）基于 Android 操作系统为旗下智能手机量身打造的操作系统，旨在为用户提供优秀的交互体验和贴心的在线服务。

2009 年 2 月 18 日，魅族推出基于 Windows CE 6.0 内核的正式版本手机操作系统（只适用于魅族 M8，称为 Mymoblie 操作系统），此后推出了为 M9 及 MX 深度定制的基于 Android 2.2 和 Android 2.3 的操作系统（未正式确立专有名称），但直到 2012 年 6 月 25 日才将基于 Android 4.0.3 的手机操作系统正式命名为“Flyme”。

2015 年 9 月 23 日，魅族 PRO5 新品发布会在北京国家会议中心举办。此次发布会除了魅族 PRO5，必须要说的就是伴随新品一起发布的新系统。新系统以尊崇自然风格的设计思路为纲，重新规整了思路，让视觉细节犹如大自然般平静而富有生命的灵动，明亮的色彩、恰到好处的圆角、逻辑清晰的动画，这就是全新的 Flyme 5 系统。

Flyme 是魅族为其智能手机倾力开发的创新之作，凝聚了魅族多年来对智能手机用户体验的深度发掘和在其历代操作系统上演进优化的经验和技术实力，力求为魅族手机提供更强大的应用功能和更卓越的操作感受。最初的 Flyme 1.0 提供逻辑清晰、操作线程短的用户交互，令功能一目了然、易用顺手，而系统应用也将结合各项快速操作方式而更加智能贴心。Flyme 作为业内领先的定制 Android 系统，凭借强大、全面的功能，以及人性化的操作方式和简约素雅的界面风格，一直被公认为是最优秀的手机操作系统之一。

4.OPPO ColorOS 简介

ColorOS 是由 OPPO 公司（OPPO 广东移动通信有限公司）推出的基于 Android 深度定制的系统，其优点是直观、轻快、简约而富有设计感。ColorOS 是 OPPO 公司力求软硬结合，开拓移动互联网市场的长线产品。2013 年 4 月 26 日，OPPO 公司发布首个公测版本，现今已被翻译成英语、泰语、印尼语等三十多种国家语言，并在全球范围内推广使用。

2015 年 5 月 20 日，OPPO 公司发布了 ColorOS 2.1。

2016 年 3 月 17 日，ColorOS 3.0 系统随着 OPPO R9 一起正式被发布。

ColorOS 特点如下。

设计简洁：在简约的基础上，最大限度减少容易对人造成干扰的视觉元素的使用，让视觉减负；突出界面核心内容，让信息主次分明、层次清晰，在延续中做到轻量化设计；通过色彩比例的合理运用，突出、刻画主要视觉元素，但又不失立体感，整体精致且更具品质感。

性能更好：ColorOS 不断优化系统底层，提升平台基础，加强硬指标，提升性能效率，优化用户场景。

功能强大：轻量化个性体验，将每一项功能做到更精，从而实现更快操作。桌面整理高效便捷，并提供音乐、视频、主题、软件、游戏等丰富内容服务。

5.CyanogenMod 简介

CyanogenMod（CM）研发团队是目前全球最大的 Android 第三方编译团队，其发布的

Android 2.1 内核 CM5 系列 ROM 被广泛使用,促进了用户从 Android 1.6 到 Android 2.1 版本的第三方升级。这个团队曾经先于 Google 公司为很多手机率先定制出稳定的 Android 1.6 ROM。

CyanogenMod 系列有 CM4(Android 1.6)、CM5(Android 2.1)、CM6(Android 2.2)、CM7(Android 2.3)、CM9(Android 4.0)、CM10(Android 4.1)、CM10.1(Android 4.2)、CM10.2(Android 4.3)、CM11 (Android 4.4)、CM12 (Android 5.0)、CM12.1(Android 5.1)、CM13(Android 6.0)。

CyanogenMod 是一个免费、基于社区构建的 Android OS 的修改和改进版本。

CyanogenMod 于 2013 年 9 月 18 日对外宣布,希望超越 BlackBerry 和 Windows Phone 成为世界第三大手机操作系统。CyanogenMod 是一个开源的 Android 系统,可提供一些官方 Android 系统或手机厂商没有提供的功能,如支持 Free Lossless Audio Codec-FLAC(无损音频压缩编码)音频格式的音乐、多点触控、从 SD 外置存储器运行程序、压缩缓存、大量 APN 的名单、重新启动功能、WiFi 无线网络支持、蓝牙和 USB 网络分享等。

1.3.3 主要衍生系统的比较

MIUI 除了主题资源丰富、定制能力强大、官方提供 MUSE 主题编辑工具外,还有额外的自由桌面,可以对桌面小插件及图标等进行场景化的定制。不过,MIUI 除官方外的大部分主题都需要用户付费才能使用。

EMUI 与 Flyme 之间在主题资源及定制能力方面相对接近,两者均提供锁屏样式、图标、壁纸、字体等丰富的混搭选项。EMUI 与 Flyme 之间的主题风格存在明显的差异。ColorOS 的大部分全局主题资源均为小清新或是动漫卡通风,两者均缺少图标的单独定制选项,只能随着主题一起更改。

MIUI 的图标整理方式是可以多选图标,多选之余还能顺带进行排序操作,在细节上考虑周到,可以直接在批量整理模式下创建一个空文件夹,然后把图标放进去,不需要中断操作。ColorOS 和 Flyme 支持多选及快捷跨屏移动,整理图标非常便捷。EMUI 仅提供了多选和批量移动,缺少跨屏移动功能。

在多任务切换和管理方面,大多数定制 UI 开始回归 Android 原生的卡片式设计,只有 MIUI 依旧还提供基于图标的多任务管理,前者可以通过两指捏合或扩张的方式进行切换,后者仅有这一种方式。

日常生活中,偶尔会遇到需要操作过程中查看其他应用显示内容的情况,例如在浏览器中输入账户时,可能要回到信息中查看具体的信息,如果是卡片式后台,只需要切换到多任务管理界面就可以看到了,无须再跳转进入信息应用。

由于主流安卓手机屏幕尺寸多为 5 英寸[1 英寸(in)= 2.54 厘米(cm)]以上,因此大部分定制 UI 都把一键清理按钮放在了触手可及的底部位置,Flyme 5 把按钮放到了顶部,在 5.5 英寸或更大尺寸屏幕设备上,单手状态下很难在不调整握持位置的情况下点按到按钮。

魅族的 Flyme 提供了在通知栏顶部优先展示的功能;华为的 EMUI、OPPO 的 ColorOS 则提供优先通知功能,可以在手机设为勿扰状态下时,给予用户响铃或振动提醒;MIUI 早期版本在通知优先功能上有些缺失。

EMUI、Flyme 和 MIUI 安全功能较为丰富,ColorOS 缺少基于在线账号体系的防刷机或者是激活验证机制，在阻止应用关联唤醒方面也表现得非常被动，只能在发现应用耗电异常后进行终结，无法提前切断这种联系。

定制 UI 对单手操作进行了不同程度的优化，起步较早的定制 UI 在设计之初并没有考虑大屏的使用场景，因此只能靠加入单手模式来进行弥补。后来出现的定制 UI，则在设计之初就加入了大屏单手操作的设计与优化，因此无须再额外加入单手模式。

单手方面表现比较出色的还有 Flyme，Flyme 的单手模式比较有特点，它必须在悬浮球的双击中进行设定，无法通过其他手势呼出，但开启后配合悬浮球本身的单击返回、双击关闭、左右滑动切换多任务、下拉打开通知栏整体体验还是相当不错的。ColorOS 和 MIUI 仅提供了单手小屏功能，相对简单。

小米的 MIUI 目前资源和服务的整合较为庞大，除了地图导航外，几乎已经建立起了完善、庞大的内容资源生态圈，触角所及的范围极广。Flyme 和 EMUI 紧随其后，在资源和服务的接入方面呈现出非常积极的进攻姿态。ColorOS 加入了在线音乐资源，但离线的资源和服务整合能力相对较差。

1.4　移动终端的特点

移动 App 的发展是随着移动终端的发展而逐步发展起来的。随着新技术的出现，这些移动终端所集成的设备都是影响移动 App 发展的重要因素。最初的移动终端，也就是常说的手机，只是一个具有通信功能的设备，基本功能只包括电话、短信。但是随着移动互联网的快速发展、移动终端性能和网络的集成，移动终端不仅具备了传统的通信功能，而且通过移动数据传输网络的发展，提供了更多的功能。随着智能技术的发展，各类传感器芯片整合到移动终端，当前，移动终端已经可以整合摄像头、蓝牙、定位、NFS 等设备。特别是最近几年，这些融合到移动终端中的设备已经和移动 App 结合得越来越紧密。移动 App 已逐步替代了原有的桌面应用软件，同时软件的易用性等便捷方面也有了很大的进步。

1.4.1　界面多样化

1.屏幕分辨率多样

移动终端型号很多，屏幕分辨率的差异很大。屏幕尺寸指屏幕的对角线的长度，单位是 in。屏幕分辨率是指在横纵向上的像素点数，单位是 px，1 px = 1 个像素点。屏幕像素密度是指每英寸上的像素点数，单位是 dpi，即“dot per inch”的缩写。屏幕像素密度与屏幕尺寸和屏幕分辨率有关，在单一变化条件下，屏幕尺寸越小、分辨率越高，像素密度越大，反之越小。像素密度分为 ldpi、mdpi、hdpi、xhdpi，不同像素密度的范围见表 1-2。

表 1-2　屏幕分辨率

	低密度（120），ldpi	中密度（160），mdpi	高密度(240)，hdpi	超高密度（320），xhdpi
小屏	QVGA(240×320)		480×640	
正常屏	WQVGA400（240×400），WQVGA432(240×432)	HVGA(320×480)	WVGA800(480×800)，WVGA854(480×854) 600×1 024	640×960
大屏	WVGA800(480×800)，WVGA854(480×854)	WVGA800(480×800)，WVGA854(480×854)	600×1 024	
超大屏	1 024×600	WXGA(1 280×800) 1 024×7 681 280×768	1 536×1 152 1 920×1 152 1 920×1 200	2 048×1 536 2 560×1 536 2 560×1 600

2.界面设计风格多样

(1)Holo 风格

Google 于 2012 年初推出了 Android Design 的设计规范，即 Holo 风格，如图 1-1 所示。Holo 是 Android 4.0 开始使用的一套 UI 风格，包括 holo dark 和 holo light。界面设计追求简约且充满了浓浓的工程师风格。

图 1-1　Holo 风格

(2)Metro UI 风格

Metro UI 也叫 Modern UI(这个名字现在更常用)、Windows 8 Style UI，是微软基于设计语言设计的一种界面风格，如图 1-2 所示，此设计已被用于移动操作系统 Windows Phone、Windows 8、Xbox 360 等多款微软产品，也是目前各种设计风格里面应用最广的。

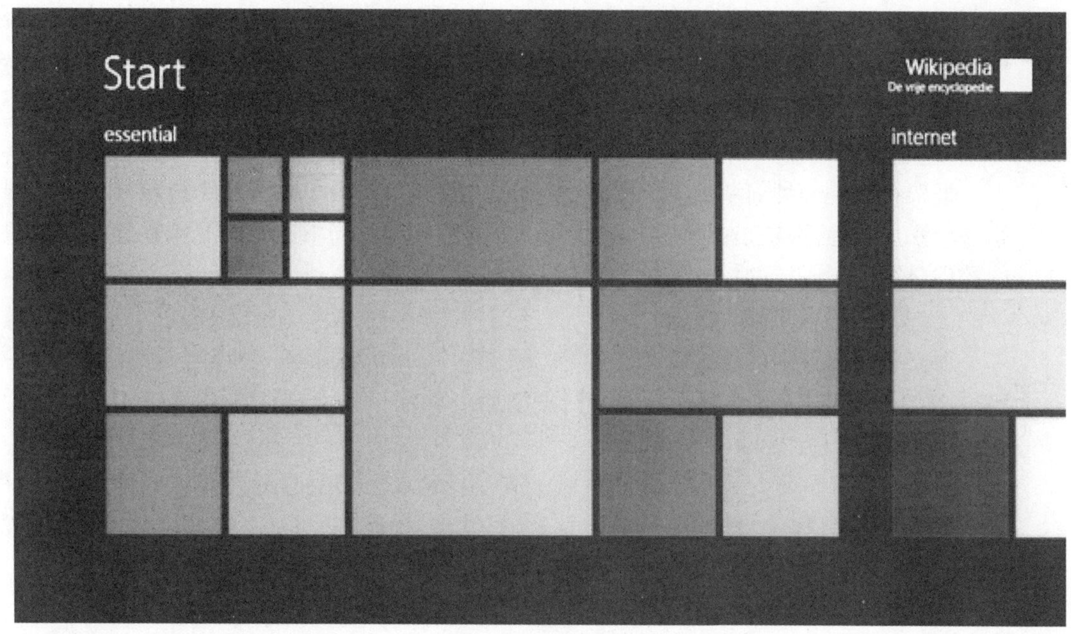

图 1-2　Metro UI 风格

2006 年,当微软媒体播放器内置系统 Zune 开始使用类似 Metro 的设计风格的时候,微软公司的设计师就计划重新设计现有用户界面。微软的设计摒弃了复杂图形而直接展示内容本身,提升了常用任务使用体验和速度,界面使用更多大面积块,标题和内容非常直观地显示出来,而且常常伴随着屏幕滚动。

(3)扁平化风格(Flat Design)

"Flat Design"为"扁平化设计"的英文名,这个概念在 2008 年由 Google 提出。扁平化概念的核心意义是去除冗余、厚重和繁杂的装饰效果。其具体表现在去掉了多余的透视、纹理、渐变,以及能做出 3D 效果的元素,让"信息"本身重新作为核心被凸显出来,同时在设计元素上,则强调了抽象、极简和符号化。

目前,Windows、Mac OS、iOS、Android 等操作系统的设计已经往"扁平化设计"方向发展,其设计语言主要有 Material Design、Modern UI 等。

扁平化的设计在手机系统中直接体现在更少的按钮和选项,这样使得 UI 界面变得更加干净整齐,使用起来格外简洁,从而带给用户更加良好的操作体验。因为可以更加简单、直接地将信息和事物的工作方式展示出来,所以可以有效减少认知障碍的产生。

扁平化的设计,在移动系统上不仅界面美观、简洁,而且还能达到降低功耗、延长待机时间和提高运算速度的效果。例如,Android 5.0 就采用了扁平化的效果,因此该系统被称为"最绚丽的安卓系统"。

3.界面布局多样

(1)线性布局(Linear Layout)

线性布局是最常用的布局方式。线性布局在 XML 布局文件中使用<LinearLayout>标签进行配置,如果使用 Java 代码,需要创建 android.widget.LinearLayout 对象。

线性布局可分为水平线性布局和垂直线性布局。通过 android:orientation 属性可以设置线性布局的方向,该属性的可取值是 horizontal 和 vertical,默认值是 horizontal。当线性布局的方向是水平时,所有在<LinearLayout>标签中定义的视图都沿着水平方向线性排列。当线性布局的方向为垂直时,所有在<LinearLayout>标签中定义的视图都沿着垂直方向线性排列。

(2)框架布局(Frame Layout)

框架布局是一种简单的布局形式,所有添加到这个布局中的视图都以层叠的方式显示。第一个添加的控件被放在最底层,最后一个添加到框架布局中的视图显示在最顶层,上一层的控件会覆盖下一层的控件。这种显示方式类似于堆栈。

(3)表格布局(Table Layout)

表格布局以行列的形式管理子控件,每一行为一个 TableRow 对象,当然也可以是一个 View 对象。TableRow 可以添加子控件,每添加一个为一列。

(4)相对布局(Relative Layout)

相对布局允许子元素指定它们相对于其父元素或兄弟元素的位置,这是实际布局中最常用的布局方式之一。相对布局灵活性大,属性多,操作难度也大,属性之间产生冲突的可能性也大,因此使用相对布局时要多做些测试。

(5)绝对布局(Absolute Layout)

绝对布局是以坐标的方式定位元素在屏幕上的位置,缺乏灵活性,在没有绝对定位的情况下相比其他类型的布局更难维护。在拖动控件或有动画的控件中常用绝对布局。

(6)网格布局(Grid Layout)

网格布局作为 Android 4.0 后新增的一个布局,与前面介绍过的表格布局类似,可以设置容器中组件的对齐方式,容器中的组件可以跨多行也可以跨多列。

1.4.2 使用方式多样化

移动终端的使用方式多样性也是移动终端区别于传统计算机的特征之一。除了触摸屏,各种传感器也集成在移动终端中,如语音输入、摄像头、指南针(电子罗盘)、陀螺仪、光线感应、重力感应、红外、霍尔感应器、距离感应器、GPS。这些传感器的集成,使得移动终端的使用方式多样,而且复杂。

1.键盘

移动终端的使用方式从键盘方式向触摸方式进行转变,物理按键/虚拟按键包括菜单键、主键(HOME 键)、返回键、音量增减键、电源键或屏幕锁定键。

基于 Android 系统的屏幕正面的下方有三个按键,从左向右依次为返回键、HOME 键和菜单键,这三个按键以不同的形式存在,通常 HOME 键以物理按键存在,其他两个按键为虚拟按键。随着终端发展,这三个按键都以虚拟按键方式存在,特别是移动终端全面屏和大屏幕的物理键盘基本消失,三个按键都已经和屏幕进行深度集成。

键盘在移动终端中不再以物理键盘方式存在,取而代之的是屏幕上的虚拟键盘或手写输入。由于是虚拟键盘,因此键盘的布局不像物理键盘那样固定,键盘及其按键的布局都是可以变化的。如在某些密码输入的数字按键中,数字的布局可以有不同的形式,如图 1-3,左侧是一个传统布局的数字键盘,右侧是一个数字布局打乱的数字键盘。

1	2	3
4	5	6
7	8	9
ABC	.	0

（a）传统布局的数字键盘

2	9	0
1	7	8
4	3	6
删除	5	完成

（b）数字布局打乱的数字键盘

图 1-3 虚拟键盘

2.触摸屏

触摸屏是除了语音、视频输入外的主要输入设备。大部分的手机操控都依赖触摸屏完成。

移动终端能够接受用户触摸手势的操作,这些手势包括单击、双击、滑动、按住、缩放和多点触控等。

1.4.3 网络多样化

移动终端支持的网络连接形式多种多样,主要包括 2G、3G、4G、5G、WiFi、蓝牙、NFC 等。

1.1G

第一代移动通信技术(1G)即模拟蜂窝移动通信,是指最初的模拟、仅限语音的蜂窝电话标准,支持这种标准的移动终端俗称“大哥大”,主要系统为美洲的 AMPS 和欧洲的 TACS。这代移动通信基本不提供数据服务,仅用于语音通信,所以相对后面提及的 2G,这一代被称为 1G。

2.2G 网络

2G 网络是指第二代无线蜂窝电话通信协议,是以无线通信数字化为代表,能够进行窄带数据通信。第二代移动通信技术加入了更多的多址技术,包括 TDMA 和 CDMA。常见 2G 无线通信协议为 GSM 频分多址(GPRS 和 EDGE)和 CDMA 1X 码分多址两种。2G 是数字通信,因此抗干扰能力强。2G 为 3G 和 4G 网络的出现奠定了基础,比如分组域的引入和对空中接口的兼容性改造,使得手机不再只有语音、短信这样单一的业务,还可以更有效率地连入互联网。2G 主要的制式,分别来自 ETSI 组织的 GSM(GPRS/EDGE)和以高通公司为主力的 TIA 组织的 CDMA IS95/CDMA2000 1x。

3.3G 网络

对于前两代网络连接形式,并没有一个国际组织做出明确的定义,而是靠各个国家和地区的通信标准化组织自己制定协议。但是到了 3G,ITU(国际电信联盟)提出了 IMT-2000,要求只有符合 IMT-2000 才能被接纳为 3G 技术。ITU 向全世界征集 IMT-2000 标准的时候,许多国家和地区的通信标准化组织都提出了自己的技术,比如欧洲的 ETSI 与日本的 ARIB/TTC 提出了关键参数和技术大致相同的 WCDMA 技术,随后成立 3GPP 组织,对 WCDMA 进行了标准化。美国以高通公司为首的 TIA 组织也提出了 CDMA2000,随后组织利益同盟成立了 3GPP2 组织,也对 CDMA2000 进行了标准化。中国当时的 CWTS(现为 CCSA)也提出了 TD-SCDMA,随后加入 3GPP 组织中,与来自 ETSI 的 UTRA TDD 进行了融合,完成了标准化。所以 3G 主流的制式包括 WCDMA、CDMA2000 EVDO、TD-SCDMA,后来

IEEE 组织的 WiMAX 也获准加入 IMT-2000 家族,也成了 3G 标准。

3G 网络是第三代无线蜂窝电话通信协议,主要是在 2G 的基础上发展了高带宽的数据通信,并提高了语音通话安全性。3G 一般的数据通信带宽都在 500 kb/s 以上。3G 常用的标准为 WCDMA、CDMA2000、TD-SCDMA。3G 相对于 2G 主要是采用了 CDMA 技术,扩展了频谱,增加了频谱利用率,提升了速率,更加利于互联网业务,同时 3G 的演进技术将多种多址方式进行了结合(FDD-HSPA、TD-SCDMA 都是多种多址技术结合的产物);使用了更高阶的调制技术和编码技术,采用了包括多载波捆绑、MIMO 等新技术,使得速率进一步提升;部分功能也从 RNC 之类的上级机器下移到基站中来完成,提高了响应速度,降低了时延。同时 3GPP 组织在演进 3G 技术的同时也不断为未来做准备,包括核心网电路域的软交换、分组域和传输网的 IP 化等。3G 传输速度相对较快,基本满足了手机上网等需求,但是在播放高清视频时不够流畅。

4.4G 网络

4G 网络是指第四代无线蜂窝电话通信协议,是集 3G 与无线局域网(WLAN)于一体并能够传输高质量视频图像(图像传输质量与高清晰度电视不相上下)的技术产品。4G 网络能够以 100 Mb/s 的速度下载,比拨号上网快 2 000 倍,上传的速度也能达到 20 Mb/s,并能够满足几乎所有用户对于无线服务的要求。第四代移动通信技术由 ITU 提出。4G 标准的制定主要由两个组织牵头完成:一个是 3GPP 组织,代表了绝大多数传统的运营商、通信设备制造商等;另一个是 IEEE 组织,主要代表 IT 界。高通公司和以其为首的 3GPP2 组织在 4G 时代放弃了 UMB 技术,转而使用 LTE 技术。

目前 4G 中以 LTE 的应用最广泛,所以下面以 LTE 来介绍 4G 相对于 3G 的改变。首先是网络架构的变化,LTE 抛弃了 2G、3G 一直沿用的基站-基站控制器(2G)/无线资源管理器(3G)-核心网这样的网络结构,而改为基站直连核心网,整个网络更加扁平化,降低时延,提升了用户的感受。其次,在核心网方面抛弃了电路域,迈向全 IP 化,统一由 IMS 承载原先的业务。空中接口的关键技术也抛弃 3G 的 CDMA 而改成 OFDM,其在大带宽上比 CDMA 更具备可行性和适应性。大规模使用 MIMO 技术提升了频率的复用度,跨载波聚合能获得更大的频谱带宽从而提升速率,这些技术都是 LTE-Advanced 能跻身 4G 标准的重要因素(4G 要求静止状态下 1 Gb/s 下行和 500 Mb/s 上行)。4G 由于大频谱带宽的需求以及各国各地区频谱资源的稀缺,所以会出现更多的频段被使用,相比之下 3G 则主要利用 800 MHz、850 MHz、900 MHz、1 700 MHz、1 900 MHz、2 100 MHz 等频段。目前 LTE 以占据绝对优势的地位成为 4G 主流,WiMAX 家族可以说被完全压制,所以 4G 也很有希望能结束多年以来多个同代制式相争的混乱局面。

5.5G 网络

5G 即第五代移动通信技术,是最新一代蜂窝移动通信技术,也是 4G、3G 和 2G 网络之后的延伸。5G 的性能目标是高数据速率、减少延迟、节省能源、降低成本、提高系统容量和大规模设备连接。5G 网络的主要优势在于数据传输速率远远高于以前的蜂窝网络,最高可达 10 Gb/s,比当前的有线互联网要快,比 4G 网络快 100 倍。另一个优势是较低的网络延迟(更快的响应时间),低于 1 ms,而 4G 为 30~70 ms。由于 5G 数据传输更快,不仅仅为手机、移动终端提供服务,而且还将成为一般家庭和办公网络的提供商,将与有线网络提供商产生竞争。

6.WiFi

WiFi 英文全称为 Wireless Fidelity,即无线保真技术,是一个基于 IEEE 802.11 标准的无线局域网技术,可以将个人电脑、手持设备等终端以无线方式互相连接。该通信技术于 1996 年由研究机构 CSIRO 提出。随着 WiFi 无线通信技术的不断优化和发展,当前主要有 4 种通信协议标准,即 802.11g、802.11b、802.11n 和 802.11a,根据不同的协议标准,WiFi 主要有两个工作频段,分别为 2.4 GHz 和 5.0 GHz。WiFi 具有网络拓扑结构简单、通信安全、工作频段开放、与以太网的兼容性较好、传输速率高等优点,目前广泛应用于无线热点、远程控制、网络媒体、医疗器械、现代农业等众多领域。

7.蓝牙

蓝牙是一种可实现短距离数据交换的无线通信技术,由爱立信联合 IBM、Intel、诺基亚及东芝公司等著名厂商开发。蓝牙工作在全球通用的 2.4 GHz 频段,使用 IEEE 802.15 协议,能实现方便快捷、灵活安全、低成本、低功耗的数据通信和语音通信。蓝牙协议以时分方式进行全双工通信,其基带协议是电路交换和分组交换的组合,蓝牙协议版本经历了从 1.0 到 5.0 的技术变迁,分别实现了短距通信、音频传输、图文传输、视频传输、低功耗的物联网传输。

8.NFC

NFC 英文全称 Near Field Communication,即近距离无线通信。它是由飞利浦公司发起,由诺基亚、索尼等著名厂商联合主推的一项无线技术。NFC 由非接触式射频识别(RFID)及互联互通技术整合演变而来,在单一芯片上结合感应式读卡器、感应式卡片和点对点的功能,能在短距离内与兼容设备进行识别和数据交换。NFC 具有双向连接和识别的特点,工作于 13.56 MHz 频率,作用距离 10 cm 左右。这项技术最初只是 RFID 技术和网络技术的简单合并,现在已经演变成一种短距离无线通信技术,发展态势相当迅速。

第 2 章　移动 App 测试特点

移动 App 的测试相比于传统软件系统更为困难，不仅由于手机或者平板种类繁多，硬件特性各式各样，而且不同的硬件品牌多、功能不同，适配不同的移动终端都会导致各类错误。

随着信息化的快速发展，传统的桌面应用软件已经不同程度上有被移动 App 替代的趋势。相较于传统桌面应用，移动 App 的测试面临的挑战更多。不管是 App Store 还是谷歌市场中，都有上千万规模、数量不同的移动 App，这些移动 App 中有相当一部分都具有相似的功能，差异并不大，这就使得竞争更为激烈，而且最终用户养成的使用习惯，也会对测试带来影响。

2.1　移动 App 的特点

2.1.1　移动 App 架构

前面提到了移动 App 是一个需要独立安装的应用软件。对照桌面应用软件的架构，移动 App 架构和桌面的应用软件都有两类典型架构。桌面的应用软件架构包括客户端/服务器（Client/Server，C/S）架构和浏览器/服务器（Browser/Server，B/S）架构；在移动 App 中，相对于采用移动端的浏览器直接访问的网站应用，采用客户端的、需要安装的移动 App 是普遍采用的方式。

移动 App 的设计架构一般采用经典的 MVC 框架，即模型层（Model）、视图层（View）和控制器层（Controller），如图 2-1 所示。模型层封装了应用的一系列数据，并定义了操作、处理这些数据的逻辑和计算规则。视图层将模型层中的数据对象显示出来，并允许用户编辑该数据，也能够响应用户的操作。控制器层是视图层和若干个模型层的中间人，可以直接操作模型层和视图层。视图层传递用户的请求给控制器层，控制器层控制模型层进行数据更新，模型层在数据更新后通知视图层，最后视图层根据更新的数据进行显示。

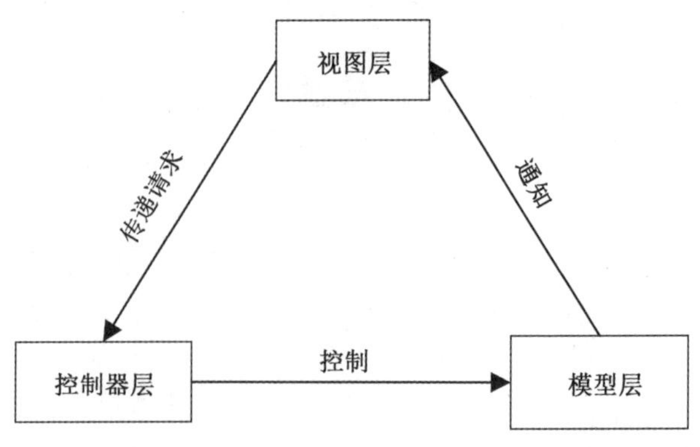

图 2-1　移动 App 设计架构

2.1.2　测试差别

传统桌面应用软件自动化测试相对成熟，而移动 App 由于其支持系统的多样、界面的多样、使用方式的多样，以及使用的网络环境多样等特征，在测试过程中需要考虑这些独有的特征。

与传统桌面应用软件类似，移动 App 的测试按测试方法可分为静态测试和动态测试。静态测试主要包括代码检查、静态结构分析等。代码检查是指程序员或团队对代码进行阅读并检查错误；静态结构分析是指人工或用程序分析代码的结构。动态测试包括黑盒测试、白盒测试和灰盒测试。黑盒测试把应用当作一个“黑箱”，从应用的行为，而不是内部结构出发来设计测试，因此黑盒测试无法了解或使用系统的内部结构及知识。白盒测试可以看到应用的内部逻辑结构，并且可以根据逻辑结构来指导设计测试数据和测试方法。

移动 App 的测试按测试是否采用自动化，可分为手动测试和自动测试。手动测试由测试人员手动运行程序进行测试；自动测试由专门的应用程序来进行自动化的测试。

移动 App 的测试按测试的阶段，可分为单元测试、集成测试、场景测试、系统测试、Alpha 测试和 Beta 测试。单元测试是在最低的功能/参数上验证程序的准确性，比如测试一个函数的正确性；集成测试是验证几个互相有依赖关系的模块；场景测试是验证几个模块是否能完成一个用户场景；系统测试是对整个系统功能进行测试；Alpha 测试是测试人员在真实用户环境中对应用进行全面测试；Beta 测试是真实的用户在真实的用户环境中进行的测试，也称为公测。

本质来说，移动 App 测试也属于软件测试，但是在某种程度上，其环境、输入、使用方式的复杂性，使软件测试的相关技术与方法很难直接移植到移动 App。移动 App 测试相对于传统软件测试存在以下差别。

1.测试环境复杂多变

首先，操作系统平台是复杂多变的。在传统计算机桌面时代，以 Windows、MacOX、Linux 为主要的操作系统，并且 Windows 以压倒性的姿态占据优势，至今地位仍难以撼动；而移动操作系统时代情况则大为不同，Palm 操作系统、在美国市场占有率曾经较高的 BlackBerry 系统、Symbian 系统等在国内手机市场已经基本退出。移动 App 可以依附的操作系统复杂、庞大，而且所有的这些系统都处在比桌面系统更加频发的版本变化当中。移动 App 的测试依赖于不同平台，也依赖于这些不断更新的平台版本，因此设计一个稳定兼容的测试框架至关重要。

其次，移动设备的硬件资源配置是变化多样的。每种移动设备的分辨率、内存大小都有差异；不同移动设备还可以配置不同辅助资源，如摄像头、GPS 接收器、重力感应系统等，同时这些资源本身也还处于不断变化当中。这些辅助的设备资源又给移动 App 测试带来新的测试输入，如 GPS 接收器带来的用户位置测试数据。

2.测试本地资源有限

移动设备上的本地资源是有限的，如设备的显示尺寸，同时内存处理器比桌面平台局限得多。在测试移动 App 的时候必须避免测试程序消耗大量的资源而造成应用程序本身和其他应用程序资源不足以运行的情况。

3.测试需求严格苛刻

随着用户越来越依赖于移动设备终端随时随地解决日常事务，其对移动 App 的质量期望也越来越高，以往简单的移动 App 已使用户形成了移动 App 不会失效、不会丢失数据和一直可以获取服务的意识。用户对移动 App 的质量期望远远高于桌面应用，如果移动 App 程序发生不可预计的错误，用户将很快不再愿意使用该移动应用软件。所以保证移动 App 已经得到有效的测试，并把检测到的所有缺陷移除是满足用户体验的首要条件。而在激烈的市场竞争中，短暂的上市时间和开发周期使得这些移动 App 不可能有太多的时间进行全面的测试，因此保证测试的快速、有效对移动 App 尤为重要。

4.模拟器测试无法真实反映物理真机测试

移动 App 的测试常常使用模拟器来模拟实际的移动设备，模拟器提供了一个接近物理真机的测试设备，在移动 App 开发初期可方便开发者调试应用程序，也能进行快速、简单的程序部署测试，查看程序效果。据统计，大多数在模拟器上测试过的程序当部署在物理真机上时总会发生各种在模拟器上没有出现的问题。这是由于模拟器本身也是程序，存在缺陷，同时模拟器程序不能反映物理真机的资源能力，如摄像、定位、蓝牙通信组件的功能等。所以，最后一般移动 App 还需要进行物理真机测试。

由于移动 App 具有开发受限于开发平台、项目周期非常短、更新非常频繁等特征，因此给移动 App 的软件测试带来了以下挑战。

(1)需要快速地了解不同平台的特性，包括界面设计规范、移动设备的使用、与平台内置应用程序之间的交互等。

(2)自动化测试也需要根据开发平台而选择适合的工具和脚本语言。

(3)支持多种语言的应用程序还需要了解移动设备是否自带多语言包，以及切换语言的方式。

(4)更加快速地适应项目周期，以及应对更新制定合适的测试策略以保证软件质量。

(5)移动 App 的兼容性是所有移动开发者都感到棘手的问题。

(6)用户体验的测试存在非常不确定的因素，不同的用户对同一应用可能存在不同的体验，如何规划产品让其符合大多数用户的体验，对移动 App 开发来说是很大的挑战。

2.2 Android 体系架构和特点

2.2.1 Android 体系架构

Android 系统采用了层次化的安全架构，它的架构图如图 2-2 所示。从架构图可以看出，Android 系统分为 5 个主要功能层，从底层到高层分别为 Linux 内核层(Linux Kernel)、硬件抽象层(Hardware Abstraction Layer)、系统运行库层(Libraries and Android Runtime)、应用程序框架层(Application Framework)和应用程序层(Applications)。

图 2-2　Android 系统架构图

1.Linux 内核层

Android 系统是建立在 Linux 内核上的操作系统，而 Linux 已经被广泛使用了许多年。Linux 内核提供了许多基本的系统功能，如进程管理、内存管理、设备管理（摄像头、小键盘、显示屏等），同时内核层还为远程过程调用（RPC）提供了一个安全的机制。同样，内核层还能处理所有 Linux 非常擅长的事情，比如网络和各种设备驱动程序，这可以将问题从内部接口转移到外围硬件。作为移动计算环境的基础，Linux 内核层提供了几个关键的安全功能，包括：

（1）基于用户的权限模型；

（2）进程隔离；

（3）可扩展的、安全的 IPC（Inter-Process Communication，进程间通信）机制；

（4）移除内核中不安全或潜在不安全部件的功能。

作为一个多用户操作系统，Linux 内核一个基本的安全目标是用户资源彼此隔离，Linux 的安全理念就是保护用户资源：

（1）防止用户 A 读取用户 B 的文件；

（2）确保用户 A 不会耗尽用户 B 的内存；

（3）确保用户 A 不会占尽用户 B 的 CPU 资源；

（4）确保用户 A 不会用尽用户 B 的设备资源（如电话、GPS、WiFi、蓝牙等）。

2.硬件抽象层

硬件抽象层为应用程序直接访问硬件资源提供了接口。硬件抽象层是对 Linux 内核驱动程序的封装，屏蔽了不同硬件设备的差异，向上提供统一的访问硬件设备的接口。硬件抽象层运行在用户空间，不同的硬件厂商遵循相同的硬件抽象标准来实现自己的硬件控制逻辑，开发者不必关心不同硬件设备的差异，只需要使用标准接口访问硬件即可。

3.系统运行库层

分层架构的第三部分为系统运行库层，包括系统库、Android 运行时和 Dalvik 虚拟机。系统库是非常重要的，为代码的执行提供各种库，如果缺少库，应用程序将无法运行。常用的系统库包括：

(1)系统 C 库 LibC——一个从 BSD 系统继承来的标准 C 系统函数库；

(2)媒体框架——基于 PacketVideo OpenCORE，该库支持多种常用的音频、视频格式回放和录制，同时支持静态图像文件，其所支持的编码格式包括 MPEG4、H.264、MP3、AAC、AMR、JPG 和 PNG；

(3)图形管理——对显示子系统进行管理，并且为多个应用程序提供 2D 和 3D 图层的无缝融合；

(4)WebKit——Web 浏览器引擎，支持 Android 浏览器和一个可嵌入的 Web 视图；

(5)OpenGLIES——提供了硬件 3D 加速(如果适用)或者高度优化的 3D 软加速；

(6)FreeType——位图(bitmap)和矢量(vector)字体显示；

(7)SQLite——所有应用程序均可使用，是功能强大的轻型关系型数据库引擎；

(8)SSL——为数据通信提供安全支持。

Dalvik 虚拟机是由 Android 开源项目特别设计用于执行 Andorid 应用程序的。每个运行在 Android 设备上的移动 App 都有它自己的 Dalvik 虚拟机。每一个 Android 应用程序都在独立的、自己的进程中运行，都拥有一个独立的 Dalvik 虚拟机实例。Dalvik 被设计成一个设备，可以同时高效地运行多个虚拟系统。Dalvik 虚拟机执行 Dalvik 可执行文件，该格式文件针对小内存进行了优化。同时虚拟机是基于寄存器的，所有的类都经由 Java 编译器编译，然后通过 SDK 中的“dx”工具转化成“.dex”格式并由虚拟机执行。Dalvik 虚拟机依赖于 Linux 内核的一些功能，比如线程机制和底层内存管理机制。

Android 运行时(ART)则是从 Android 4.4 开始引进的 Dalvik 虚拟机的一个替代品，在 Android 5.0 以上 ART 则彻底取代了 Dalvik 虚拟机。ART 的主要改变是它采用了预编译(Ahead-of-Time，AOT)和垃圾回收机制。在 AOT 中，当用户在设备上安装 Android 应用时，字节码就会预先编译成机器码，从而使应用成为真正的本地应用。Dalvik 采用了即时编译(Just-in-Time，JIT)，当用户运行 Android 应用时，字节码才会被编译。

4.应用程序框架层

再往上则是应用程序框架层，该层为每个应用程序提供一系列的服务，以 Java 类的形式为 Android 开发者提供了许多编程接口，开发者可以在应用程序中使用应用程序框架层中提供的各种组件，常用的组件包括：

(1)丰富且可扩展的视图系统，可以用来构建应用程序，支持列表、网格、文本框、按钮，以及可嵌入的 Web 浏览器；

(2)内容提供者(Content Providers)，使应用程序可以访问另一个应用程序的数据(如联系人数据库)，或者共享它们自己的数据；

(3)资源管理(Resource Manager)，提供非代码资源的访问，如本地字符串、图形和布局文件；

(4)通知管理(Notification Manager),使应用程序可以在状态栏中显示自定义的提示信息;

(5)活动管理(Activity Manager),用来管理应用程序生命周期,并提供常用的导航回退功能。

应用程序框架设计简化了组件的重用,任何一个应用程序都可以发布它的功能模块,并且任何其他的应用程序都可以使用其所发布的功能模块(需要遵循框架的安全性限制)。同样,该应用程序重用机制也使用户可以方便地替换程序组件。

5.应用程序层

Android 的应用程序主要包括邮件客户端、短信程序、日历、浏览器、联系人管理程序等,通常以 Java 程序编写。Android SDK 工具会将代码连同数据和资源编译到一个带有“.apk”后缀的 APK(Android Package,安卓安装包)文件中,APK 文件中包含了一个 Android 应用中所有的内容,它是 Android 设备用于安装应用程序的文件。如图 2-3 是一个 APK 文件的生成过程图。

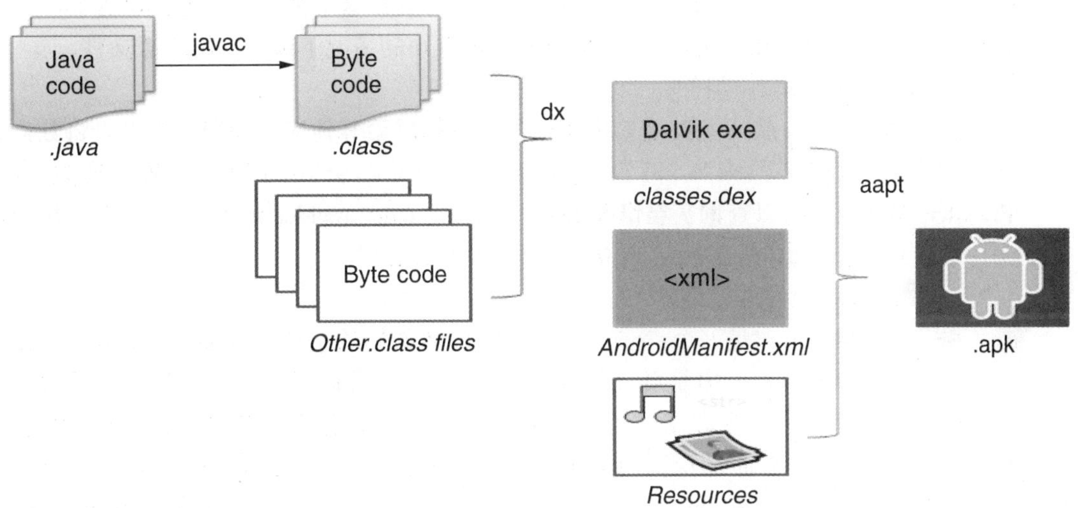

图 2-3　APK 文件的生成过程

一个 APK 文件是一个档案服务器,它通常包含以下目录和文件。

(1)AndroidManifest.xml:该文件是一个应用程序,告诉系统该如何处理应用程序中的所有重要组件(特别是以下描述的 Activity 组件、Service 组件、Content Provider 组件和 Broadcast Receiver 组件)的控制文件。它还指定了操作组件需要哪些权限。这个文件可能是二进制 XML 文件,可以使用 apktool、Androguard 等工具转换成可读的 XML 文本。

(2)Meta-INF 目录:包含 MANIFEST.MF 配置文件、CERT.RSA 应用程序证书和CERT.SF 文件(记录了 MANIFEST.MF 中对应行的资源和 SHA-1 摘要列表)。

(3)lib:这个目录包含了对应于特定处理器已编译过的软件代码,该目录下可以包含 armeabi、armeabi-v7a、x86、mips 等多个目录,分别对应基于 ARM 处理器编译过的代码、基于 ARM-v7 及以上处理器编译过的代码、基于 x86 处理器编译过的代码、基于 MIPS 处理器编译过的代码。

(4)res:这个目录包含了没有被编译进 resources.arsc 的资源。

(5) assets:包含了应用资源的目录,它可以被 AssetManager 访问。

(6) classes.dex:用 Dalvik 虚拟机能理解的 dex 文件格式编译的类。

(7) resources.arsc:包含了预编译资源的文件,比如二进制 XML 文件。

Activity 组件、Service 组件、Content Provider 组件和 Broadcast Receiver 组件是 Android 应用程序的四大组件,它们是构建一个 Android 应用的基本模块。每一个组件都是一个独立的模块,它能帮助定义应用的行为,并且通过 Intent 组件进行通信。下面介绍 Android 应用的四大组件以及 Intent 组件。

(1) Activity 组件

简单来说,一个 Activity 代表一个带有一个用户界面的单独的屏幕。比如,一个短消息应用程序可以包括一个用于显示发送对象联系人列表的 Activity,一个给选定的联系人发短信的 Activity,或者应用中一个用于登录的 Activity 和一个登录成功后的 Activity 等。

(2) Service 组件

Service 是一个在后台执行长时间运行操作或为远程进程执行工作的组件。Service 不会提供一个用户界面,它可以开启服务,然后运行或绑定在这个服务与它进行交互。一个典型的例子就是用户可以在不关闭一个 Activity 用户界面的情况下通过网络下载文件。

(3) Content Provider 组件

Content Provider 将一些特定应用程序的数据提供给其他应用使用。它可以将数据存储在文件系统、SQLite 数据库、网页或者任意应用可以访问的存储位置。通过 Content Provider,其他应用可以查询甚至修改数据(如果 Content Provider 允许)。当一个应用想要与另一个应用共享数据时,Content Provider 就显得非常有用了。

(4) Broadcast Receiver 组件

Broadcast Receiver 是一个专注于响应系统广播通知的组件。许多广播来源于系统,比如说,显示屏关闭了,电池电量低,图片已被截取等。应用程序也可以发起广播,例如,为了让其他应用程序知道一些数据已经下载到设备上并可供它们使用的广播。虽然 Broadcast Receiver 不显示用户界面,但当一个广播事件发生时,它仍可以创建一个状态栏来通知提醒用户。常见的情况是,Broadcast Receiver 只是其他组件的“入口”而且只做非常少量的工作,比如它可能会启动一个服务来执行一些基于广播事件的工作。

(5) Intent 组件

严格意义上讲 Intent 并不是 Android 的组件,但它是 Android 各组件之间通信的媒介,它里面封装了不同组件之间通信的条件。而其他三种组件——Activity、Service 和 Broadcast Receiver 可被 Intent 的异步消息所激活。

Intent 运行时将各个单一的组件相互绑定(可以把它们当作响应其他组件动作的“信使”),无论这个组件是属于 Android 应用还是其他应用。

Android 四大组件之间的关系如图 2-4 所示。

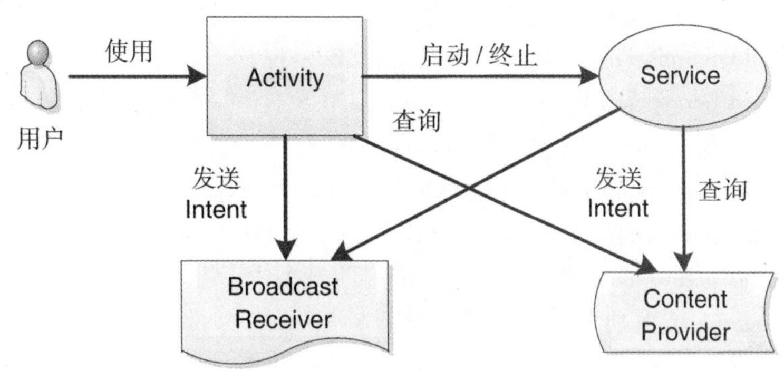

图 2-4　Android 四大组件之间的关系图

2.2.2　Android 安全机制

在应用层面,Android 的安全性是基于权限的。Android 系统使用这种基于权限的模型,可以保护系统的资源(如摄像机、蓝牙等)及应用的资源(如文件、组件等)。默认情况下在 Android 系统中有一些受保护的 API 只能被操作系统访问,这些受保护的 API 包括相机功能、位置数据、蓝牙功能、电话功能、SMS/MMS 功能、网络/数据连接功能。

1.Android 权限保护级别

如果一个特定的移动 App 想要访问以上任意 API,那么需要在配置文件 AndroidManifest.xml 中声明权限。权限是应用程序之间访问控制的一个有效的手段。在一个应用的配置文件中会包含一个权限的列表。任何外部的应用程序如果希望访问这个应用程序的资源,那么它需要拥有这些权限。Android 的权限可以分为四个保护级别,任何权限的保护级别都需要在配置文件中声明,第三方应用(用户应用或应用市场的应用)只能使用保护级别 0 和 1 的权限。这四个保护级别分别介绍如下。

(1)Normal(级别 0)

低风险权限,这些权限一般对用户没有太大的威胁,它们会在应用程序安装时自动由系统授予应用。Android 系统存在一些 Normal 权限,其中被用于设置用户偏好的权限包括:

- android.permission.EXPAND_STATUS_BAR　　//状态栏控制
- android.permission.KILL_BACKGROUND_PROCESSES　　//结束后台进程
- android.permission.SET_WALLPAPER　　//设置桌面壁纸
- android.permission.SET_WALLPAPER_HINTS　　//设置壁纸建议
- android.permission.VIBRATE　　//使用振动
- android.permission.DISABLE_KEYGUARD　　//禁用键盘锁
- android.permission.FLASHLIGHT　　//使用闪光灯

允许用户访问系统或应用程序信息的权限包括:

- android.permission.ACCESS_LOCATION_EXTRA_COMMANDS　　//访问定位额外命令
- android.permission.ACCESS_NETWORK_STATE　　//获取网络状态
- android.permission.ACCESS_WIFI_STATE　　//获取 WiFi 状态

- android.permission.BATTERY_STATS　　//电量统计
- android.permission.GET_ACCOUNTS　　//访问账户列表
- android.permission.GET_PACKAGE_SIZE　　//获取应用大小
- android.permission.READ_SYNC_SETTINGS　　//读取同步设置
- android.permission.READ_SYNC_STATS　　//读取同步状态
- android.permission.RECEIVE_BOOT_COMPLETED　　//开机自动运行
- android.permission.SUBSCRIBED_FEEDS_READ　　//访问订阅内容
- android.permission.WRITE_USER_DICTIONARY　　//用户词典写入新词

(2) Dangerous(级别 1)

高风险权限,系统不会自动授予给应用程序,在用到的时候,会给用户提示。给应用授予 Dangerous 权限将允许它们访问设备的功能和数据,这些权限会导致用户隐私泄露和财务损失,比如权限 android.permission.ACCESS_FINE_LOCATION 和 android.permission. ACCESS_COARSE_LOCATION 允许应用程序访问用户的位置信息,而有时应用程序并不需要这样的功能,这就产生了一个隐私问题。权限 android.permission.READ_SMS 和 android.permission. SEND_SMS 允许应用程序接收和发送 SMS 信息,而这可能会产生额外的费用,从而导致用户财产损失。用户可以通过在设置的应用选项中选择任意一个应用查看授予给它的权限,例如,图 2-5 即为豌豆荚应用的权限。

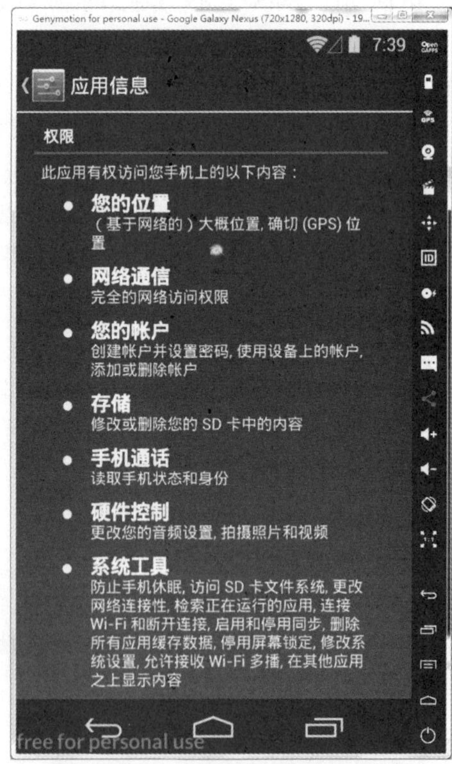

图 2-5　豌豆荚应用的权限

Android 系统存在的一些 Dangerous 权限,其中可能会导致产生额外费用的权限有:

- android.permission.RECEIVE_MMS　　//接收彩信
- android.permission.RECEIVE_SMS　　//接收短信
- android.permission.SEND_SMS　　//发送短信
- android.permission.SUBSCRIBED_FEEDS_WRITE　　//写入订阅内容

还有一些改变移动设备状态的权限，这些权限应谨慎使用，因为可能会导致系统不稳定或者变得更不安全，具体包括以下权限：

- android.permission.MODIFY_AUDIO_SETTINGS　　//修改声音设置
- android.permission.MODIFY_PHONE_STATE　　//修改电话状态
- android.permission.MOUNT_FORMAT_FILESYSTEMS　　//格式化文件系统
- android.permission.WAKE_LOCK　　//唤醒锁定
- android.permission.WRITE_APN_SETTINGS　　//写入接入点设置
- android.permission.WRITE_CALENDAR　　//写入日程提醒
- android.permission.WRITE_CONTACTS　　//写入联系人
- android.permission.WRITE_EXTERNAL_STORAGE　　//写入外部存储
- android.permission.WRITE_OWNER_DATA　　//写入所有者数据
- android.permission.WRITE_SETTINGS　　//读写系统设置
- android.permission.WRITE_SMS　　//编写短信
- android.permission.SET_ALWAYS_FINISH　　//设置总是退出
- android.permission.SET_ANIMATION_SCALE　　//设置动画缩放
- android.permission.SET_DEBUG_App　　//设置调试程序
- android.permission.SET_PROCESS_LIMIT　　//设置进程限制
- android.permission.SET_TIME_ZONE　　//设置系统时区
- android.permission.SIGNAL_PERSISTENT_PROCESSES　　//发送永久进程信号
- android.permission.SYSTEM_ALERT_WINDOW　　//显示系统窗口

另外还有一些可导致隐私风险的 Dangerous 权限，这些权限可以使僵尸网络和木马能通过远程所有者的命令轻松地利用用户权限阅读短信、日志等，做一些有风险的事情，这些权限包括：

- android.permission.MANAGE_ACCOUNTS　　//管理账户
- android.permission.MODIFY_AUDIO_SETTINGS　　//修改声音设置
- android.permission.MODIFY_PHONE_STATE　　//修改电话状态
- android.permission.MOUNT_FORMAT_FILESYSTEMS　　//格式化文件系统
- android.permission.MOUNT_UNMOUNT_FILESYSTEMS　　//挂载文件系统
- android.permission.PERSISTENT_ACTIVITY　　//永久活性
- android.permission.PROCESS_OUTGOING_CALLS　　//处理拨出电话
- android.permission.READ_CALENDAR　　//读取日程提醒
- android.permission.READ_CONTACTS　　//读取联系人
- android.permission.READ_LOGS　　//读取日志
- android.permission.READ_OWNER_DATA　　//读取所有者数据
- android.permission.READ_PHONE_STATE　　//读取电话状态
- android.permission.READ_SMS　　//读取短信内容

- android.permission.READ_USER_DICTIONARY //读取用户词典
- android.permission.USE_CREDENTIALS //使用证书

(3)Signature(级别 2)

签名权限,只有当申请权限的应用程序的数字签名与声明此权限的应用程序的数字签名相同时(如果是申请系统权限,则需要与系统签名相同),才能将权限授给它,这一权限允许有相同签名的两个应用程序访问各自的组件。这个级别的一些权限允许应用使用一些系统级别的功能,如 ACCOUNT_MANAGER 权限允许应用使用账户认证设备,BRIK 权限允许应用程序将移动设备变成“砖块”,具体的权限包括:

- android.permission.ACCESS_SURFACE_FLINGER //访问 Surface Flinger
- android.permission.ACCOUNT_MANAGER //账户管理
- android.permission.BRICK //禁用手机(危险)
- android.permission.BIND_INPUT_METHOD //绑定输入法
- android.permission.SHUTDOWN //关机
- android.permission.SET_ACTIVITY_WATCHER //设置 Activity 观察器
- android.permission.SET_ORIENTATION //设置屏幕方向
- android.permission.HARDWARE_TEST //允许访问硬件
- android.permission.UPDATE_DEVICE_STATS //更新设备状态
- android.permission.CLEAR_App_USER_DATA //清除用户数据
- android.permission.COPY_PROTECTED_DATA //复制保护数据
- android.permission.CHANGE_COMPONENT_ENABLED_STATE //改变组件状态
- android.permission.FORCE_BACK //强制后退
- android.permission.INJECT_EVENTS //注入事件
- android.permission.INTERNAL_SYSTEM_WINDOW //内部系统窗口
- android.permission.MANAGE_App_TOKENS //管理程序引用

还有一些权限允许应用发送系统级的广播和 Intents 信息,这些权限包括:

- android.permission.BROADCAST_PACKAGE_REMOVED //应用删除时广播
- android.permission.BROADCAST_SMS //收到短信时广播
- android.permission.BROADCAST_WAP_PUSH //WAP PUSH 广播

其他的一些权限允许应用访问第三方应用没有的系统级别的数据,这些权限包括:

- android.permission.PACKAGE_USAGE_STATS //应用使用情况
- android.permission.CHANGE_BACKGROUND_DATA_SETTING //修改后台数据设置
- android.permission.BIND_DEVICE_ADMIN //绑定设备管理
- android.permission.READ_FRAME_BUFFER //屏幕截图
- android.permission.DEVICE_POWER //电源管理
- android.permission.DIAGNOSTIC //应用诊断
- android.permission.FACTORY_TEST //工厂测试模式
- android.permission.FORCE_STOP_PACKAGES //强制停止程序
- android.permission.GLOBAL_SEARCH_CONTROL //全局搜索控制

(4)Signature Or System(级别 3)

签名相同或者申请权限的应用为系统应用(在 system image 中)时授予的权限,具体包括：

- android.permission.ACCESS_CHECKIN_PROPERTIES　//访问登记属性
- android.permission.BACKUP　//备份
- android.permission.BIND_AppWIDGET　//绑定小插件
- android.permission.BIND_WALLPAPER　//绑定壁纸
- android.permission.CALL_PRIVILEGED　//通话权限
- android.permission.CONTROL_LOCATION_UPDATES　//控制定位更新
- android.permission.DELETE_CACHE_FILES　//删除缓存文件
- android.permission.DELETE_PACKAGES　//删除应用
- android.permission.GLOBAL_SEARCH　//允许全局搜索
- android.permission.INSTALL_LOCATION_PROVIDER　//安装定位提供
- android.permission.INSTALL_PACKAGES　//安装应用程序
- android.permission.MASTER_CLEAR　//软格式化
- android.permission.REBOOT　//重启设备
- android.permission.SET_TIME　//设置系统时间
- android.permission.STATUS_BAR　//状态栏控制
- android.permission.WRITE_GSERVICES　//写入地图数据
- android.permission.WRITE_SECURE_SETTINGS　//读写系统敏感设置

2.Android 其他安全机制

Android 权限主要用于限制应用程序内部某些具有限制性特性的功能使用，以及应用程序之间的组件访问。应用程序可以用<permission>元素来声明权限，而另一应用程序则需要使用<use-permission>元素来访问该应用程序声明的权限，在应用程序安装时，用<use-permission>元素标识的那些权限列表会显示在屏幕上，用户要么同意安装，要么中止安装。同意安装则意味着授权所有被请求的权限（包括上文列出的受保护的 API）。

（1）应用程序签名机制

Android 规定所有的移动 App 在安装前都必须使用证书进行数字签名，Android 使用证书来标识应用程序的作者。若要在设备上运行应用程序，则这个应用程序必须被签名。当应用程序被安装到一个设备上时安装包管理器会验证这个应用程序的 APK 文件是否被签名，有签名才能被安装。应用程序可以自我签名或者使用 CA 证书签名。应用签名确保了一个应用程序除非通过明确定义的 IPC，否则不能访问其他任意应用程序。

（2）应用程序验证机制

Android 4.2 及更高版本支持应用验证。用户可以在应用程序安装之前选择启用“验证应用程序”并通过应用验证器来评估应用。如果用户试图安装一个可能具有危害性的应用程序，应用验证可以提醒用户；如果一个应用程序风险性极大，它可以中止安装。

（3）进程沙箱隔离机制

Android 应用程序一旦安装在设备上，就会处于自己的安全沙箱内。Android 操作系统是一个多用户的 Linux 系统，系统中的每一个应用都是一个不同的用户。默认情况下，系统会给每个应用程序分配一个独特的 Linux 用户 ID（这个 ID 只由系统使用，而对于应用程序来说是未知的），然后它会为一个应用程序中的所有文件设置权限，使得只有分配给那个应用程序的用户 ID 才可以访问它们。

应用程序及其运行的 Dalvik 虚拟机运行在独立的 Linux 进程空间中，与其他应用程序完全隔离。默认情况下，每一个应用程序都在自己的 Linux 进程中运行。当任何应用程序的组件需要被执行时，Android 会开启那个进程，而当系统不再需要它或者必须为其他应用程序恢复内存时则会关闭那个进程。

Android 系统实施了最小特权原则，这个原则就是每个应用程序默认情况下只访问那些需要用来完成工作的组件。这就可以创建一个非常安全的环境，在这个环境中，一个应用程序不能访问系统部分，因为它没有权限。默认情况下每个应用程序都运行在自己的沙箱环境中而不能影响其他应用程序，但是如果两个应用程序使用相同的证书签名，则它们可以有相同的 Linux 用户 ID 且共用 Dalvik 虚拟机。

图 2-6 是 Android 应用程序沙箱机制示意图。

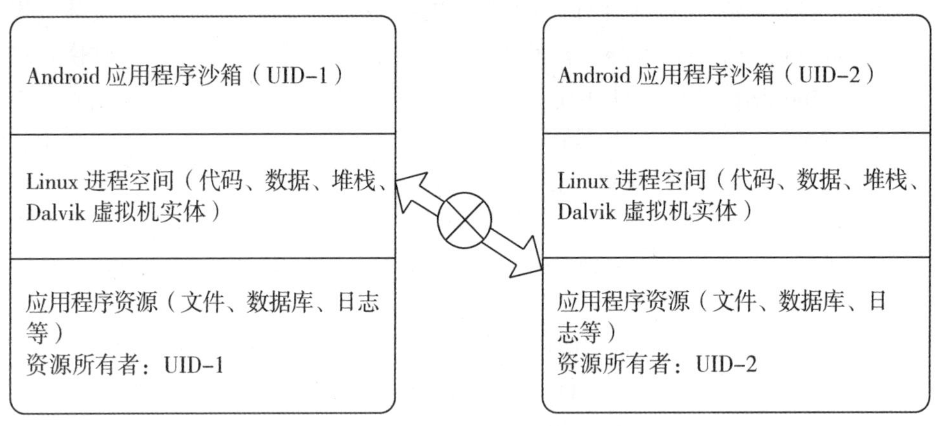

图 2-6　Android 应用程序沙箱机制示意图

(4)内存管理机制

Android 的内存管理机制，是一种基于 Linux 的低内存管理机制，将进程重要性分级、分组，当内存不足时，自动清理级别低的进程所占用的内存空间。同时，还引入了 Ashmem 内存机制，使得 Android 系统能够辅助内存管理系统来有效地管理不再使用的内存块，还可以通过 Binder 进程间通信机制(IPC)来实现进程间的内存共享。

(5)进程通信机制

Android 的进程通信机制基于共享内存的 Binder 实现，提供轻量级的远程进程调用(RPC)。通过接口描述语言(AIDL)定义接口与交换数据的类型，确保进程间通信的数据不会溢出越界，图 2-7 和图 2-8 是进程通信机制示意图。

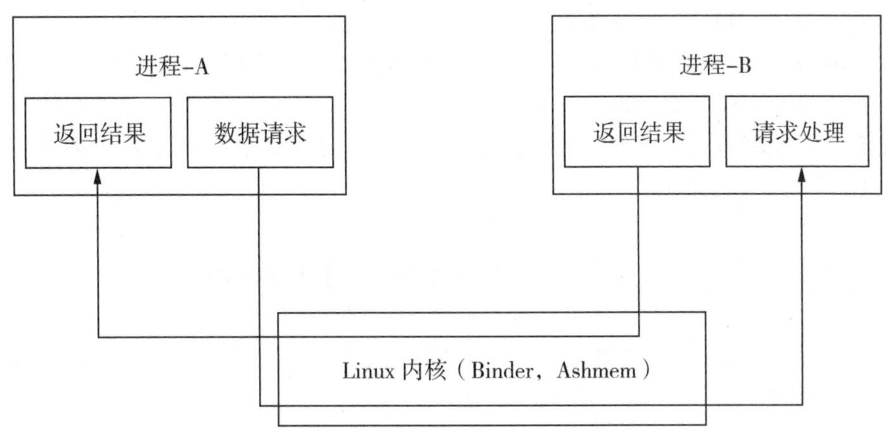

图 2-7　进程通信机制示意图(Linux 进程视角)

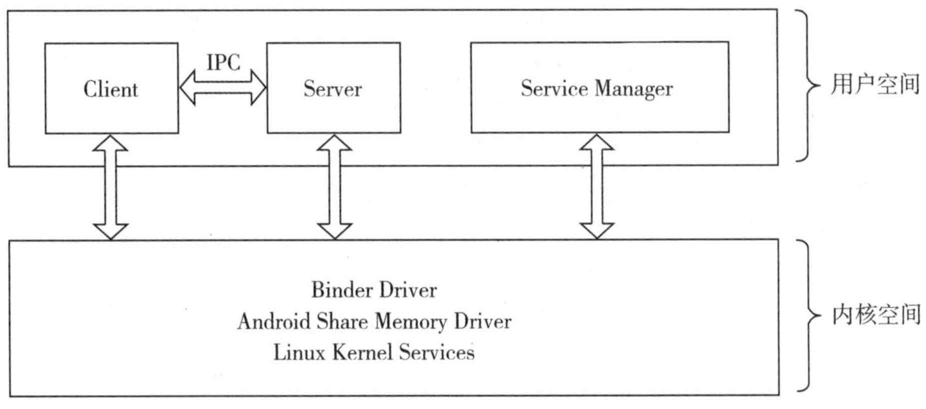

图 2-8　进程通信机制示意图(应用程序视角)

(6)访问控制机制

Android 利用传统的 Linux 访问控制机制确保系统文件与用户数据不受非法访问。Linux 的用户与权限包括:超级用户(root),具有最高的系统权限;系统为用户,出于系统管理的需要但又不赋予超级用户权限的用户,可管理某些关键系统应用和文件;普通用户,只具备有限的访问权限,可以登录系统。在 Linux 权限模型下,每个文件属于一个用户和一个组,由 UID 与 GID 标识其所有权。针对文件的具体访问权限,定义为可读(r)、可写(w)与可执行(x),并由三组读、写、执行组成的权限三元组来描述相关权限。第一组定义文件所有者(用户)的权限,第二组定义同组用户(GID 相同但 UID 不同的用户)的权限,第三组定义其他用户的权限(GID 与 UID 都不同的用户)。

为了提高安全性,Linux 内核还采用了 SELinux(Security-Enhanced Linux),它采用了一种强制访问控制(Mandatory Access Control,MAC)策略实现权限控制,目的在于通过限制系统中的进程以及用户对资源的访问,保护内核安全。SE Android(Security-Enhanced Android)是 Android 与 SELinux 的结合。美国国家安全局 NSA 在 2012 年推出了 Android 操作系统安全强化套件,以支持在 Android 平台上使用 SELinux。目前,SE Android 系统中的策略机制主要有三种:安装时 MAC(install-time MAC)、权限取消(permission revocation)、权限标签传播(tag propagation)。安装时 MAC 通过查找 MAC 策略配置来检查应用程序的权限。权限取消可以为已安装的应用程序取消权限,该机制在应用程序运行权限检查时通过查找权限取消列表来取消应用程序的某些权限。权限标签传播是将 Android 系统的权限作为抽象的标签映射到 MAC 策略配置文件中。

2.3 Android 相关环境

对 Android 操作系统的移动 App 进行测试,需要借助一些工具,下面对常见的工具及其使用进行说明。

2.3.1 Android SDK

Android SDK(Android Software Development Kit,Android 软件开发套件,Android 软件开发工具包)是为 Android 应用开发工程师开发基于 Android 的软件包、软件框架、硬件平台、操作系统等应用软件的开发工具的集合。Android SDK 提供了一系列可帮助开发者设计、创建、测试和发布 Android 应用程序的强大工具。

以下给出 Android SDK 安装步骤。

1.安装 JDK

通过浏览器检索“JDK”,进入 Oracle 公司的 JDK 下载页面,如图 2-9 所示,选择自己计算机系统对应的版本。

Java Platform, Standard Edition

Java SE 10.0.1
Java SE 10.0.1 is the latest feature release for the Java SE Platform
Learn more

- Installation Instructions
- Release Notes
- Oracle License
- Java SE Licensing Information User Manual
  - Includes Third Party Licenses
- Certified System Configurations
- Readme

JDK DOWNLOAD
Server JRE DOWNLOAD
JRE DOWNLOAD

图 2-9 JDK 下载页面

将 JDK 下载到本地计算机后双击进行安装。JDK 默认安装成功后，会在系统目录下出现如图 2-10 所示的两个文件夹，一个是 JDK(jdk.1.8.0_20)，另一个是 JRE(jre 1.8.0_20)。

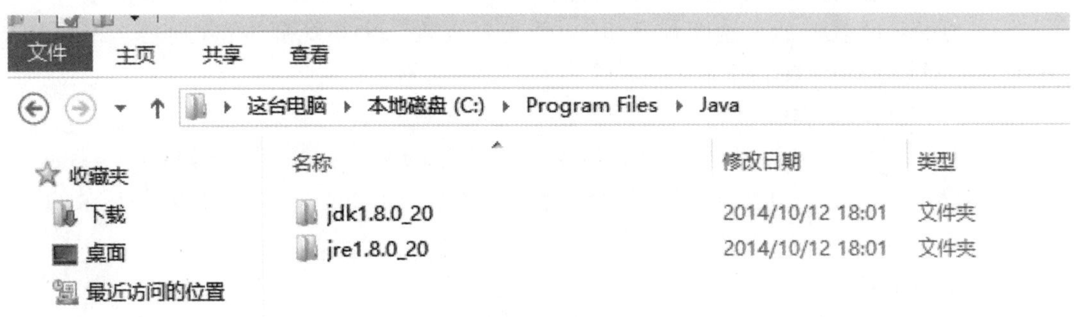

图 2-10　JDK 文件夹

JDK 的全称是 Java SE Development Kit，即 Java 开发工具箱，其中 SE 表示标准版。JDK 是 Java 的核心，包含了 Java 的运行环境(Java Runtime Environment)、Java 工具和提供给开发者开发应用程序时调用的 Java 类库。可以打开 JDK 的安装目录下的 bin 目录，里面有许多后缀名为 exe 的可执行程序，这些都是 JDK 包含的工具，如图 2-11。

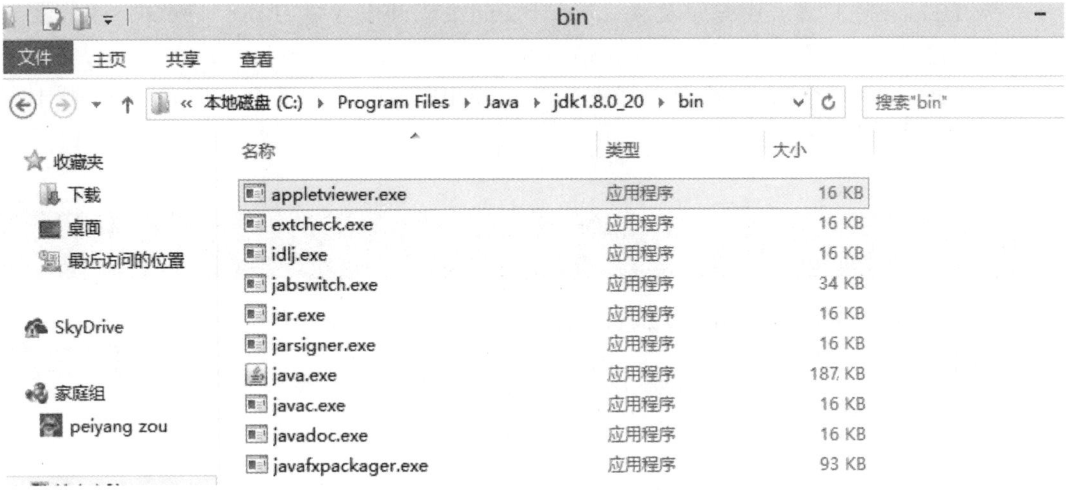

图 2-11　JDK 工具

JDK 包含的基本工具主要有以下几种。

- javac：Java 编译器，将源代码转成字节码。
- jar：打包工具，将相关的类文件打包成一个文件。
- javadoc：文档生成器，从源代码注释中提取文档。
- jdb：调试查错工具。
- java：运行编译后的 Java 程序。

2.配置 Windows 系统的 JDK 变量环境

当要求系统启动一个应用程序时，系统会先在当前目录下查找，如果没有，则在系统变量指定的路径去查找。JDK 包含很多开发工具,这些开发工具都在 JDK 的安装目录下,为了方便使用这些开发工具,有必要把 JDK 的安装目录设置为系统变量。这就是为什么在 Windows 系统中安装了 JDK 后需要设置 JDK 的 bin 目录为系统环境变量的原因。

为了配置 JDK 的系统变量环境,一般需要设置三个系统变量,分别是 JAVA_HOME、PATH 和 CLASSPATH。下面是这三个变量的设置方法。

(1)JAVA_HOME

先设置这个系统变量名称,变量值为 JDK 及在电脑上的安装路径(如 C:\Program Files\Java\jdk1.8.0_20)。创建好后则可以利用"%JAVA_HOME%"作为 JDK 安装目录的统一引用路径。

(2)PATH

PATH 属性在系统中已存在,可直接编辑,在原来变量后追加";%JAVA_HOME%\bin;%JAVA_HOME%\jre\bin"即可。

(3)CLASSPATH

设置系统变量名为 CLASSPATH,变量值为".%JAVA_HOME%\lib\dt.jar;%JAVA_HOME%\lib\tools.jar"。注意变量值字符串前面有一个"."表示当前目录。设置 CLASSPATH 的目的在于告诉 Java 执行环境,在哪些目录下可以找到所要执行的 Java 程序所需要的类或者包。

3.下载并安装 Eclipse

Eclipse 是 Java 应用程序及 Android 开发的集成开发环境(IDE)。Eclipse 不需要安装,下载后把解压包解压后,设置工作目录即可。

Eclipse 有多个版本,这里选择下载 Eclipse IDE for Java EE Developers 这个版本,如图 2-12。

Package Solutions　　Filter Packages ▾

Eclipse IDE for Java EE Developers, 254 MB
Downloaded 397,784 Times
Tools for Java developers creating Java EE and Web applications, including a Java IDE, tools for Java EE, JPA, JSF, Mylyn...

Windows 32 Bit
Windows 64 Bit

UML Lab Modeling IDE
Agile modeling and coding within your Eclipse IDE with reverse and round-trip engineering

Promoted
Download

图 2-12　下载 Eclipse

4.下载并安装 Android SDK

配置了 JDK 变量环境,安装了 Eclipse,如果只是开发普通的 Java 应用程序,那么 Java 的开发环境已经准备好了。如果要通过 Eclipse 来开发 Android 应用程序,则还需要下载 Android SDK(Software Development Kit),并在 Eclipse 安装 ADT 插件,这个插件能让 Eclipse 和 Android SDK 关联起来。

Android SDK 提供了开发 Android 应用程序所需的 API 库和构建、测试和调试 Android

应用程序所需的开发工具。打开 http://developer.android.com/sdk/index.html，找到 Google 提供的集成了 Eclipse 的 Android Developer Tools，如果已经下载了 Eclipse，可以选择单独下载 Android SDK，如图 2-13 所示。

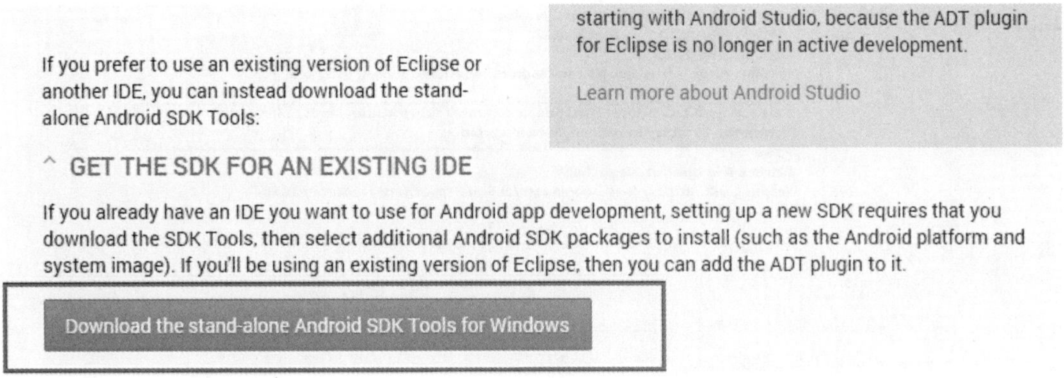

starting with Android Studio, because the ADT plugin for Eclipse is no longer in active development.

Learn more about Android Studio

If you prefer to use an existing version of Eclipse or another IDE, you can instead download the stand-alone Android SDK Tools:

^ GET THE SDK FOR AN EXISTING IDE

If you already have an IDE you want to use for Android app development, setting up a new SDK requires that you download the SDK Tools, then select additional Android SDK packages to install (such as the Android platform and system image). If you'll be using an existing version of Eclipse, then you can add the ADT plugin to it.

Download the stand-alone Android SDK Tools for Windows

图 2-13　下载 Android SDK

下载后双击安装，指定 Android SDK 的安装目录，为了方便使用 Android SDK 包含的开发工具，在系统环境变量中的 PATH 属性设置 Android SDK 的安装目录下的 Tools 目录。

在 Android SDK 的安装目录下，双击“SDK Manager.exe”，打开 Android SDK Manager，Android SDK Manager 负责下载或更新不同版本的 SDK 包，可以看到默认安装的 Android SDK Manager 只安装了一个版本的 SDK Tools，如图 2-14 所示。

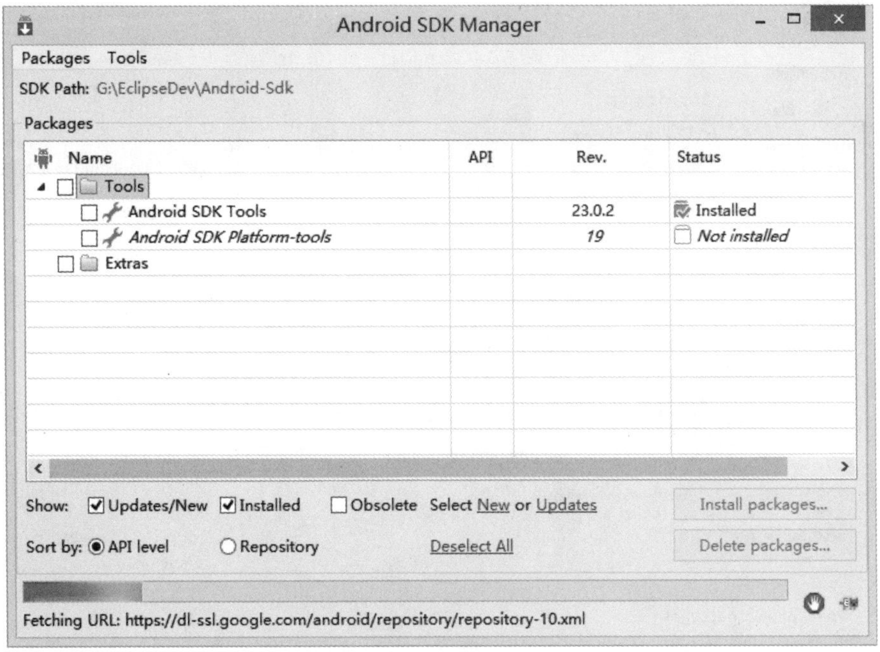

Android SDK Manager

Packages　Tools

SDK Path: G:\EclipseDev\Android-Sdk

Packages

Name	API	Rev.	Status
Tools			
Android SDK Tools		23.0.2	Installed
Android SDK Platform-tools		*19*	*Not installed*
Extras			

Show: Updates/New　Installed　Obsolete　Select New or Updates　Install packages...

Sort by: API level　Repository　Deselect All　Delete packages...

Fetching URL: https://dl-ssl.google.com/android/repository/repository-10.xml

图 2-14　安装 SDK Tools

打开 Android SD KManager，获取可安装的不同 SDK 版本，如图 2-15 所示。

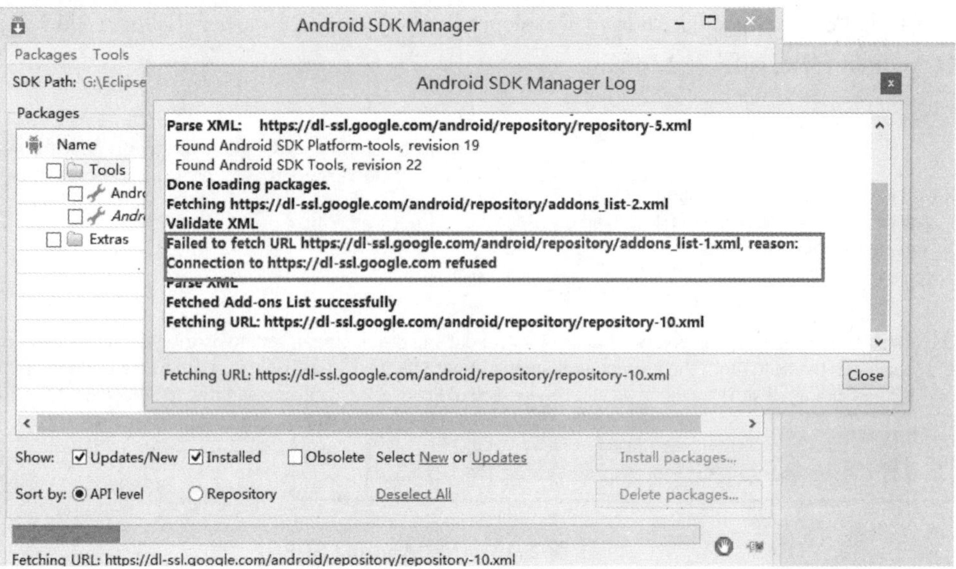

图 2-15 获取可安装的 SDK 版本

打开 Android SDK Manager，在 Tools 下的 Others 里面，勾选“ Force https://...sources to be fetched using http://...”，如图 2-16 所示。

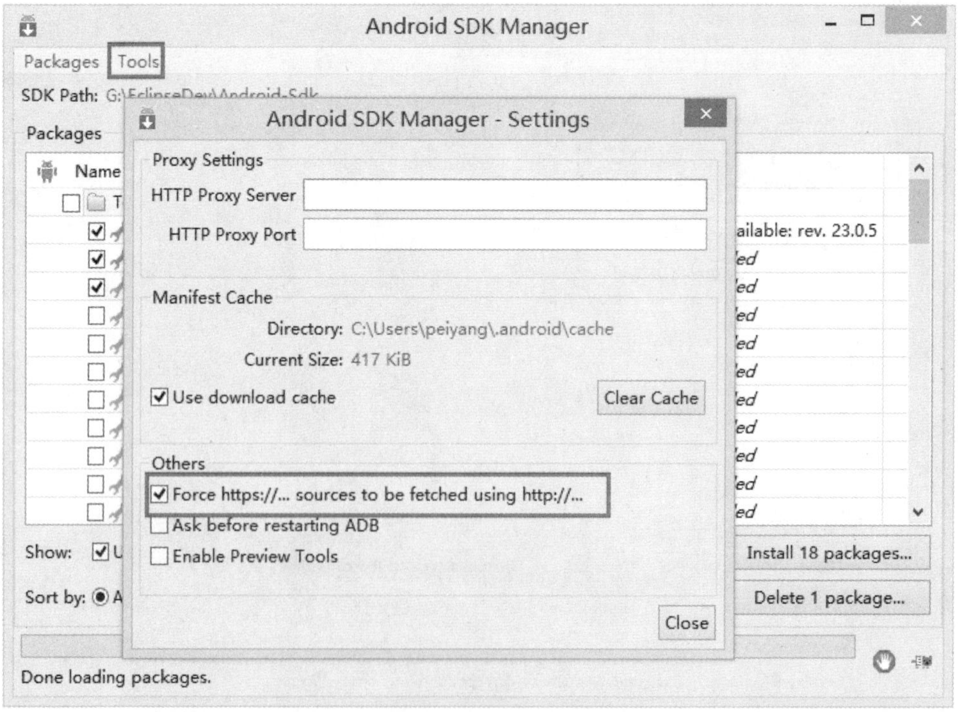

图 2-16 Android SDK Manager 设置

打开 Android SDK Manager.exe，选择想要安装或更新的安装包，如图 2-17 所示。

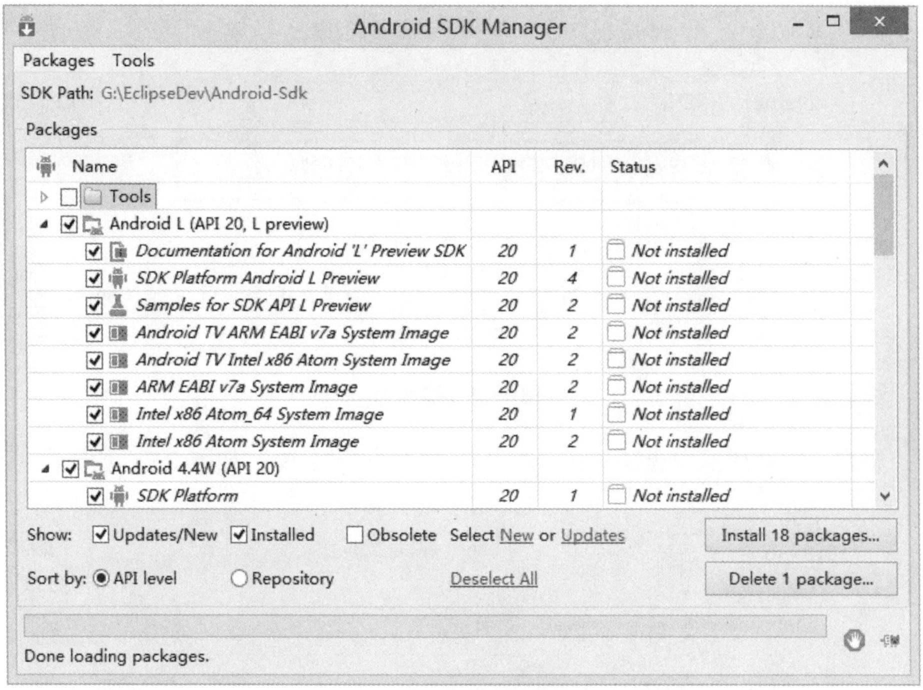

图 2-17　选择安装包

5.为 Eclipse 安装 ADT 插件

按上述步骤,已经配置了 Java 的开发环境,安装了开发 Android 的 IDE,并且下载并安装了 Android SDK,但是 Eclipse 还没有和 Android SDK 进行关联,也就是这些软件现在是互相独立的。为了使 Android 应用的创建、运行和调试更加方便、快捷,Android 的开发团队专门针对 Eclipse IDE 定制了一个插件:Android Development Tools(ADT)。

下面是在线安装 ADT 的方法。

启动 Eclipse,点击 Help 菜单→Install New Software,点击弹出对话框中的"Add..."按钮,如图 2-18 所示。

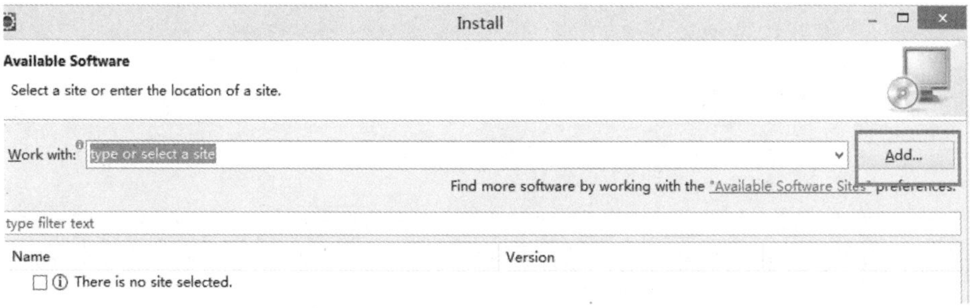

图 2-18　安装 ADT

在弹出的对话框中的 Location 中输入 http://dl-ssl.google.com/android/eclipse/,在 Name 中输入 ADT,点击"OK"按钮,如图 2-19 所示。

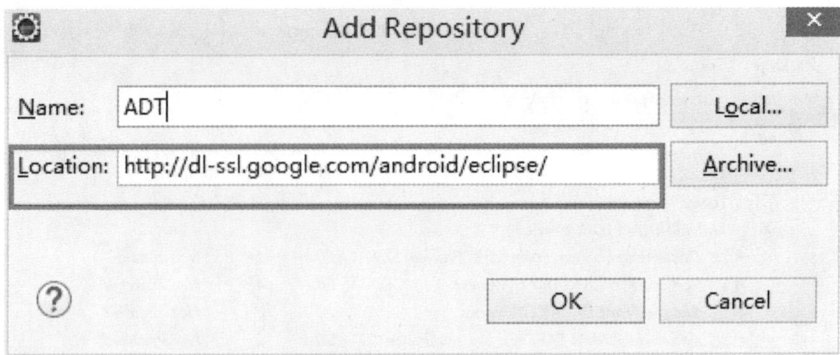

图 2-19　添加 Repository

在弹出的对话框中选择要安装的工具,然后点击“Next”,如图 2-20 所示。

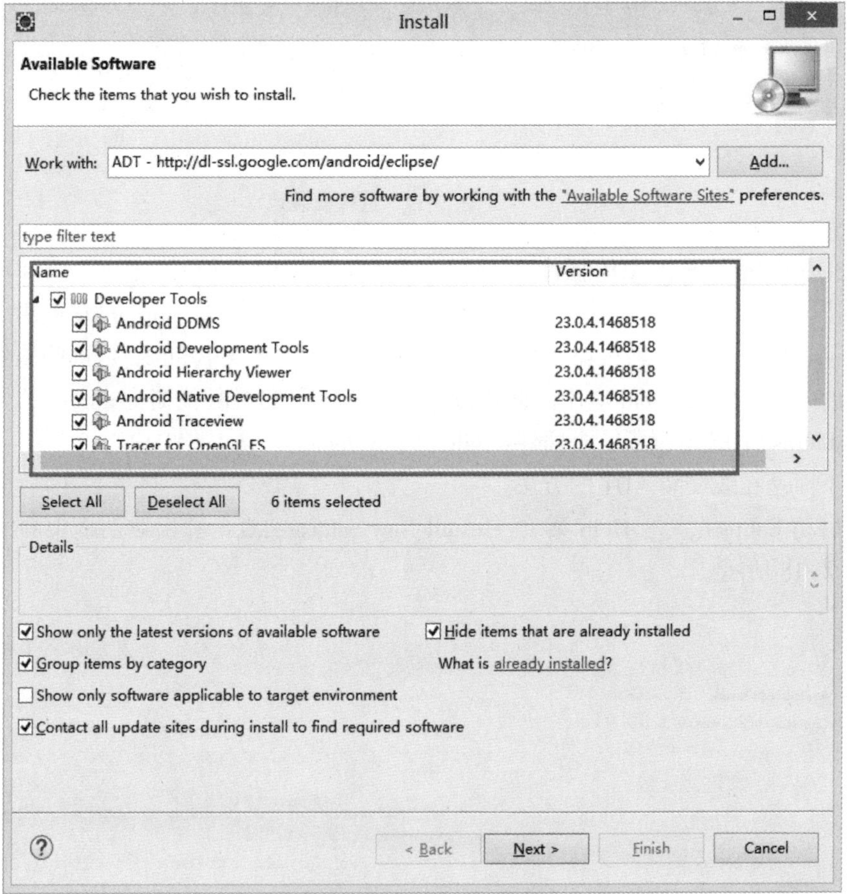

图 2-20　安装选项

安装好插件后会要求重新启动 Eclipse,Eclipse 会根据目录的位置对相同目录下的 Android SDK 进行关联。如果没有通过 SDK Manager 工具安装 Android 任何版本的 SDK,会提醒安装，如图 2-21 所示。

图 2-21　安装提示

如果 Eclipse 没有自动关联 Android SDK 的安装目录，那么可以在打开的 Eclipse 中选择 Window→Preferences，在弹出的面板中会看到 Android 设置项，填上安装的 SDK 路径，则会出现刚才在 SDK 中安装的各平台包，点击"OK"完成配置，如图 2-22 所示。

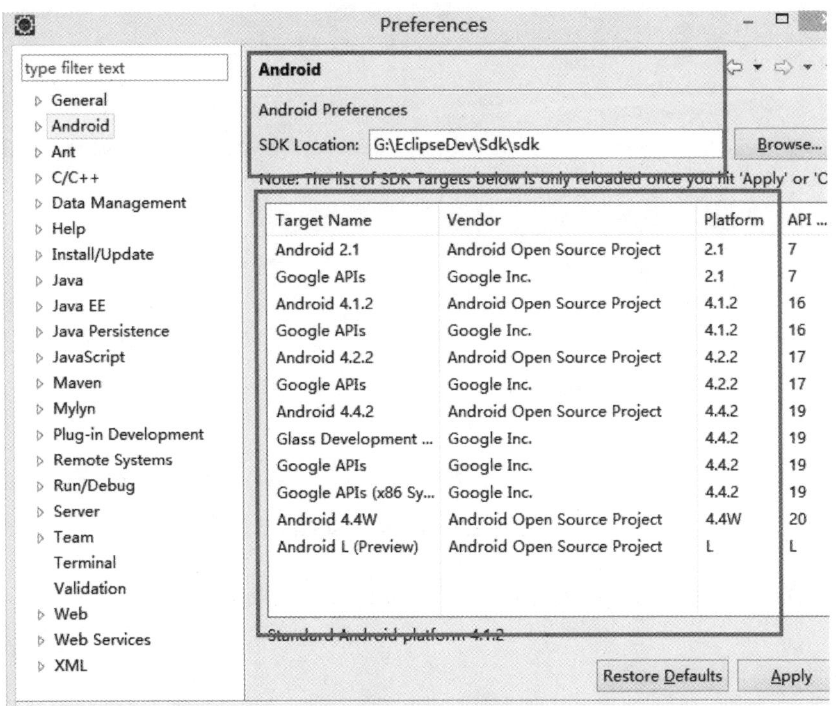

图 2-22　设置 Eclipse 中的 Android SDK

至此就完成了在 Windows 操作系统上搭建 Android 开发环境，用 Eclipse 的 File→New→Project...新建一个项目的时候，就会看到建立 Android 项目的选项了。

2.3.2 Android Studio

Android Studio 是 Google 推出的一个 Android 集成开发工具，其基于 IntelliJ IDEA，与 Eclipse ADT 类似，Android Studio 也提供了集成的 Android 开发工具用于开发和调试。

下面给出 Android Studio 安装与配置的基本步骤。

首先需要下载 Android Studio 安装包，可以从 http://www.android-studio.org/下载最新版本的安装包，这里采用 Android Studio 3.0 版本进行演示，如图 2-23 所示。

ANDROID STUDIO 3.0 DOWNLOAD FROM DL.GOOGLE.COM

立即开始使用 Android Studio

Android Studio 包含用于构建 Android 应用所需的所有工具。

下载 ANDROID STUDIO
3.0 FOR WINDOWS (681 MB)

- 版本：3.0.0.18
- 发布日期：OCTOBER 25, 2017

选择其他平台

平台	Android Studio 软件包	大小	SHA-256 校验和
Windows（64 位）	android-studio-ide-171.4408382-windows.exe 无 Android SDK	681 MB (714,340,664 bytes)	627d7f346bf4825a405a9b99123e7e92d0988dc6f4912552511e3685764a0044
	android-studio-ide-171.4408382-windows.zip 无 Android SDK，无安装程序	737 MB (772,863,352 bytes)	7a9ef037e34add6df84bdbe4b25dc222845b804e1f91b88d86f3e77dd1ce1fa0
Windows（32 位）	android-studio-ide-171.4408382-windows32.zip 无 Android SDK，无安装程	736 MB (772,333,606 bytes)	29399953024b0b4c72df62e94e0850c20b623b887e67bbfce713acb7baed8740

图 2-23　Android Studio 下载界面

下载好该安装包之后，进行安装，出现如图 2-24、图 2-25 所示的界面。

图 2-24　安装 Android Studio 1

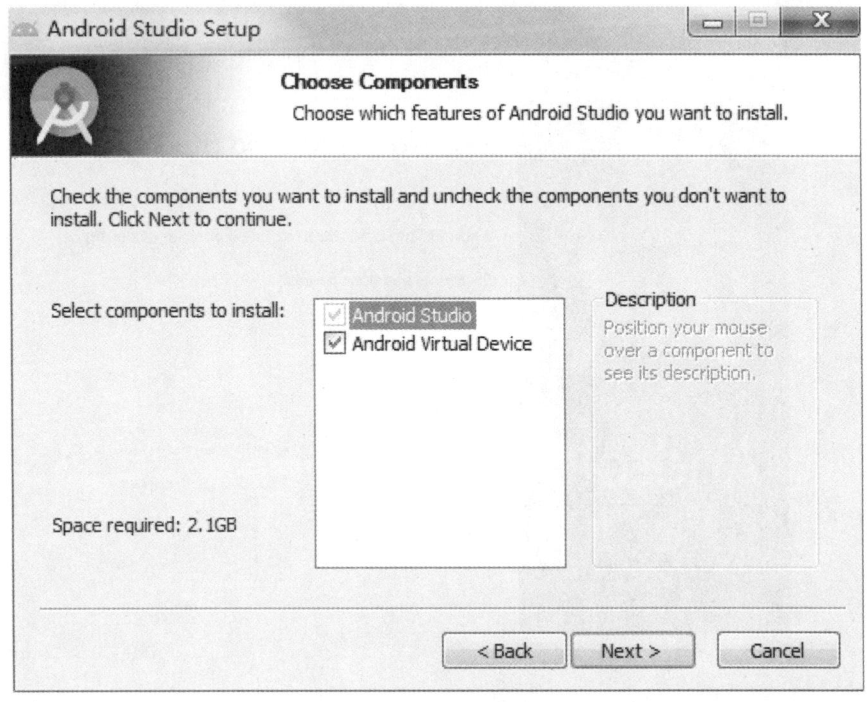

图 2-25　安装 Android Studio 2

接着选择 Android Studio 的安装路径，如图 2-26 所示。

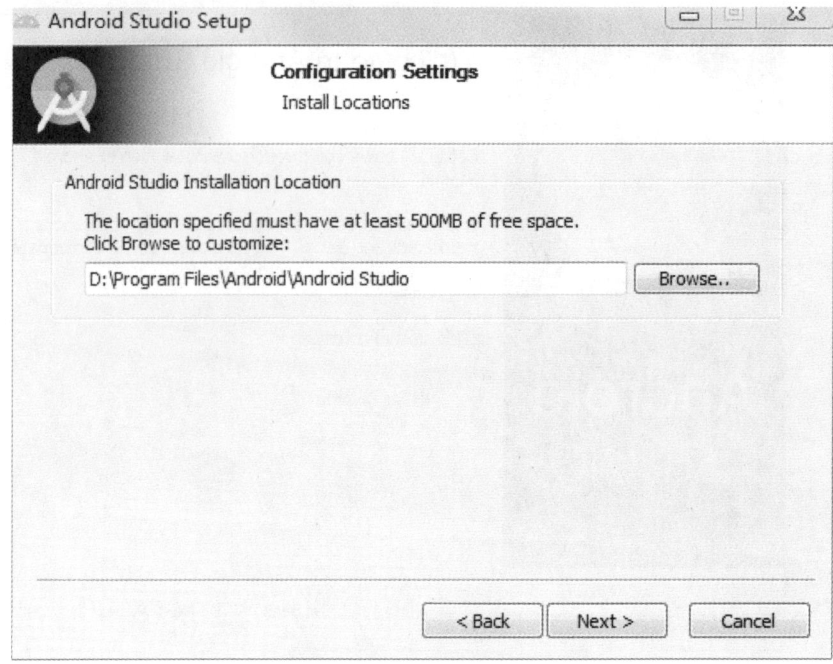

图 2-26　选择安装路径

然后点击“Next”，直到出现如图 2-27 所示的界面，即完成了软件的安装。

图 2-27　Android Studio 安装完成

启动 Android Studio,如果已在图 2-27 中进行了勾选,则直接自动启动,如图 2-28 所示。

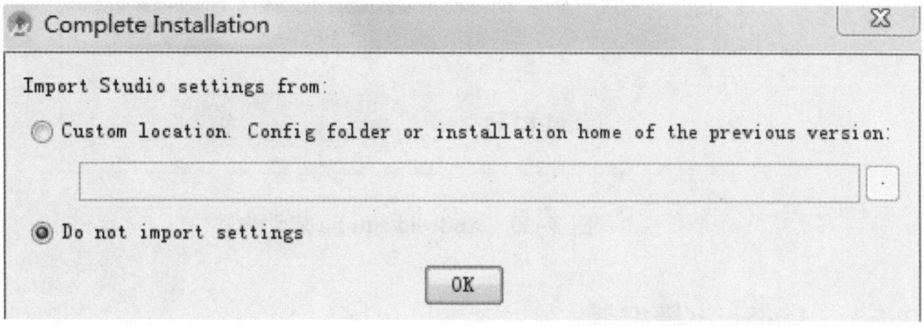

Complete Installation
Import Studio settings from:
Custom location. Config folder or installation home of the previous version:
Do not import settings
OK

图 2-28　启动 Android Studio 前选项

选择"Do not import settings",点击"OK",出现如图 2-29 所示的界面,即可顺利启动 Android Studio。

androidstudio
Powered by the IntelliJ® Platform

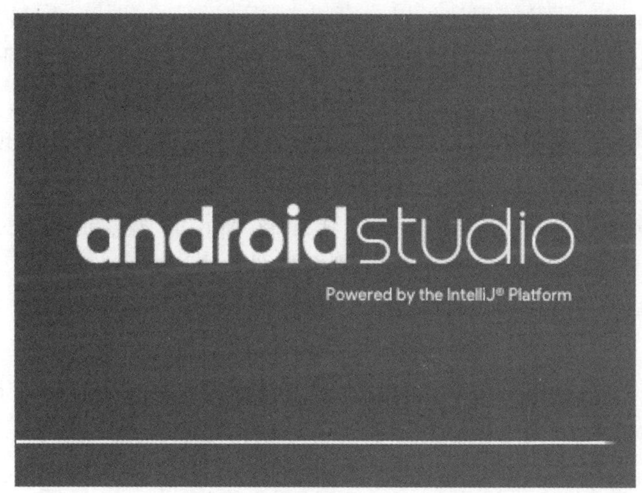

图 2-29　启动 Android Studio

如果出现如图 2-30 的界面,说明需要安装 Android SDK 或指定 Android SDK 路径。如果之前计算机中已经安装 Android SDK,可以指定该路径,之后就不用再下载 SDK;如果没有安装过 Android SDK,则需要安装 Android SDK 对应的插件。

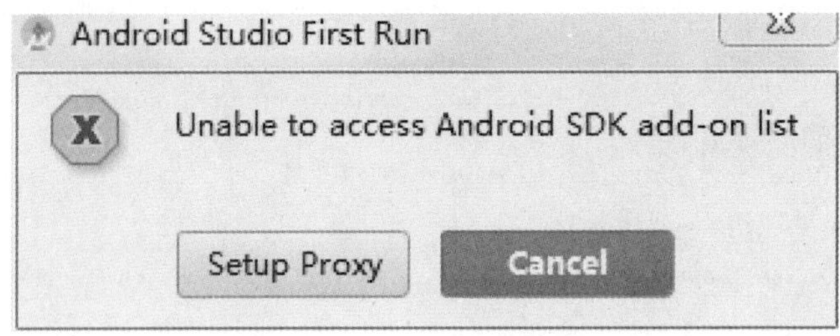

图 2-30　Android Studio 启动失败

2.3.3　Android 模拟器

很多人都会选择使用 Android 手机来开发、调试程序，但是有时候也需要在电脑、投影仪上开发、调试、演示程序，这时就要用到 Android 模拟器。

1.常用 Android 模拟器

(1)AVD 模拟器

Android Studio 开发的程序可以在真机上调试运行，同时 Android Studio 也提供了模拟器对程序进行调试、运行，这时需要配置 AVD 来选择调试程序的模拟环境。

(2)Genymotion 模拟器

Android 原生的模拟器启动比较慢，操作起来也不流畅，还会出现莫名的问题。这里介绍一款好用的 Android 模拟器——Genymotion 模拟器。

严格来说，Genymotion 是虚拟机，其加载 App 的速度比较快，操作起来也很流畅。Genymotion 依赖于 VirtualBox(开源虚拟机软件)，即 Genymotion 与 VirtualBox 要一起使用(Genymotion 调用 VirtualBox 的接口)。同时，Genymotion 也可作为 Eclipse、Android Studio 的插件使用。

首先下载 Genymotion 和 VirtualBox，可以直接去 Genymotion 的官网下载。Genymotion 官网提供了两个版本，带有 VirtualBox 的 Genymotion 整合包和不带 VirtualBox 的 Genymotion 安装包。安装 Genymotion 和 VirtualBox 时需要注意 Genymotion 和 VirtualBox 的版本要匹配，如果安装过程一直报错，说明 Genymotion 和 VirtualBox 版本不匹配。

安装该软件前需确保系统之前没有安装过虚拟机或者虚拟机已经被卸载干净，先安装 VirtualBox，后安装 Genymotion。

启动 Genymotion，并使用已在 Genymotion 官网注册的账号和密码登录。

如果要关联本地的 SDK 需要进行以下配置：在 Genymotion 主界面，依次点击 settings→ADB→Use custom Android SDK tools，在 Android SDK 框中选择电脑上 SDK 文件夹路径，如"E:\adt-bundle-windows-x86_64-20140702\sdk"。

在 Genymotion 主界面点击"add"即可添加想要的模拟器型号，模拟器下载好后双击模拟器将其启动。

2.Android 模拟器常见问题及解决方法

【常见问题一】启动模拟器报错，然后在 VirtualBox 中启动模拟器报"cannot access the kernel driver"错误。

解决办法：

(1)先关闭系统的防火墙和杀毒软件(最好先断网),不关闭的话直接运行有可能会出现未知错误的提示。

(2)进入"C:\Program Files\Oracle\VirtualBox\drivers\vboxdrv"文件夹(具体应查看VirtualBox的安装位置),找到vboxdrv.inf文件,点击鼠标右键,然后选择安装。

(3)在Eclipse下安装Genymotion插件。打开Eclipse,依次点击Help→Install New Software...→add,在弹出的Add Repository对话框的Name框中输入Genymotion,Location框中输入http://plugins.genymotion.com/eclipse,点击"OK",之后进行下载安装即可。安装好后可以在Eclipse中看到如图2-31所示的插件图标。还需要配置Genymotion的安装路径:依次点击Window→Preferences→Genymobile→Genymotion,在Genymotion directory框中选择刚才装好的Genymotion的路径。

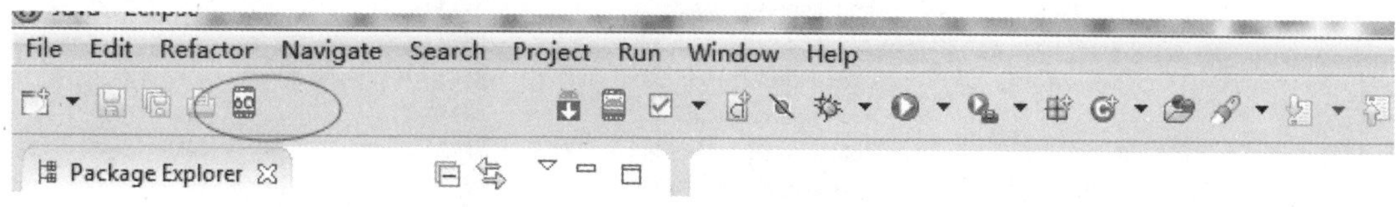

图 2-31　Genymotion 插件图标

【常见问题二】API版本问题。

运行程序时找不到Genymotion启动的模拟器,如图2-32所示。

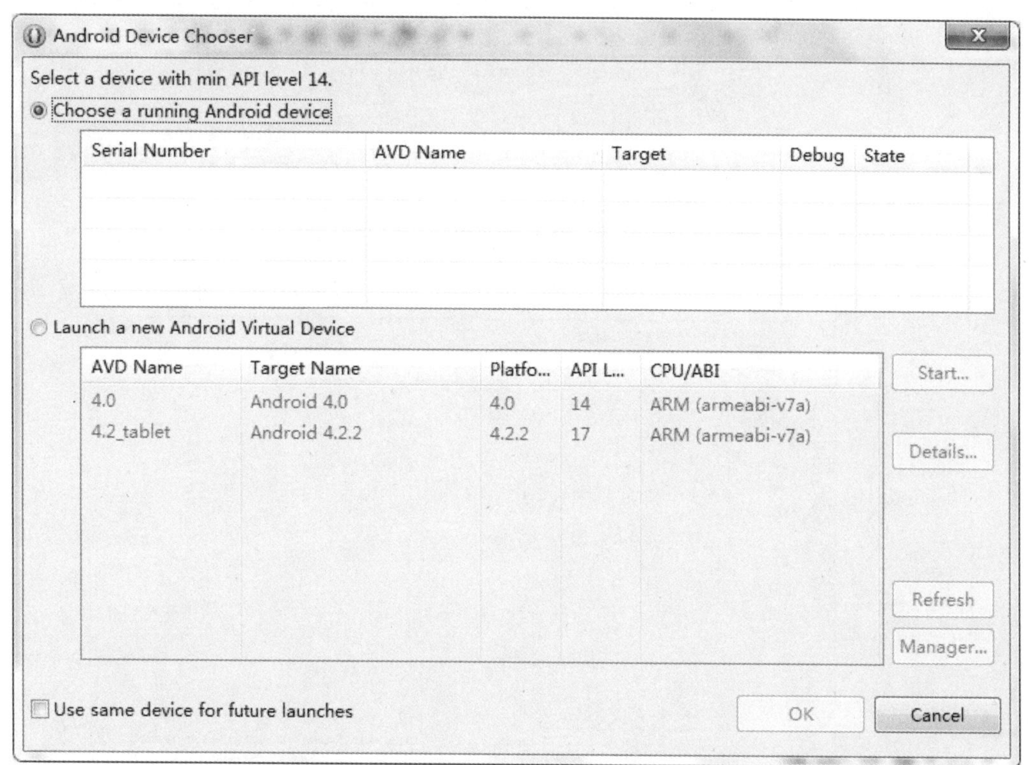

图 2-32　找不到 Genymotion 启动的模拟器

进入 DDMS 界面会看到如图 2-33 所示的情况反馈。这个问题主要是因为 Genymotion 模拟器的 API 版本太低,换个高版本 API 的模拟器即可。在 Eclipse 中点击插件图标,如图 2-34所示,选择模拟器并启动,如图 2-35、图 2-36 所示,然后选择一个 Android 项目并将其运行。

unknown-genymotion_	Online	2.3.7, deb...
system_process	196	8600
com.android.inputr	255	8605
com.android.phone	260	8606
com.android.syster	261	8607
com.android.launcl	262	8608
com.android.settin(	269	8609
android.process.ac	293	8610
com.android.music	351	8611
com.android.protip	374	8612
com.android.quick:	391	8613
android.process.m(	432	8614
com.android.mms	443	8615
com.android.email	460	8616
com.android.deskc	470	8617
com.android.provic	484	8618
com.cooliris.media	495	8619

图 2-33　DDMS 界面显示未找到 Genymotion 模拟器

图 2-34　启动模拟器

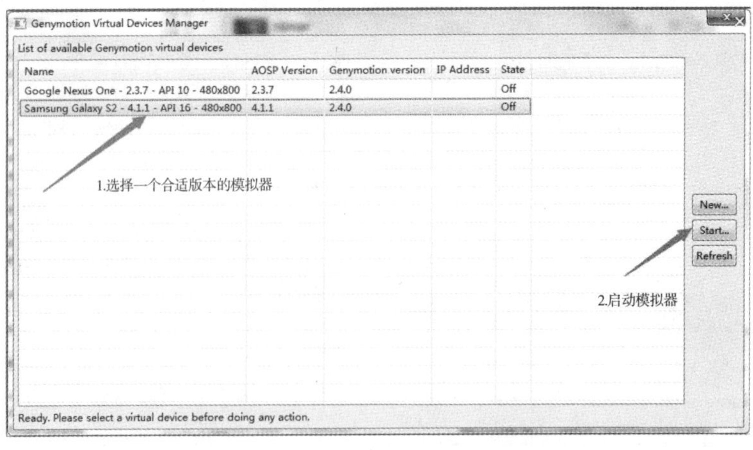

图 2-35　选择合适版本的模拟器

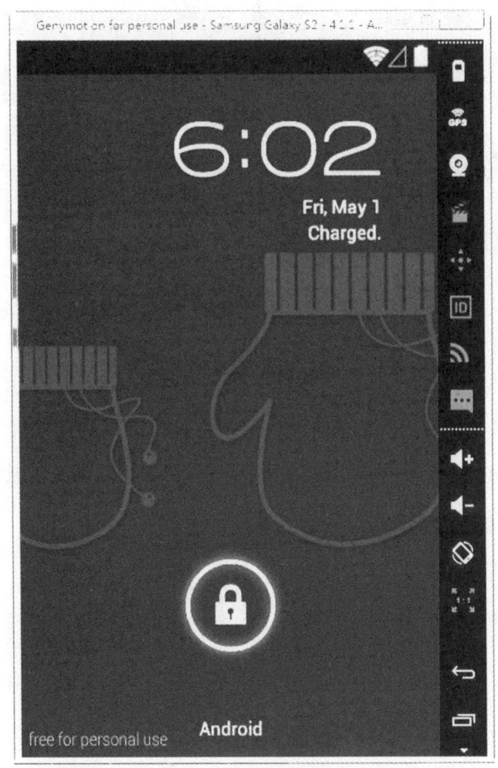

图 2-36 模拟器启动

2.3.4 ADB

ADB 的全称为 Android Debug Bridge，其可以在 Eclipse 中通过 DDMS 调试 Android 程序。ADB 的工作方式比较特殊，采用监听 Socket TCP 5554 等端口的方式让 IDE 和 Qemu 通信，所以当运行 Eclipse 时，ADB 进程会自动运行。

借助 ADB 工具，可以管理设备或手机模拟器的状态，还可以进行如安装软件、系统升级、运行 shell 命令等手机操作。ADB 是连接 Android 手机与计算机的桥梁，可以让用户在计算机上对手机进行全面的操作。

下面介绍一下 ADB 工具如何操作，并介绍几个常用命令。运行所需软件为 Android SDK 和 Android 相关手机驱动。

1.安装 USB 驱动

进入设置→应用程序→开发→USB 调试，选中第一个选项，然后通过 USB 线连接计算机，会提示安装驱动。如果是 32 位的系统应选择 x86 文件夹安装驱动，如果是 64 位系统应选择 amd64 文件夹安装驱动。

2.软件准备

安装好 USB 驱动后，还需要下载 ADB 工具，如图 2-37 所示。

图 2-37　ADB 工具

3.ADB 的常见操作命令

• adb devices：该命令是查看连接到计算机的 Android 设备或者模拟器，如图 2-38 所示。

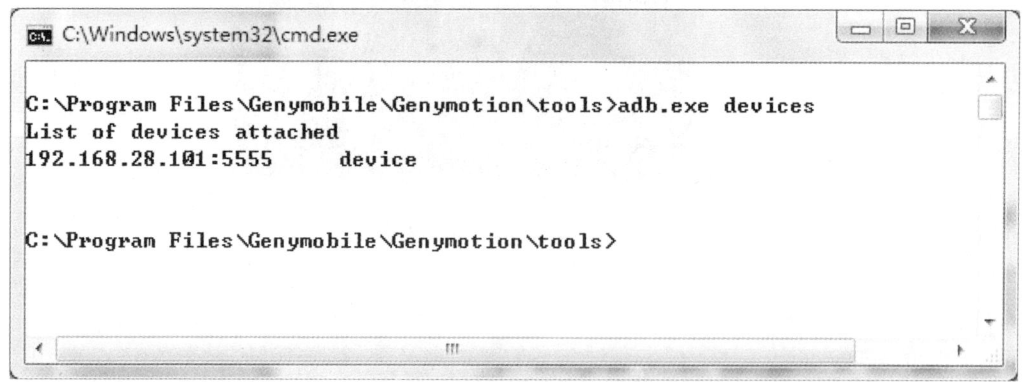

图 2-38　查看设备或者模拟器

• adb install <APK 文件路径>：该命令是将指定的 APK 文件安装到设备上，如图 2-39 所示。

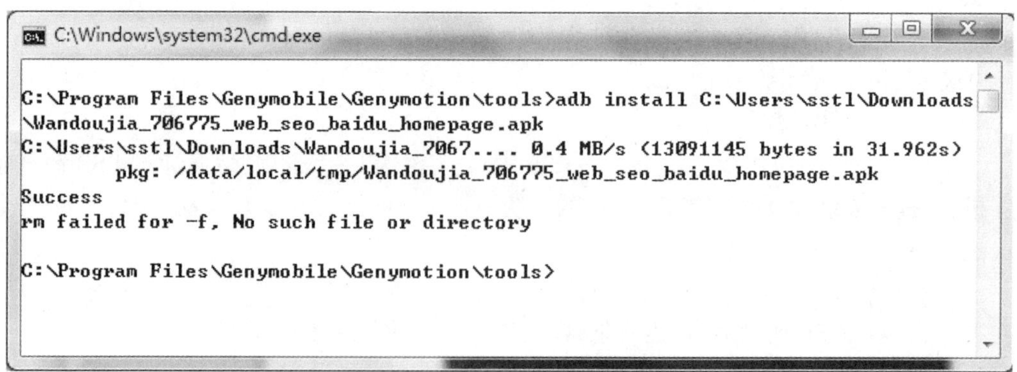

图 2-39　将指定的 APK 安装到设备上

- adb uninstall <软件名>:卸载对应软件。
- adb uninstall-k <软件名>:卸载软件但是保留配置和缓存文件。
- adb shell:通过此命令,可以进入设备或模拟器的 shell 环境中,从而执行各种 Linux 的命令。如果只想执行一条 shell 命令,可以采用以下的方式:adb shell [command]。如 adb shell dmesg 为打印出内核的调试信息。
- adb forward <协议>:<端口>:可以设置任意的端口号作为主机向模拟器或设备的请求端口。如 adb forward tcp:5555 tcp:8000。
- adb push <本地路径> <远程路径>:从计算机上发送文件到设备。
- adb pull <远程路径> <本地路径>:从设备上下载文件到计算机。
- adb bugreport:查看 bug 报告。
- adb shell logcat-b radio:记录无线通信日志。一般来说,无线通信日志非常多,在运行时没必要去记录,可以通过命令来设置记录。
- adb get-product:获取设备的 ID。
- adb get-serialno:获取设备的序列号。

2.3.5 DDMS

DDMS 的全称为 Dalvik Debug Monitor Service,在 IDE 与设备或模拟器之间扮演着中间人的角色。开发人员可以通过 DDMS 查看目标机器上运行的进程/线程状态,可以将 Android 屏幕上显示的内容拷贝到开发机上,可以查看进程的 heap 信息、logcat 信息,可以查看进程分配内存情况,可以向目标机发送短信及打电话,可以向 Android 应用发送地理位置信息。

DDMS 的工作机制是每一个 Android 应用都运行在一个 Dalvik 虚拟机实例里,而每一个虚拟机实例都是一个独立的进程空间。所有 Android 应用的线程都对应一个 Linux 线程,虚拟机因而可以更多地依赖操作系统的线程调度和管理机制。虚拟机的线程机制、内存分配和管理等都是依赖底层操作系统实现的。

DDMS 启动时会与 ADB 之间建立 device monitoring service,用于监控设备。当设备断开或连接时,这个 service 就会通知 DDMS。当一个设备连接上时,DDMS 和 ADB 之间又会建立 VM monitoring service 用于监控设备上的虚拟机。DDMS 通过 ADB Deamon 与设备上的虚拟机的 debugger 建立连接,这样 DDMS 就开始与虚拟机进行对话了。

SDK tools 目录下提供了 DDMS 的完整版,直接运行即可。下面以 Eclipse 的 DDMS perspective 为例简单介绍 DDMS 的功能。具体可参见 http://developer.android.com/tools/debugging/ddms.html。

安装好 ADT 后会有一个 DDMS 的 perspective,如图 2-40 所示,打开后的窗口如图 2-41 所示。

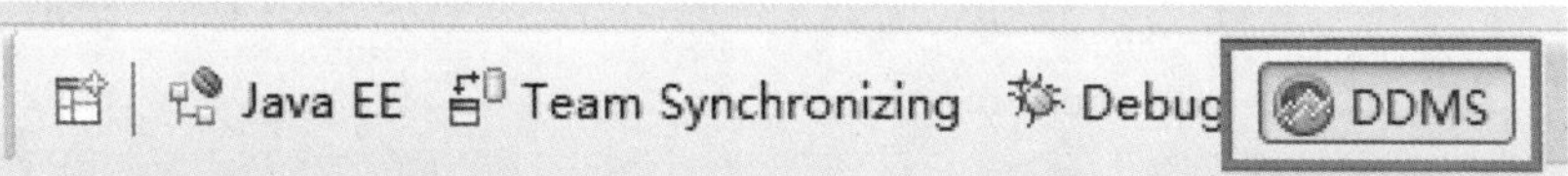

图 2-40　DDMS perspective

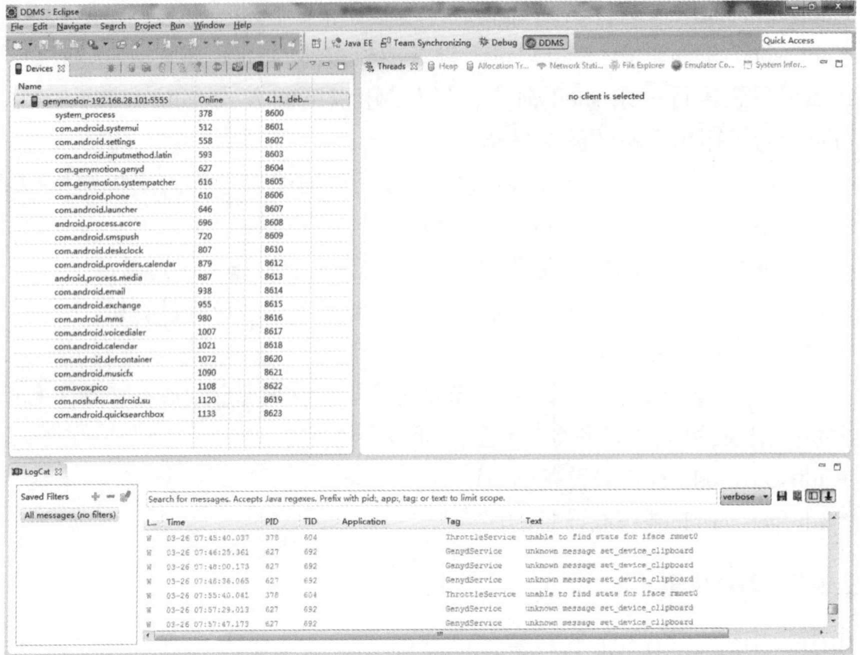

图 2-41　DDMS 界面

Devices 面板罗列了模拟器中所有的进程,右上角那一排按钮的功能包括调试某个进程、更新某个进程、更新进程堆栈信息、停止某个进程和截取 Android 当前的屏幕等。面板中显示了当前能找到的所有模拟器或设备列表,以及每个设备当前正在运行的虚拟机列表,如图 2-42 所示。需要注意的是,虚拟机是按程序的包名来显示的。

通过这些列表可以找到运行的虚拟机。每个虚拟机旁边的是“debugger pass-through”端口,连接到其中一个端口就会连接到设备上对应的虚拟机。在使用 DDMS 时,只需要连接到 8700 端口,每次切换虚拟机时不需要重新配置 debugger 端口。当一个正在运行的程序调用 waitForDebugger()函数时,客户端名字旁边会显示一个红色的图标,当 debugger 连上对应的虚拟机时,debugger 会变成绿色。如果看到带有叉的图标,意味着 DDMS 由于不能打开虚拟机的端口而不能建立 debugger 与虚拟机的连接。如果看到所有的虚拟机都是这样,很可能是有另外一个 DDSM 实例也在运行。

Devices

Name			
genymotion-192.168.28.101:5555	Online		4.1.1, deb...
system_process	378		8600
com.android.systemui	512		8601 / 87...
com.android.settings	558		8602

图 2-42　Devices 面板

当选中某个进程并按下调试进程按钮时，如果 Eclipse 中有这个进程的代码，就可以进行源代码级别的调试。图片抓取按钮可以把当前 Android 的显示桌面抓到机器上。

右边窗口中有 Threads、Heap 和 File Explorer 等选项卡，如图 2-43 所示，用于显示线程统计信息、栈信息及 Android 的文件系统。

图 2-43　DDMS 信息选项卡

File Explorer 可以把文件上传到 Android 手机，或者从手机下载文件，也可以对文件进行删除操作。选中 File Explorer 选项卡后，按如图 2-44 所示的三个按钮便可实现对 Android 手机文件系统的上传、下载和删除操作。

图 2-44　DDMS 中的文件操作

通过 Emulator Control 选项卡可以向手机发送短信、打电话及更新手机位置信息，如图 2-45所示。

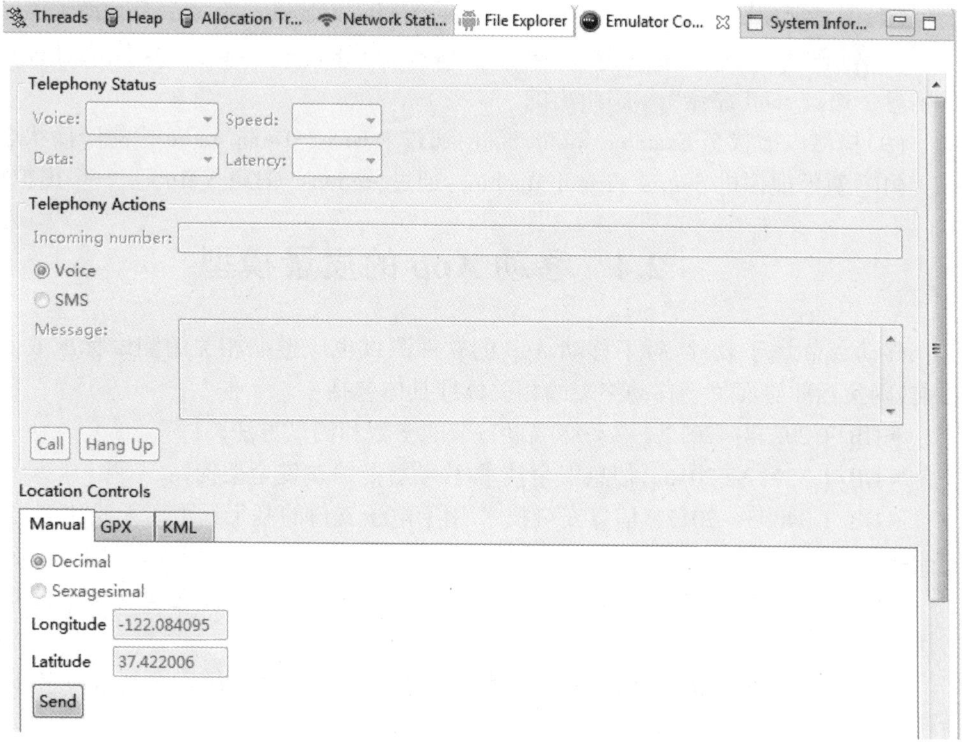

图 2-45　DDMS 的 Emulator Control 选项卡

Eclipse ADT 提供的 DDMS 功能只是 DDMS 的一小部分,可以直接使用 Tools 下面的 DDMS 来使用所有功能。

DDMS 的相关面板信息如下。

(1)信息 Info:Info 用于显示选中的虚拟机的相关信息,包括进程 ID、包名和虚拟机版本。

(2)线程视图 Threads:线程视图列出了此进程的所有线程相关信息。其中 ID 是指虚拟机分配的唯一的线程号,在 Dalvik 里是从 3 开始的奇数;Tid 为 Linux 的线程号;Stauts 为线程状态;Utime 为执行用户代码的累计时间;Stime 为执行系统代码的累计时间;Name 为线程的名称。

(3)堆信息 VM Heap:展示堆的状态,在垃圾回收期间更新。当选定一个虚拟机时, VM Heap 视图不能显示数据,可以点击右边绿色的"Show heap updates"按钮,然后再点击"Cause GC"实施垃圾回收并更新堆的状态。

(4)内存分配 Allocation Tracker:在这个视图里,可以跟踪每个选中的虚拟机的内存分配情况。

(5)模拟器 Emulator Control:用于模拟设备状态和行为。其中 Telephony Status 可以改变电话语音和数据方案的状态,模拟不同的网络速度;Telephony Actions 可以发送模拟的电话呼叫和短信到模拟器;Location Controls 可以发送虚拟的定位数据到模拟器,执行定位之类的操作。

(6)文件浏览 File Explorer:通过 Device→File Explorer 打开 File Explorer,可以浏览文件,上传、上载和删除文件,当然需要有相应的权限。

(7)屏幕抓取 Screen Capture:通过 Device→Screen Capture 完成屏幕截图。

(8)进程查看 Exploring Processes:通过 Device→Show process status 完成进程查看,这里的信息是通过 shell 命令"ps-x"给出的。

(9)检测广播状态 Examine Radio State:通过 Device→Dump radio 检测广播状态。

(10)暂停虚拟机 Stop a Virtual Machine:通过 Actions→Halt VM 停止一个虚拟机。

2.4 移动 App 的质量模型

移动 App 属于软件,对于移动 App 的软件测试也应遵循相关的测试标准或质量规范。目前,国家标准层面关于移动终端的相关标准具体包括:

- GB/T 29238—2012《移动终端设备节能参数和测试方法》;
- GB/T 32927—2016《信息安全技术 移动智能终端安全架构》;
- GB/T 34095—2017《信息安全技术 用于电子支付的基于近距离无线通信的移动终端安全技术要求》;
- GB/T 34975—2017《信息安全技术 移动智能终端应用软件安全技术要求和测试评价方法》;
- GB/T 34976—2017《信息安全技术 移动智能终端操作系统安全技术要求和测试评价方法》;
- GB/T 34977—2017《信息安全技术 移动智能终端数据存储安全技术要求与测试评价方法》;

- GB/T 34978—2017《信息安全技术 移动智能终端个人信息保护技术要求》;
- GB/T 34998—2017《移动终端浏览器软件技术要求》;
- GB/T 35278—2017《信息安全技术 移动终端安全保护技术要求》;
- GB/T 36464.4—2018《信息技术 智能语音交互系统 第 4 部分:移动终端》;
- GB/T 37729—2019《信息技术 智能移动终端应用软件(APP)技术要求》;
- GB/T 39270—2020《信息安全技术 移动智能终端安全技术要求及测试评价方法》。

移动 App 的软件质量模型和测试细则尚没有具体的国家标准,移动 App 的软件测试可参考软件质量的国家系列标准(SQuaRE),具体标准如下:

- GB/T 25000.10—2016《系统与软件工程 系统与软件质量要求和评价(SQuaRE) 第 10 部分:系统与软件质量模型》;
- GB/T 25000.23—2019《系统与软件工程 系统与软件质量要求与评价(SQuaRE) 第 23 部分:系统与软件产品质量测量》;
- GB/T 25000.51—2016《系统与软件工程 系统与软件质量要求和评价(SQuaRE) 第 51 部分:就绪可用软件产品(RUSP)的质量要求和测试细则》。

GB/T 34975—2017 规定了移动智能终端应用软件的安全技术要求和测试评价方法。该标准适用于移动智能终端应用软件的开发、运作与维护等生存周期过程的安全保护与测试评估。该标准从安全技术要求和测试评价方法两方面阐述了移动智能终端应用软件的安全要求和测试方法。安全技术要求包括安全功能要求和安全保障要求,从软件的安装卸载、鉴别机制、访问控制、数据安全、运行安全等方面对移动智能终端应用软件提出了技术要求,同时从开发、文档、生命周期、测试等方面对其提出了运维要求。

标准 GB/T 37729—2019 规定了在智能移动终端上运行的应用软件的技术要求,包括功能性、性能效率、兼容性、易用性、可靠性、安全性、维护性、抗风险、用户文档集等方面的要求,适用于移动智能终端应用软件的设计、开发、检测、发布、升级维护等全生存周期管理。此标准以 GB/T 25000.10—2016、GB/T 25000.51—2016 作为参考,提出了移动智能终端上运行的应用软件的通用性技术要求。

GB/T 39270—2020 规定了移动智能终端安全技术要求及测试评价方法,包括硬件安全、系统安全、应用软件安全、通信连接安全、用户数据安全,适用于移动智能终端的设计、开发、测试和评估。该标准对移动智能终端的软件和硬件的安全要求都做了规定。其中应用软件安全部分,主要对软件的签名认证、通信功能调用、代码安全、最小化权限做了要求,并给出了具体的测试方法。

本书以 GB/T 25000.10—2016 为基本框架对移动 App 的测试内容及其方法进行描述。

GB/T 25000.10—2016 是对 GB/T 16260.1—2006《软件工程　产品质量第 1 部分:质量模型》的修订。GB/T 25000.10—2016 中的系统与软件质量模型适用于所有的软件产品及计算机系统,并且定义了使用质量模型和产品质量模型。

(1)使用质量模型:该模型由 5 个质量特性组成,每个质量特性可进一步细分为子特性。这些特性关系到软件产品在特定周境下使用时和用户交互时的结果。该模型可应用于完整的人机系统,包括所涉及的计算机系统和软件产品。

(2)产品质量模型:该模型由 8 个质量特性组成,每个质量特性可进一步细分为子特性。这些特性与软件的静态属性及计算机系统的动态属性相关。该模型可以应用于计算机系统和软件产品。

GB/T 25000.10—2016 可以用来从获取、需求、开发、使用、评价、支持、维护、质量保证和审核相关的不同视角，对软件和软件密集型计算机系统进行确定和评价。

GB/T 25000.10—2016 中定义的产品质量模型包括功能性、性能效率、兼容性、易用性、可靠性、信息安全性、维护性、可移植性，如图 2-46 所示。功能性是指测试应用的功能是否符合需求；性能效率是指测试应用的性能是否能提供满意的服务质量；兼容性是指测试应用是否能兼容不同的运行环境；易用性是验证应用是否易于操作；可靠性是验证应用执行指定功能的程序；信息安全性是验证应用的信息安全性；维护性是分析应用维护难易程度；可移植性是测试应用是否能够移植到指定的硬件或平台上。

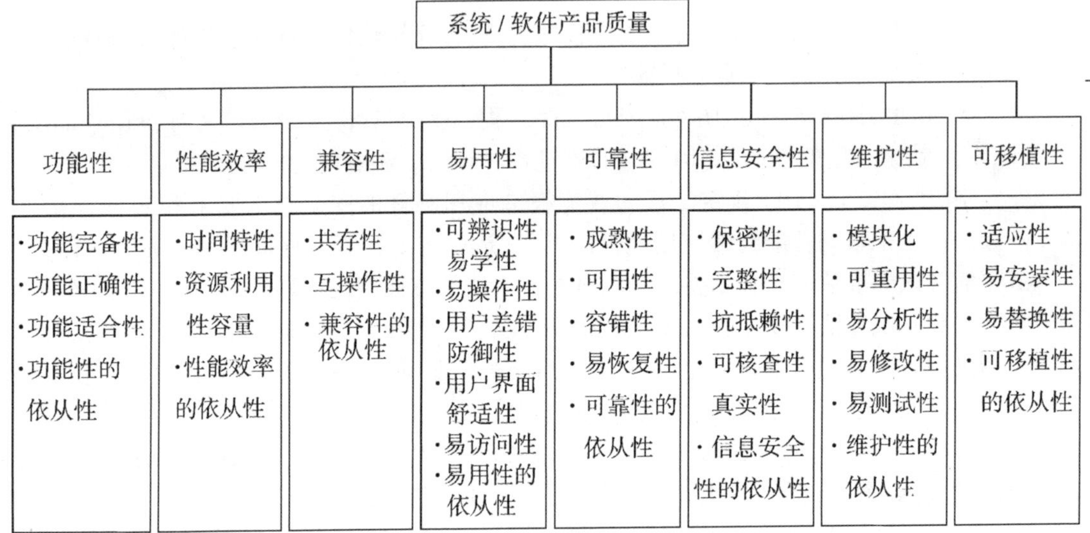

图 2-46　软件产品质量模型

GB/T 34975—2017 和 GB/T 37729—2019 分别从不同的维度对移动 App 的软件质量特性进行了阐述，是 GB/T 25000.10—2016、GB/T 25000.23—2019 在移动 App 领域的扩展和细化。GB/T 37729—2019 参考了 GB/T 25000.10—2016 中的 8 个软件质量特性，去除了可移植性，增加了抗风险要求和用户文档集要求，对每个质量特性的具体要求作了细化。其中在安全性方面提出了应用安全要求和恶意行为防范要求。GB/T 34975—2017 则是对移动 App 的安全性技术要求提出更详细的准则，从功能安全和保障安全两方面进行阐述，并给出了安全性的测试评价方法。以上各标准质量特性比较见表 2-1。

表 2-1　各标准质量特性比较

	GB/T 25000.10—2016	GB/T 37729—2019	GB/T 34975—2017
质量特性	功能性 性能效率 兼容性 易用性 可靠性 信息安全性 维护性 可移植性	功能性 性能效率 兼容性 易用性 可靠性 信息安全性 维护性 抗风险 用户文档集	安全性

本书通过 8 个质量特性的维度对移动 App 的各个质量要素给出相应的测试内容及方法。

第3章　移动 App 功能性测试

在 GB/T 25000.10—2016 中,功能性是指在指定条件下使用时,产品或系统提供满足明确和隐含要求的功能的程度。功能性测试是移动 App 测试中最基本的测试,主要测试软件功能的完备性、正确性和适合性。完备性是指功能集对指定任务和用户目标的覆盖程度;正确性是指产品或系统提供具有所需精度的正确结果的程度;适合性是指功能促使指定的任务和目标实现的程度。在功能性测试中,测试人员应分析移动 App 的各个功能模块,测试每个功能项是否能够实现其对应的功能,一般根据软件的说明或用户的需求来验证移动 App 的各个功能是否能够正确地实现。首先根据时间、地点、对象、行为和背景五元素分析提炼出移动 App 的测试点,然后根据被测功能的特性,制定出相应类型的测试用例,如涉及用户输入的测试可考虑等价类划分、边界值分析等测试方法。在对移动 App 进行功能测试时,通常还要考虑移动 App 中一些特有的功能,如验证码、免登录、消息推送、GPS 定位功能等。

移动 App 的自动化测试主要分两类:一是基于移动 App 的 APK 自动化测试;二是浏览器的 Web 页测试。目前,使用较多的是前者,应用的自动化测试框架也较多,如 NativeDriver、Robotium、calabash 等;后者可用自动化测试框架,目前较常用的是 Selenium。

3.1　移动 App 功能测试

移动 App 功能测试需要对功能进行验证。下面列出了通用的功能测试内容,见表 3-1。

表 3-1　通用的功能测试内容

测试对象	测试要素
基本功能	增加
	修改
	保存
	取消
	撤销
	删除
保存	本地存储
	服务器存储
修改	与新建时的差异
	修改已经存在记录的相同信息
删除	单个删除
	批量删除
	删除确认

表 3-1(续)

测试对象	测试要素
字符串输入、显示	必填项
	长度检查
	显示
	错误提示
	多语言
	字符类型检查
查询	单个条件
	组合条件
特殊字符	标点符号,特别是空格、引号和回车键
	特殊含义字符,如 HTML 中的转义字符
完整性	输入、显示所填写的信息是否完整
一致性	显示信息和添加信息是否一致
重复操作	重复提交
	重复修改
	重复后退

通用的功能测试内容具体说明如下。

“字符串输入、显示”中的“长度检查”:输入超出需求说明的字符串长度的内容,移动 App 是否检查字符串长度,以及会不会有错误提示信息。

“字符串输入、显示”的“必填项”:测试应填写的项没有填写时系统是否进行了处理,对必填项是否有提示信息,如在必填项前加 * 。

“字符串输入、显示”中的“字符类型检查”:在应该输入指定类型内容的地方输入其他类型的内容(如在应该输入整型的地方输入其他字符类型),测试系统是否检查字符类型,以及会不会有错误提示信息。此外,也需要考虑是否支持多语言,在可以输入中文的系统输入中文,测试是否出现乱码或出错。

“修改”功能:①测试添加和修改是否一致。如测试添加和修改信息的要求是否一致;添加要求必填的项,修改也应该必填;添加规定为整数的项,修改时也应为整数。②在一些需要命名且名字应该唯一的项输入重复的名字或 ID,测试应用或系统有没有处理,是否会报错,包括是否区分大小写,以及在输入内容的前后输入空格,是否会正确处理等。③测试把不能重名的项改为已存在的内容,看是否会处理、报错且给出提示。

“删除”功能:测试在一些可以一次删除多个信息的场景,不选择任何信息,测试是否会出错;然后选择一个和多个信息,进行删除,看是否正确处理,以及移动 App 是否给出提示。

“查询”功能:也称搜索、检索,测试在查询(搜索)功能的地方输入存在和不存在的内容,检查查询结果是否正确。可以输入多个查询条件的,可以同时添加多个查询条件,测试返回的查询结果是否正确。

“重复操作”:①重复提交测试,即输入一条已经成功提交的记录,返回后再提交,测试应用是否做了处理。②测试“后退”键的情况,即重复多次“后退”,看是否会出错。

目前,许多移动 App 的发布频率很快,传统的手工测试方法已经很难适应移动 App 大量、频繁回归测试的功能测试需求,因此,采用“录制-回放”的自动化测试工具已经成为当前最流行的移动 App 功能测试方法。该过程产生一个可自动执行的测试用例,这对于回归测试来说是很有帮助的。目前,一些商用或开源软件已经实现了移动 App 的录制、回放的自动化测试功能。下面以一些常用的移动 App 自动化测试工具为例,介绍移动 App 的功能测试过程。

3.1.1 Silk Mobile

Silk Mobile 是一款针对移动 App、基于界面录制回放功能的自动化测试工具。该工具属于黑盒测试范畴,覆盖了所有移动设备,支持主流移动终端系统,支持录制、检测、回放及脚本的导出等功能。目前,该工具已在中国移动通信研究院成功运营。

Silk Mobile 采用轻量级框架和自动化执行引擎,测试脚本易于管理,并有如下特点:

(1) 支持多种移动智能操作系统,如 Android、iOS、BlackBerry、Windows Mobile、Symbian、Windows Phone 等;

(2) 支持 public cloud、native、image/text based 及 Web 控件识别;

(3) 支持与多种主流语言进行移植,如 Java、Python、C#、Perl 等;

(4) 支持与多种主流框架集成,如 Silk4Net、Silk4J、TestComplete、Junit4 等;

(5) 同一脚本能满足不同系统平台或同一平台不同版本之间的测试执行。

1.Silk Mobile 的安装

Silk Mobile 的安装包可以从 Silk Mobile 的官方网站获取。点击 Silk Mobile 的安装程序,出现如图 3-1 所示的欢迎界面。跟随程序的向导多次点击“Next”后,即可完成 Silk Mobile 的安装。接下来就可以开始下一步测试工作了。

2.连接 Android 设备

Silk Mobile 可以测试实际手机设备上运行的 App,因此,在使用 Silk Mobile 之前,手机必须进行一些必要的设置,并且需要将 Silk Mobile 连接到手机。

首先,应在安装 Silk Mobile 的计算机上安装手机对应的 USB 驱动程序。以下列举了一些常见手机设备的 USB 驱动程序下载地址(注意:在安装过程中,请断开手机连接,并以管理员身份运行驱动安装程序)。

【Motorola】

https://motorola-global-zn-ch.custhelp.com/app/answers/detail/a_id/91628

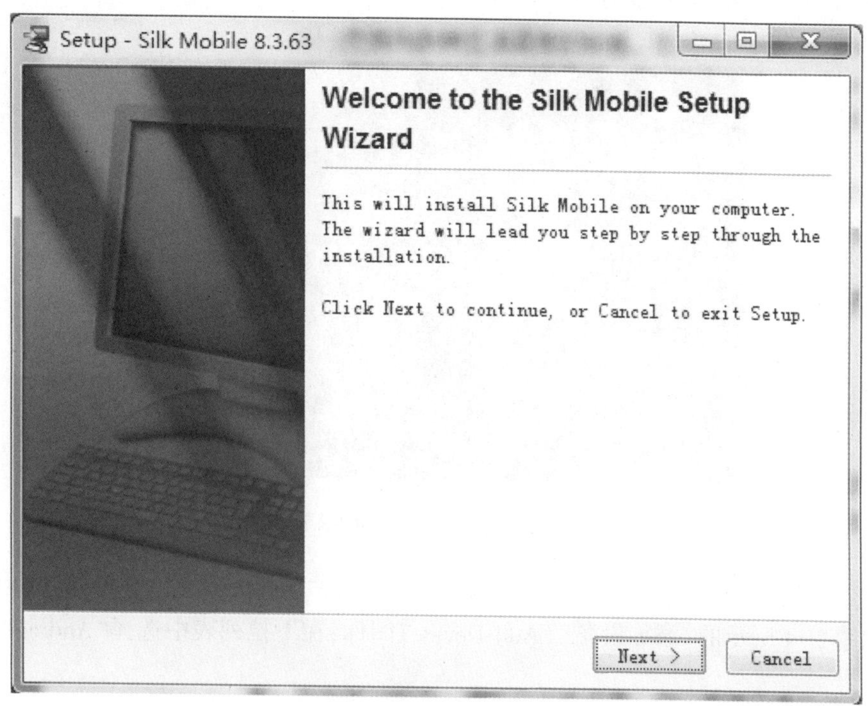

图 3-1　Silk Mobile 安装界面

【SAMSUNG】

http://www.samsung.com/us/support/downloads/

【GOOGLE(NEXUS)】

https://developer.android.com/studio/run/win-usb.html

其他手机可以访问手机制造商的官方网站来获取相关 USB 驱动程序。

其次,在手机设置中选择“设置”(Settings)→“高级设置”(Advanced)→“开发者选项”(Development),将“USB 调试”设置为“启用”,如图 3-2 所示。

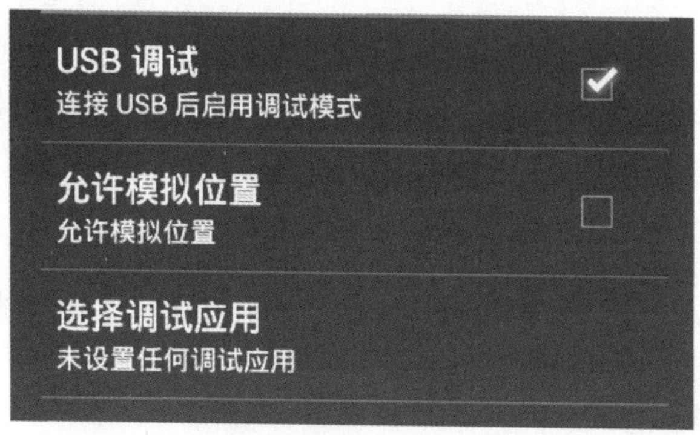

图 3-2　开启 USB 调试

在高版本的 Android 系统中,要启用“USB 调试”可采用另一种方法,先将手机通过 USB 线缆连接计算机,在手机界面中会看到“是否允许 USB 调试”(Allow USB debugging?)的弹出窗口，点击“确定”(OK)，如图 3-3 所示。

图 3-3　允许 USB 调试

然后就可以将手机连接至 Silk Mobile，打开 Silk Mobile，转到“设备”(Device)选项卡，单击如图 3-4 所示的“添加设备”(Add Device)图标，在下拉列表中选择“Android”。

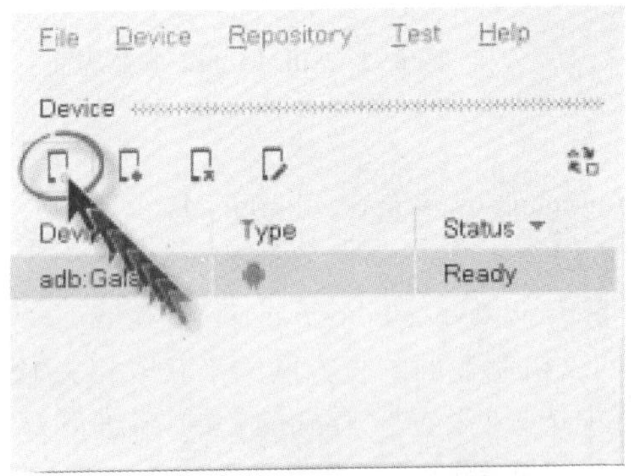

图 3-4　添加设备图标

此时将显示一个弹出窗口，窗口中会显示 Android 设备的序列号。为设备命名，然后单击“确定”(OK)按钮，选定设备将显示在“设备”(Device)选项卡中。选择设备，单击“打开设备”(Open Device)图标，确认其状态从“就绪”(Ready)变为“打开”(Open)，随后，设备屏幕将显示在桌面上，如图 3-5 所示。

3.应用程序插桩

应用程序插桩最早是由 J.C. Huang 教授提出的，即在保证被测程序原有逻辑完整性的基础上在程序中插入一些探针(又称“探测仪”)，通过探针的执行抛出程序运行的特征数据，通过对这些数据的分析，可以获得程序的控制流和数据流信息，进而得到逻辑覆盖等动态信息，从而实现测试目的的方法。在 Silk Mobile 中，Android 程序的测试脚本录制可以通过向被测 App 插桩实现，插桩后的 App 会记录用户的每一步操作，并将其录制成测试脚本。

Silk Mobile 可以自动对 App 进行插桩。某些情况下，如果自动插桩无法成功，则必须采用手动插桩。

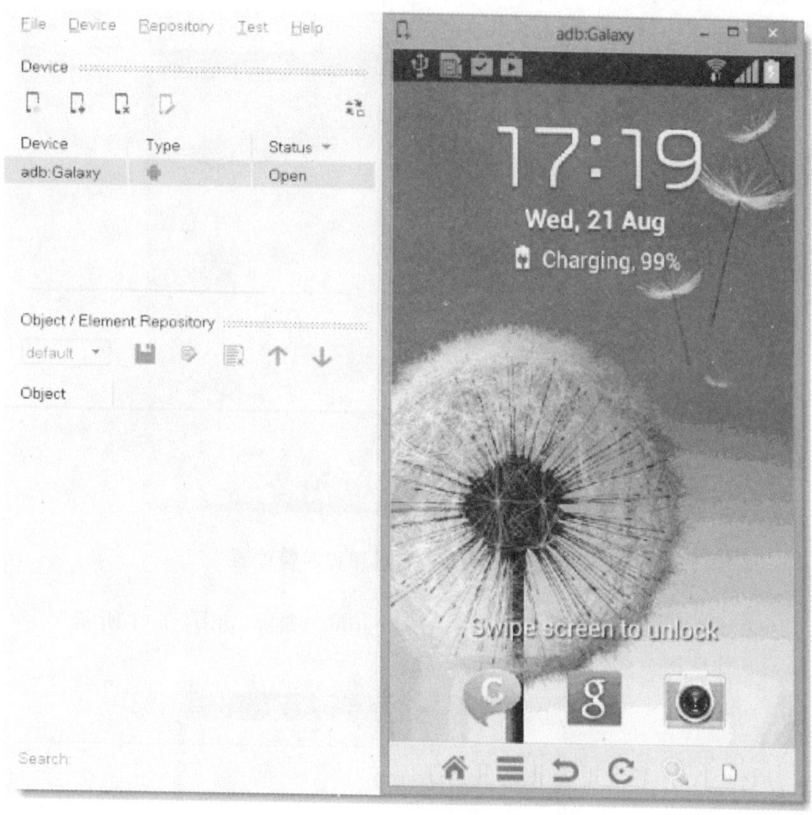

图 3-5　手机设备界面

应用程序插桩的主要步骤如下。

(1)计算机上必须安装 JDK。

(2)应用程序必须具备网络访问权限(网络访问权限是在应用程序的 manifest.xml 文件中配置的),如果没有网络访问权限,可在 manifest.xml 中添加此行:<uses-permission android:name="android.permission.INTERNET"/>。

(3)单击“应用程序管理器”(Application Manager)按钮,也可以单击“设备”(Device)选项卡,然后单击“应用程序管理器”(Application Manager)按钮,如图 3-6 所示。

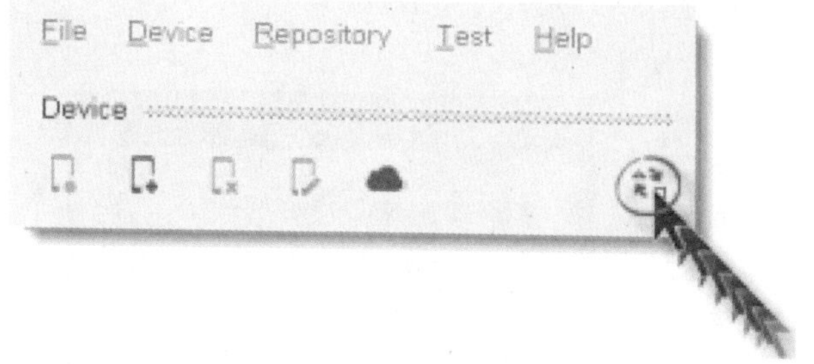

图 3-6　应用程序管理器按钮

(4)应用程序管理器(Application Manager)将显示在屏幕上,如图 3-7 所示。

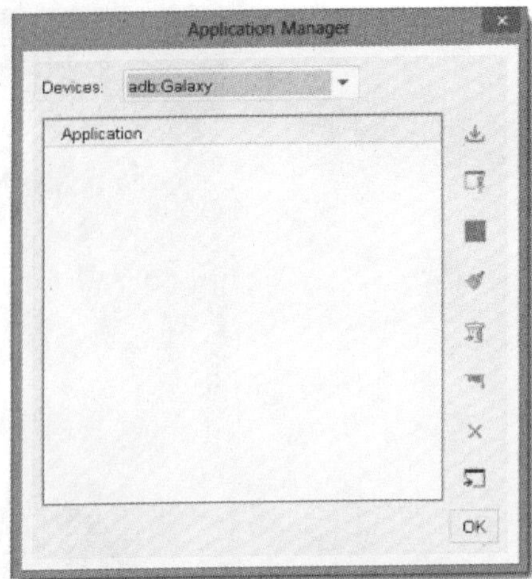

图 3-7　应用程序管理器

(5)单击“导入应用程序”(Import Application)图标,如图 3-8 所示。

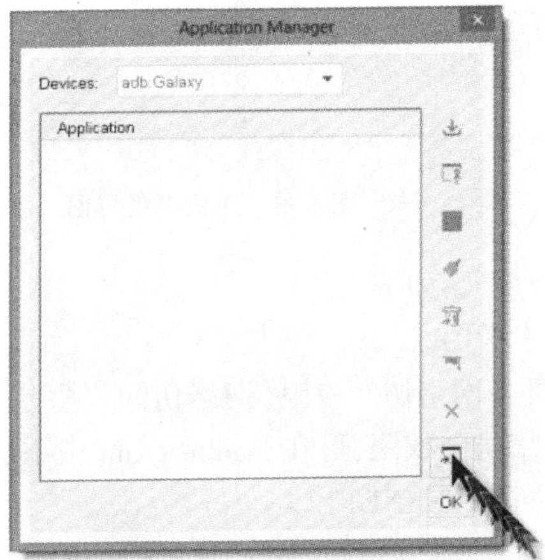

图 3-8　导入应用程序图标

(6)随后将看到如图 3-9 所示的弹出窗口。

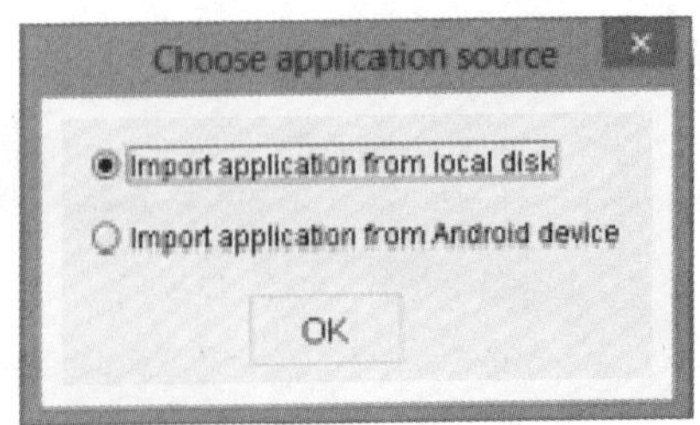

图 3-9　导入应用程序弹出窗口

(7)接下来选择要执行的操作。

选择从本地磁盘导入应用程序(Import application from local disk)表示要导入的 APK 文件位于计算机上。在查找文件对话框中找到 APK 文件所在的文件夹,选中 APK 文件并单击“导入”(Import),如图 3-10 所示。

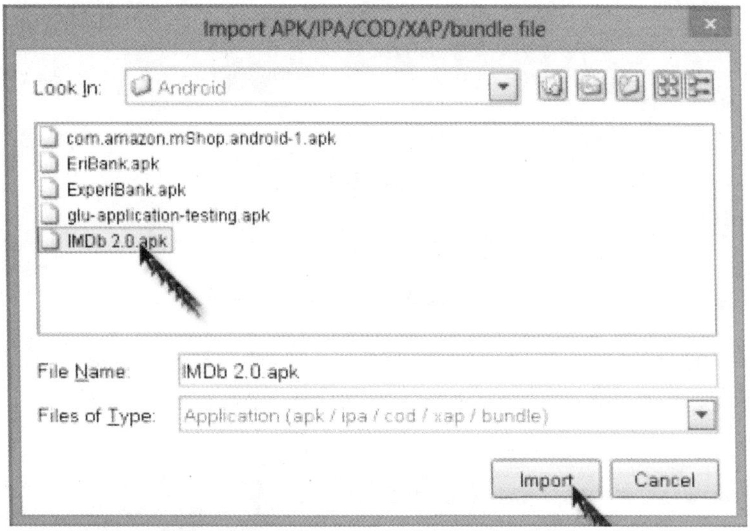

图 3-10　导入本地 App

选择从 Android 设备导入应用程序(Import application from Android device)表示从连接的 Android 设备中导入 App。从列表中选择应用程序,然后单击“导入”(Import),如图 3-11 所示。

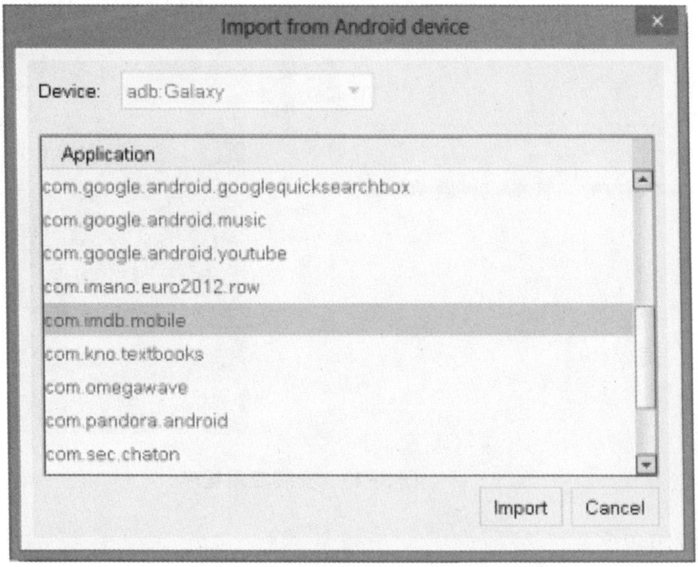

图 3-11　从 Android 设备中导入 App

应用程序管理器随即导入 APK 文件并开始插桩，此过程需耗时 60～180 s（有时甚至更长），完成后，应用程序将显示在应用程序列表中。

4.安装应用程序

导入完成后，Silk Mobile 将询问是否要将所插桩的应用程序安装到所连接的手机上。单击“是”（Yes），如图 3-12 所示，Silk Mobile 将插桩的应用程序自动安装到手机上。

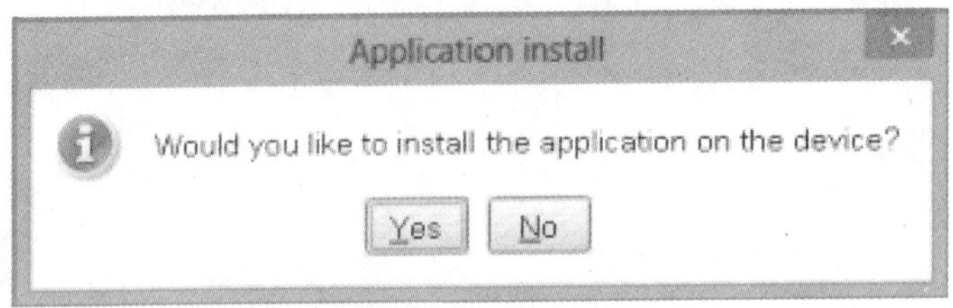

图 3-12　安装应用程序

另外一种选择是单击应用程序，然后单击“安装”（Install）图标，应用程序将安装到手机上，如图 3-13 所示。

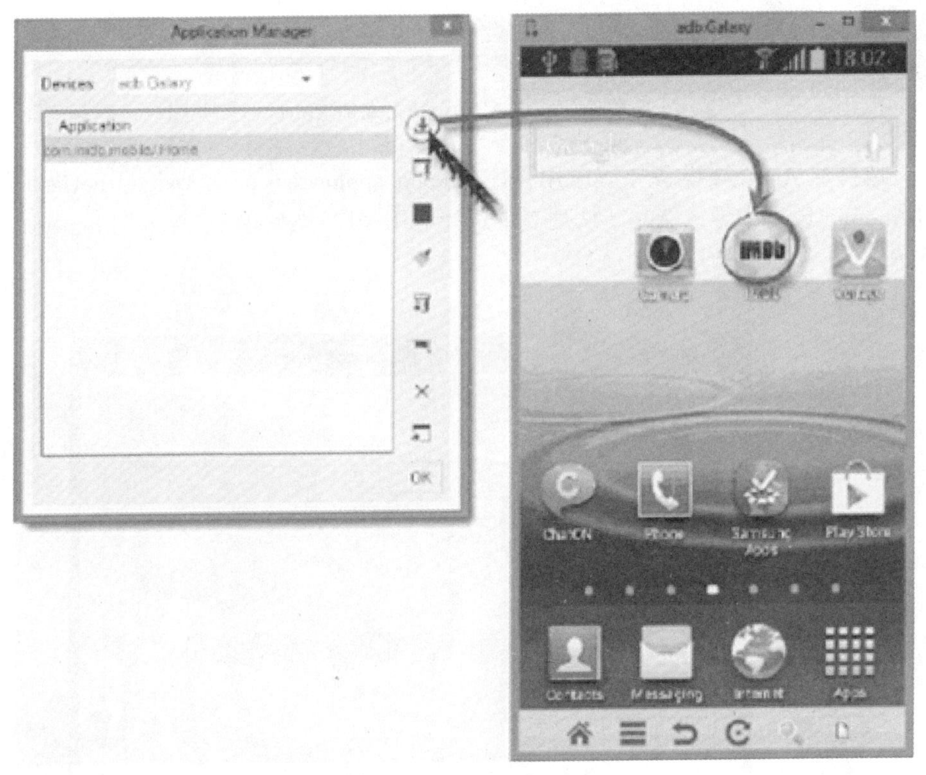

图 3-13　安装应用程序

5.启动应用程序

安装完成时，Silk Mobile 将询问是否要在手机上启动应用程序，如果希望启动，可单击“是”（Yes）。

另外一种选择是选中应用程序，然后单击“启动”（Launch）图标，应用程序将在手机上启动，如图 3-14 所示，可以使用“侦测”（Spy）按钮研究应用程序的本机元素/对象。

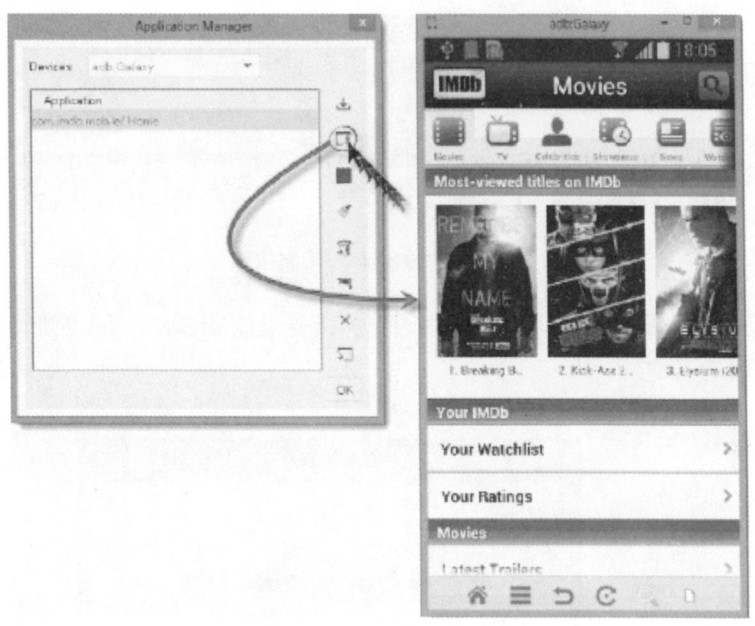

图 3-14　启动应用程序

6.测试脚本录制回放

在手机上启动应用程序后，就可以录制测试脚本。图 3-15 显示了录制脚本的准备。

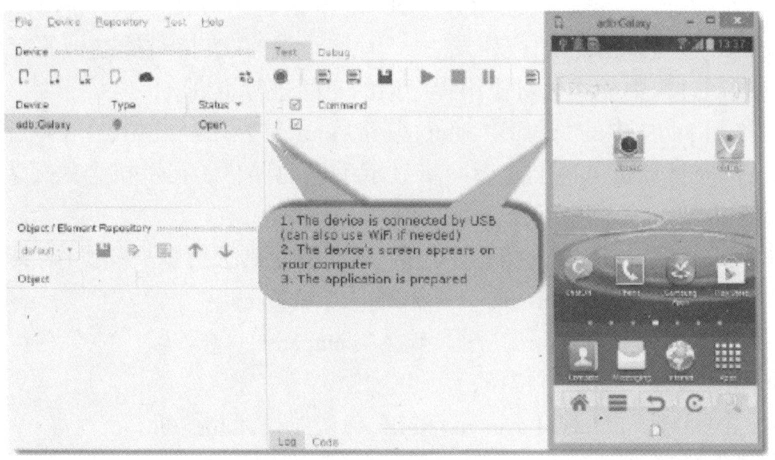

图 3-15　录制脚本的准备

以下以 Silk Mobile 自带的一个插过桩的应用为例，说明录制脚本的过程。示例中，将使用经过插桩的“eribank”应用程序。

在 Silk Mobile 中，转到“测试”（Test）选项卡，单击“录制”（Record）按钮，如图 3-16 所示。

图 3-16　录制按钮

在弹出的如图 3-17 所示的对话框中,选择要录制测试脚本的手机设备,然后选择待测试应用程序的名称。

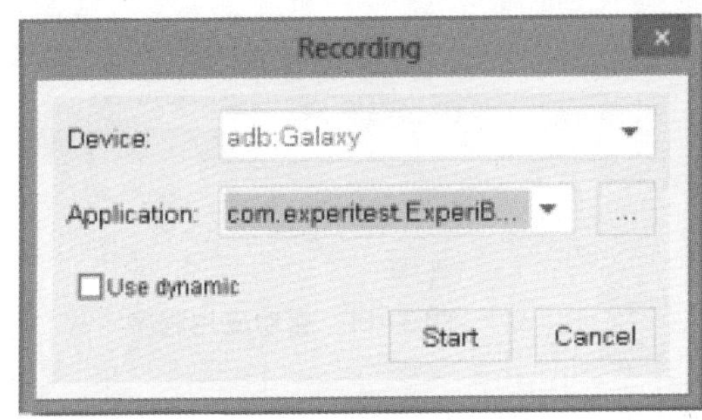

图 3-17　选择录制设备和程序

这里需注意的是,推荐的录制方法是“动态录制”,在图 3-17 中可以选中“使用动态”(Use dynamic)复选框来启用这种方法。“动态录制”仅支持对插过桩的应用程序进行录制,它支持在录制过程中显式地对应用程序中的空间进行识别。

当点击图 3-17 中的“开始”(Start)按钮后,录制就已经开始,在手机上相应的应用程序将会启动,同时计算机屏幕上也会同步显示手机的屏幕。在手机上执行需要测试的操作序列,Silk Mobile 会自动记录下操作数据。

在本例中,以“eribank”应用程序为例,执行登录到银行账户的操作,具体操作如下:

(1)单击“用户名”(Username)字段,输入“company”;

(2)单击“密码”(Password)字段,输入“company”;

(3)单击“登录”(Login)按钮;

(4)单击“付款”(Make Payment)按钮,确认能找到此按钮。

以上操作过程如图 3-18 所示。在录制时值得推荐的做法是,单击图像/图标/链接的中央,并且放慢录制速度。

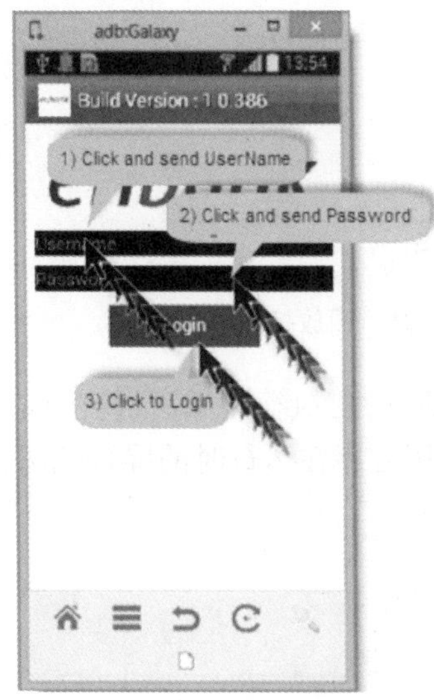

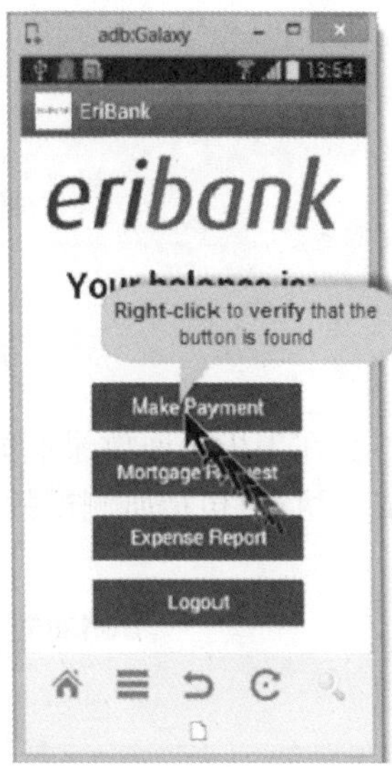

图 3-18　录制过程

录制完成后，返回 Silk Mobile，单击“停止录制”(Stop Recording)按钮，如图 3-19 所示。

图 3-19　停止录制按钮

停止录制后，Silk Mobile 会分析录制的数据，随后测试脚本将显示在“脚本”(Script)区域中，如图 3-20 所示，此时可以对已录制的脚本进行编辑。

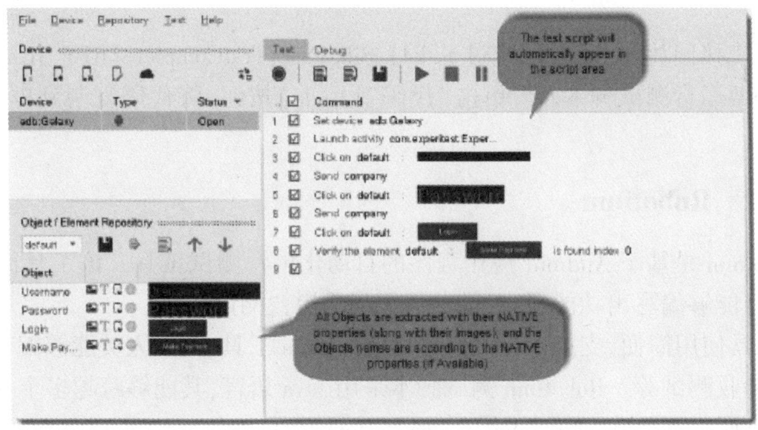

图 3-20　测试脚本

单击“播放”(Play)按钮回放脚本,如图 3-21 所示。

图 3-21　回放按钮

应用程序将会在手机上回放录制好的操作,执行测试后,将生成一份报告,表明各测试步骤是否已经成功执行,包括所测试的应用程序在运行时的屏幕截图,如图 3-22 所示。

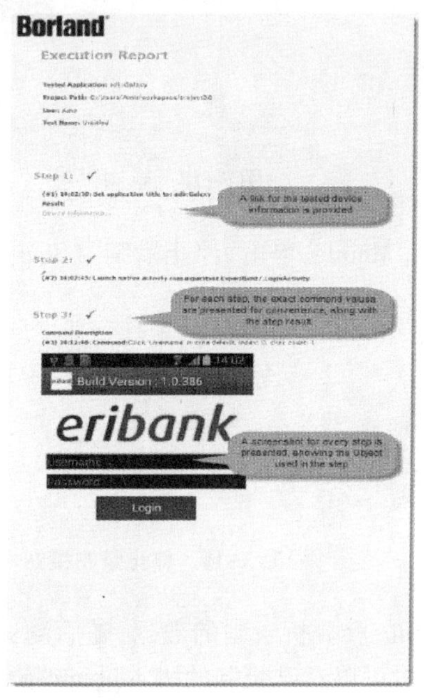

图 3-22　测试报告

除了直接回放外,还可以通过 Silk4J、Silk4Net、TestComplete、RFT、JUnit、Python、Perl、C# 及其他框架运行测试脚本。可单击“代码”(Code)按钮,将代码复制到框架中,通过此框架运行即可。

3.1.2　Robotium

Robotium 是基于 Android 应用程序的自动化黑盒测试工具。该工具简化了测试用例的编写,并且能够编写出功能强大、健壮性很强的黑盒测试用例。

该工具使用简便,支持性良好。使用 Robotium 工具,测试人员能够编写测试用例进行系统测试、验收测试等。Robotium 测试脚本采用 Java 语言,其能够跨越多个 Android 的 Activity 进行测试,同时支持 Activity、Dialog、Toast、Menu 控件。

相对于 Monkeyrunner, Robotium 测试更为便捷,无须为每个设备编写脚本。但是 Robotium 不适合与系统软件进行交互。

使用 Robotium 时，首先安装 JDK 和 Eclipse，并配置好环境变量，然后打开 Eclipse，选择好工作路径。在菜单“File→Import...”下选择 Android 下的 Android Project from Existing Code，如图 3-23 所示，然后点击“Next”。

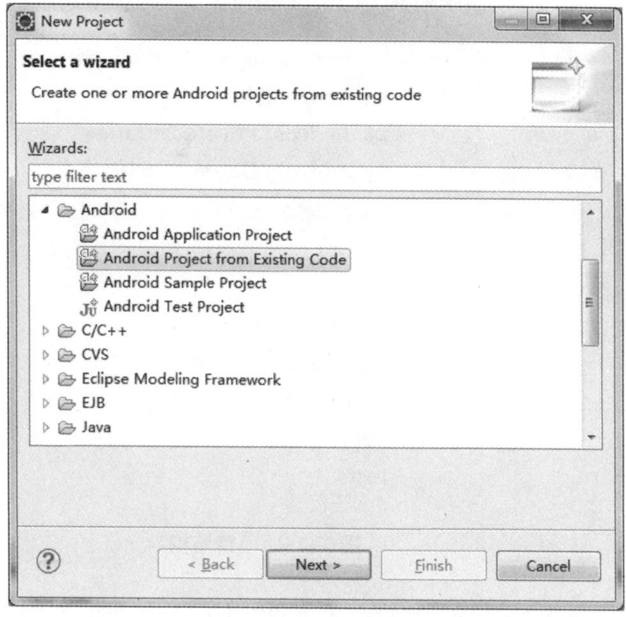

图 3-23　导入项目

找到 Robotium 自带的项目案例 NodesList，将 NodesList 项目加载进 Eclipse，如图 3-24 所示。

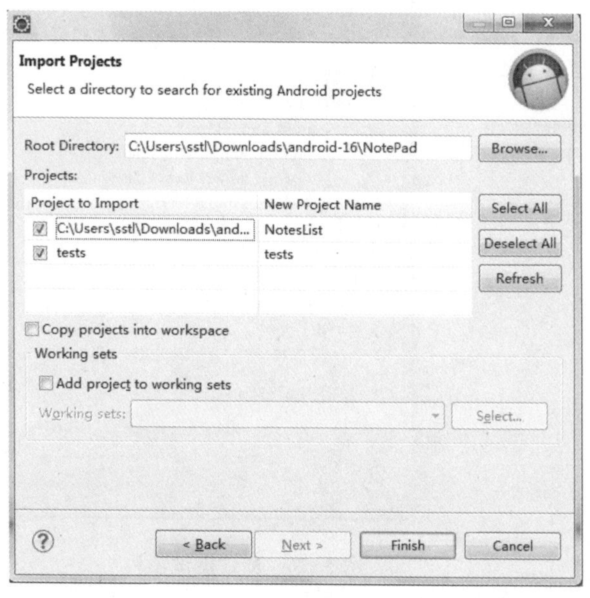

图 3-24　导入项目案例

在 Eclipse 中，通过左侧的 Package Explorer 可以查看 NodesList 的项目结构，如图 3-25 所示。

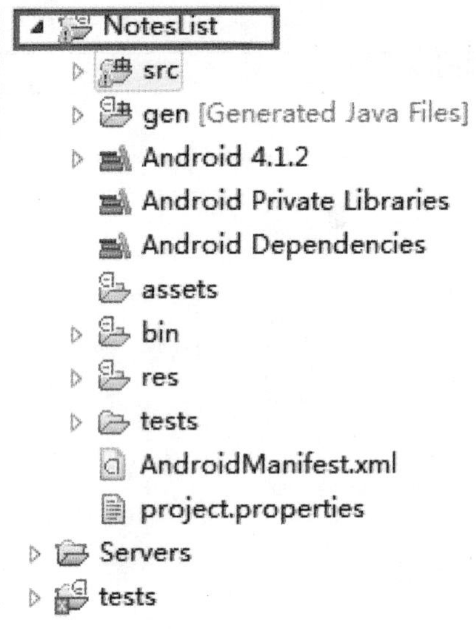

图 3-25　项目结构

右键点击 NotesList 项目名，新建一个 Android Test Project，如图 3-26 所示，点击“Next”。

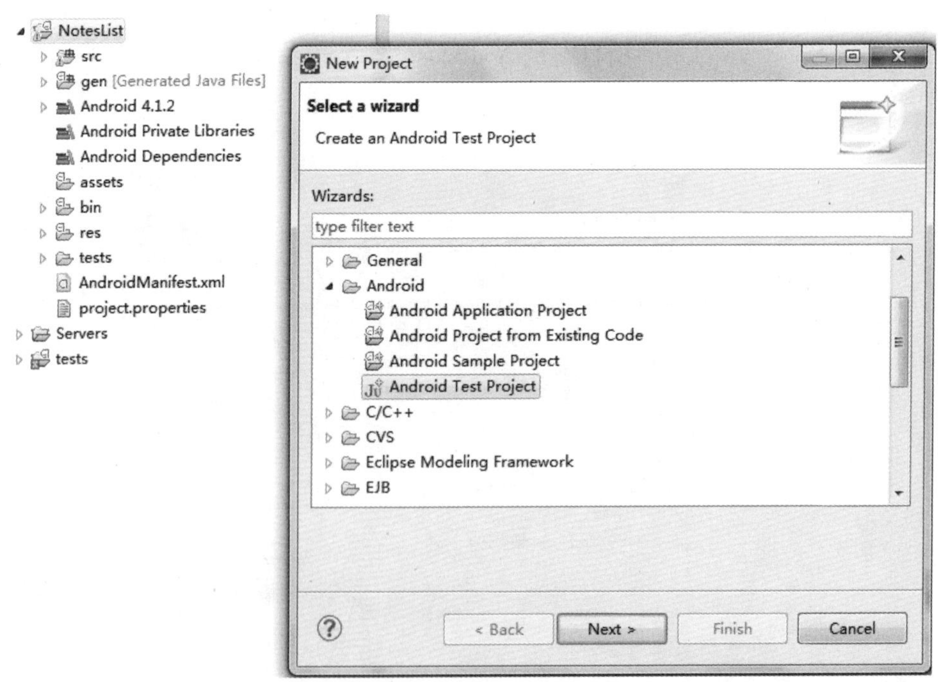

图 3-26　新建测试项目

输入一个名字用于测试，如 myTest，点击“Next”，选择测试对象 NodesList，如图 3-27 所示，点击“Finish”，在 Package Explorer 中能够看到新建的测试项目 myTest。

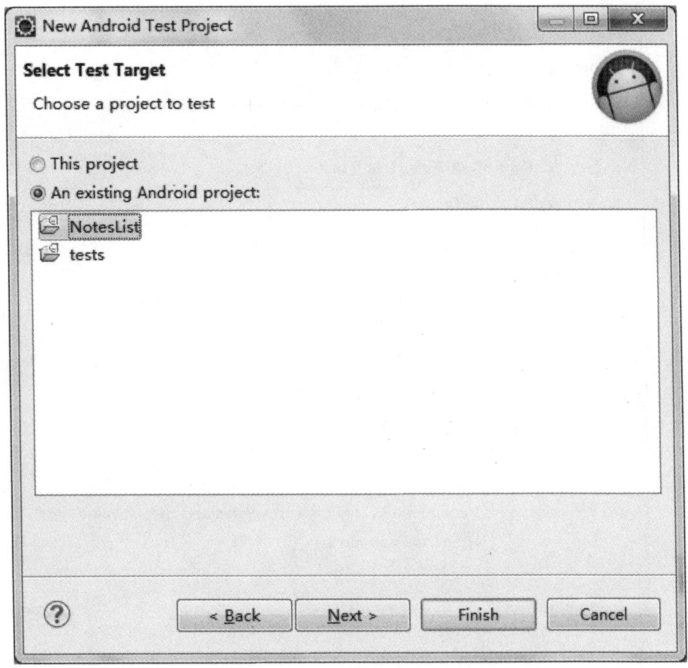

图 3-27　选择测试对象

在 myTest 上单击右键新建一个文件夹，可以命名为 lib，并将下载的 robotium-solo-4.1.jar 拖入该文件夹，并在 build path 中将 jar 包引入工程，如图 3-28 所示。

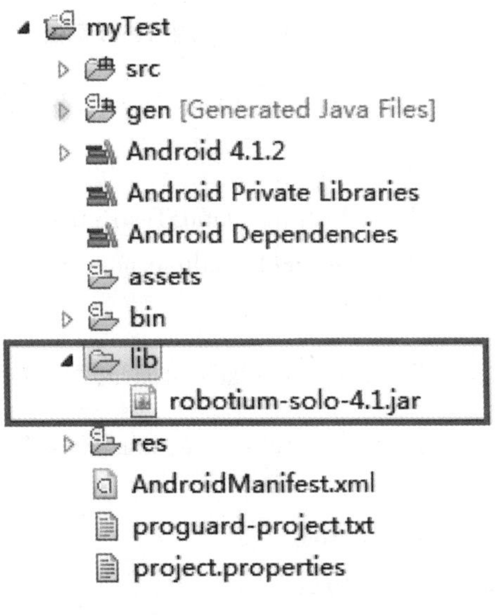

图 3-28　新建的文件夹

在 myTest 标题处单击右键，选择“New→Junit Test Case”，选择 JUnit 4 Test，并选择需要

测试的包，并给 Test Case 起个名字，如图 3-29 所示，点击“Finish”。

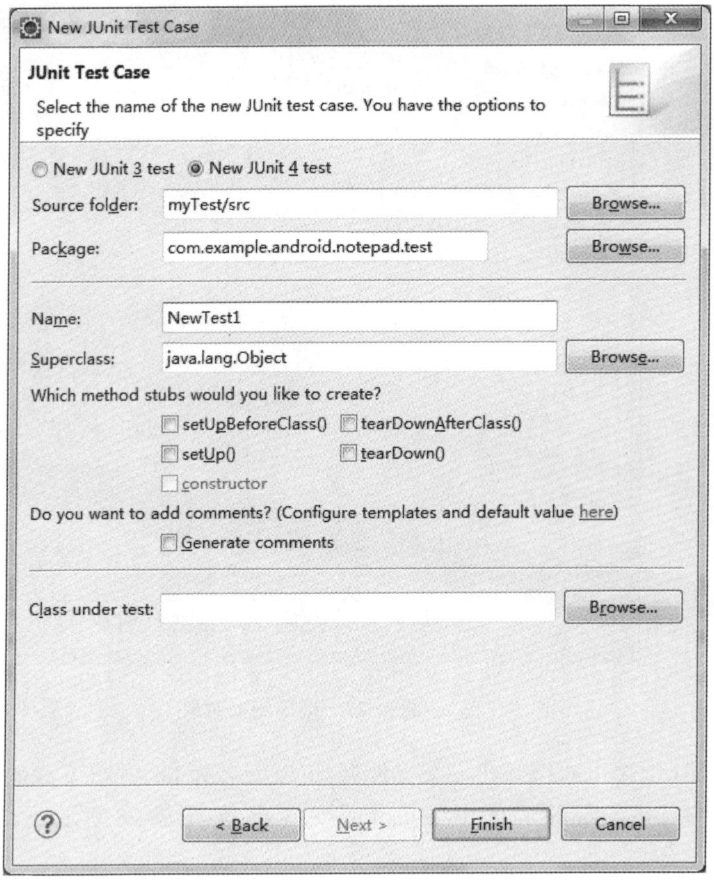

图 3-29　添加 JUnit 测试

打开 myTest 项目中的 AndroidManifest.xml，加入如下代码：

```
<instrumentation
android:name="android.test.InstrumentationTestRunner"
android:targetPackage="com.example.android.notepad" />
```

在 myTest 项目中新建代码文件 NotePadTest.java，编写如下测试脚本：

```
public class NotePadTest extends ActivityInstrumentationTestCase2
{
    private Solo solo;//声明 Solo
    public NotePadTest()//构造方法
{
        super(NotesList.class);
    }
```

```
    @ Override
    public void setUp( ) throws Exception
{
        solo = new Solo( getInstrumentation( ) , getActivity( ) ) ;
    }
    @ Override
    public void tearDown( ) throws Exception
{
        solo.finishOpenedActivities( ) ;
    }
    public void testAddNote( ) throws Exception
{
        //点击 Add Note 按钮
Activity act= solo.getCurrentActivity( ) ;
int id = act.getResources( ).getIdentifier( "menu_add" ,"id" ,act.getPackageName( ) ) ;
View view =act.findViewById( id) ;//获取 view
solo.clickOnView( view) ;//点击
        //比对结果
        solo.assertCurrentActivity( "Expected NoteEditor activity" , "NoteEditor" ) ;
        //在第一个 TextEdit 控件上输入内容
        solo.enterText(0, "Note 1" ) ;
        //返回上个界面
        solo.goBack( ) ;
        //点击菜单中的 Add Note
        solo.clickOnView( view) ;
        //在第一个 EditText 中输入内容
        solo.enterText(0, "Note 2" ) ;
        //返回 NotesList activity
        solo.goBackToActivity( "NotesList" ) ;
        //截屏
        solo.takeScreenshot( ) ;
        boolean expected = true;
        boolean actual = solo.searchText( "Note 1" ) ;
        solo.searchText( "Note 2" ) ;
        assertEquals( "Note 1 and/or Note 2 are not found" , expected, actual) ;
    }
}
```

运行脚本,如图 3-30 所示。

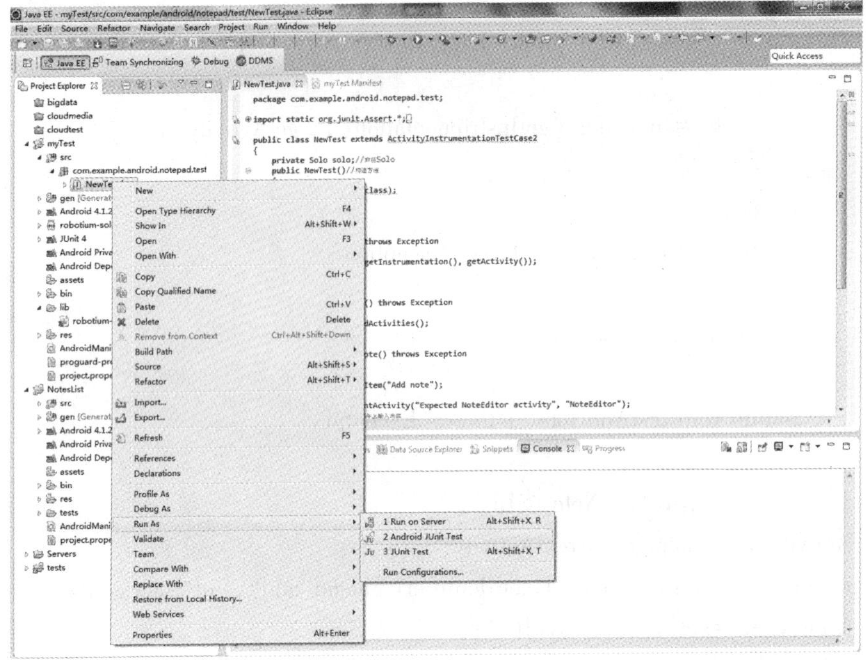

图 3-30　运行 JUnit 测试

查看运行结果,如图 3-31 所示。

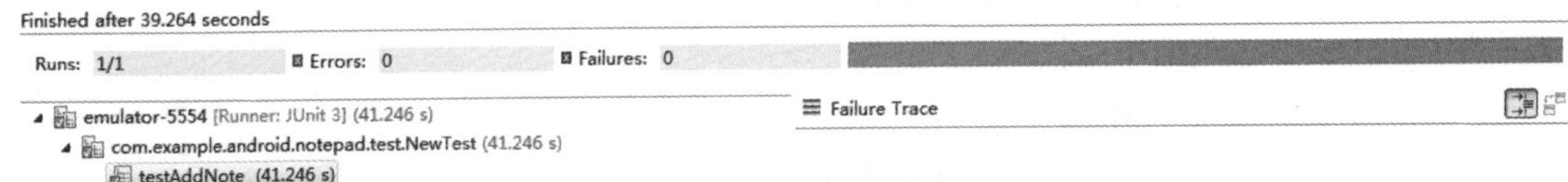

图 3-31　JUnit 测试结果

Robotium 是 Android 测试中的一个简单而又强大的工具。Robotium 是基于 Android 测试框架 InstrumentationTestCase2 进行的两次封装,把一些基本操作进行简化,其核心功能都包含在 Solo 类中,而且配置步骤简单。

Robotium 支持有源码的项目,也支持无源码的项目。有源码时,可以测试源码,进行白盒测试。没有源码时,只有一个应用程序的 APK 也可以对其进行黑盒测试。Robotium 可以捕捉到程序上的按钮、文本控件、图像等,既可以使用按钮显示的名字进行点击,也可以使用坐标进行点击。

3.1.3　MonkeyRunner

目前,Android SDK 里自带的测试工具包括 Monkey 和 MonkeyRunner。总的来说,Monkey 主要应用在压力和可靠性测试上,运行该命令可以随机地向目标程序发送各种模拟键盘事件流,并且可以自己定义发送的次数,以此观察被测应用程序的稳定性和可靠性,应用起来也比较简便。与 MonKey 相比 MonkeyRunner 的功能会更强大一些,主要用于功能测试、回归测试,并且可以自定义测试扩展,灵活性较强,并且测试人员可以完全控制。

MonkeyRunner 工具的主要设计目的是用于测试 Application/Framework 层上的应用程序和设备,或用于运行单元测试套件。MonkeyRunner 为 Android 测试提供了以下独特的功能。

(1)多设备控制:MonkeyRunner API 可以跨多个设备或模拟器实施测试套件;可以在同一时间接上所有设备或一次启动全部模拟器,然后运行一个或多个测试;也可以用程序启动一个配置好的模拟器,运行一个或多个测试。

(2)功能测试:MonkeyRunner 可以为一个应用自动执行功能测试。用户提供按键或触摸事件的输入数值,然后观察输出结果的截屏。

(3)回归测试:MonkeyRunner 可以运行某个应用,并将其结果截屏,与既定已知正确的结果截屏相比较,以此测试应用的稳定性。

(4)可扩展的自动化:由于 MonkeyRunner 是一个 API 工具包,可以开发基于 Python 模块和程序的一整套系统,以此来控制 Android 设备。使用该 API 编写的程序可以不用通过 Android 代码而直接控制 Android 设备和模拟器,例如可以写一个 Python 程序对 Android 应用程序或测试包进行安装、运行、发送模拟击键,对用户界面进行截图并将截图存储在计算机上等操作。除了使用 MonkeyRunner API,还可以使用标准的 Python OS 和 subprocess 模块来调用 Android 工具,也可以将自己写的类添加到 MonkeyRunner API 中。

MonkeyRunner API 主要包括三个模块,即 MonkeyRunner、MonkeyDevice 和 MonkeyImage。MonkeyRunner 这个类提供了用于连接 MonkeyRunner 和设备或模拟器的方法,还提供了用于创建用户界面显示的方法。MonkeyDevice 代表一个设备或模拟器。这个类为安装和卸载包、开启 Activity、发送按键和触摸事件、运行测试包等提供了方法。MonkeyImage 类提供了捕捉屏幕的方法。这个类为截图、将位图转换成各种格式、对比两个 MonkeyImage 对象、将 image 保存到文件等提供了方法。

运行 MonkeyRunner 时,可以直接使用一个代码文件运行 MonkeyRunner,或者在交互式对话中输入"monkeyrunner"语句。不论使用哪种方式,都需要调用 SDK 目录的 tools 子目录下的 monkeyrunner 命令。如果提供一个文件名作为运行参数,则 monkeyrunner 将视文件内容为 Python 程序,并加以运行;否则,它将提供一个交互对话环境。其命令语法为

```
monkeyrunner-plugin <plugin_jar> <programe_filename> <programe_option>
```

下面介绍 MonkeyRunner 的使用流程。

运行 MonkeyRunner 之前必须先运行相应的模拟器,否则 MonkeyRunner 无法连接设备。

运行模拟器有两种方法:通过 Eclipse 打开模拟器或在 CMD 中通过命令调用模拟器。这里着重介绍一下在 CMD 中用 Android 命令打开模拟器。

在 CMD 中输入命令"emulator-avd myPhone"。命令中的 myPhone 是模拟器名称,使用时需要改成实际名字。AVD 的全称为 Android Virtual Device,就是 Android 运行的虚拟设备。运行成功后可以通过 Android Virtual Device Manager 查看正在运行的模拟器,如图 3-32 所示。

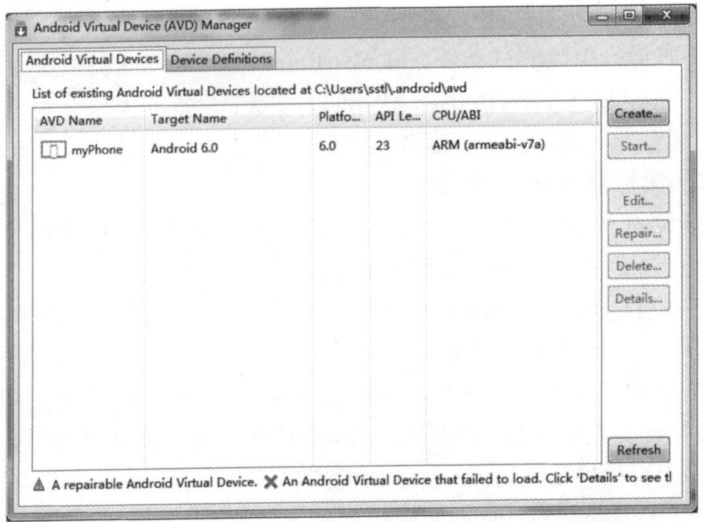

图 3-32　Android 模拟器

如果执行的结果出现以下错误内容：PANIC：Could not open：C：\Documents and Settings\Administrator\.android\avd\test.ini，原因在于环境变量缺少配置。请在"系统变量"中添加"ANDROID_SDK_HOME"，设置其值为"C：\Documents and Settings\Administrator"（注意：这里的 Administrator 要替换为实际使用的用户名），如图 3-33 所示。

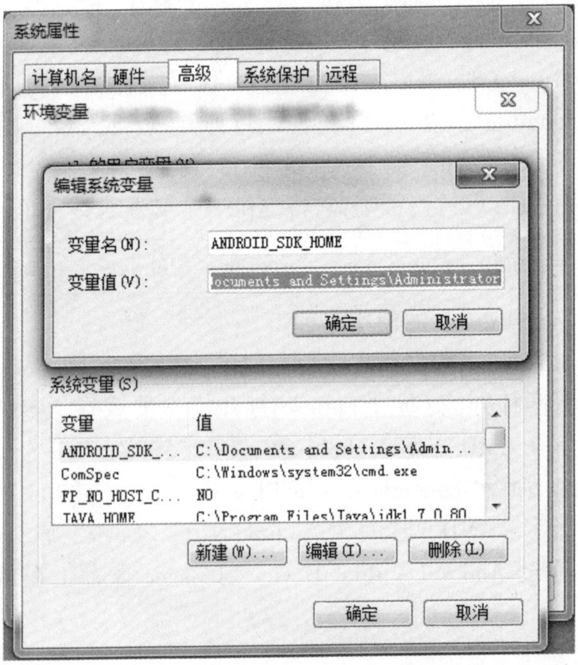

图 3-33　设置环境变量

点击"确定"后，关闭 CMD 窗口，重新打开 CMD，执行以上命令，将会启用模拟器。

模拟器启动成功后，仍在 CMD 环境中操作，进入 Monkeyrunner 的 shell 命令交互模式，在 CMD 中输入命令"monkeyrunner"。

进入 shell 命令交互模式后，首先导入所要使用的模块。可在 shell 命令下输入：

```
from com.android.monkeyrunner import MonkeyRunner,MonkeyDevice, MonkeyImage
```

这步完成后就可以进行测试工作了。

这里有两种命令执行方案，第一种方法是直接在 shell 命令下输入以下命令。

```
device=MonkeyRunner.waitForConnection() #连接手机设备
device. installPackage ( "../samples/android-10/ApiDemos/bin/Apidemos. apk" ) #安装APK 包到手机设备。
```

启动任意 Activity，只要传入 Package 和 Activity 名称即可。命令如下：

```
device. startActivity ( component = " com. example. android. apis/com. example. android. apis. ApiDemos" )
此时模拟器会自动打开 ApiDemos 这个应用程序的主页。运行命令：
device.reboot() #手机设备重启
device.touch(300,300'DOWN_AND_UP')
MonkeyRunner.alert("hello")#在 emulator 上弹出消息提示
device.press('KEYCODE_HOME',MonkeyDevice.DOWN_AND_UP)
device.type('hello')#向编辑区域输入文本
```

第二种方法是将以下命令写到文件里，例如 test. py，然后从命令行直接通过 monkeyrunner 运行 test.py 即可。比如，还是用上面的例子，语法如下：monkeyrunner test.py，接下来会自动调用 test.py，并执行其中的语句。test.py 中的内容如下：

```
from com.android.monkeyrunner import MonkeyRunner,MonkeyDevice, MonkeyImage
device=MonkeyRunner.waitForConnection()
device.installPackage("../samples/android-10/ApiDemos/bin/Apidemos.apk")
device.startActivity ( component = " com. example. android. apis/com. example. android. apis. ApiDemos" )
device.reboot()
device.touch(300,300,'DOWN_AND_UP')
MonkeyRunner.alert("hello")
device.press('KEYCODE_HOME',MonkeyDevice.DOWN_AND_UP)
device.type('hello')
```

在 CMD 中执行 monkeyrunner test.py。

在运行过程中如果出现错误"Can't open specified script file"，原因在于脚本文件路径不正确。可以有以下解决办法：

(1)将 test.py 文件存放到 MonkeyRunner 文件同一目录中。

(2)指定脚本文件位置。如果 test. py 文件在 D 盘根目录下，可以这样执行：

monkeyrunner d:\test.py。

(3)设置环境变量 PATH,加入脚本文件路径。

3.1.4 Instrumentation

Android 测试环境的核心是 Instrumentation 框架,在这个框架下,测试应用程序可以精确地控制应用程序。使用 Instrumentation,可以在主程序启动之前,创建模拟的系统对象,如 Context;控制应用程序的多个生命周期;发送 UI 事件给应用程序;在执行期间检查程序状态。Instrumentation 框架通过将主程序和测试程序运行在同一个进程来实现这些功能。通过在测试工程的 Manifest 文件中添加<instrumentation>元素来指定要测试的应用程序。这个元素的特性指明了要测试的应用程序包名,以及告诉 Android 如何运行测试程序。

下面概述 Android 的 Instrumentation 测试环境。

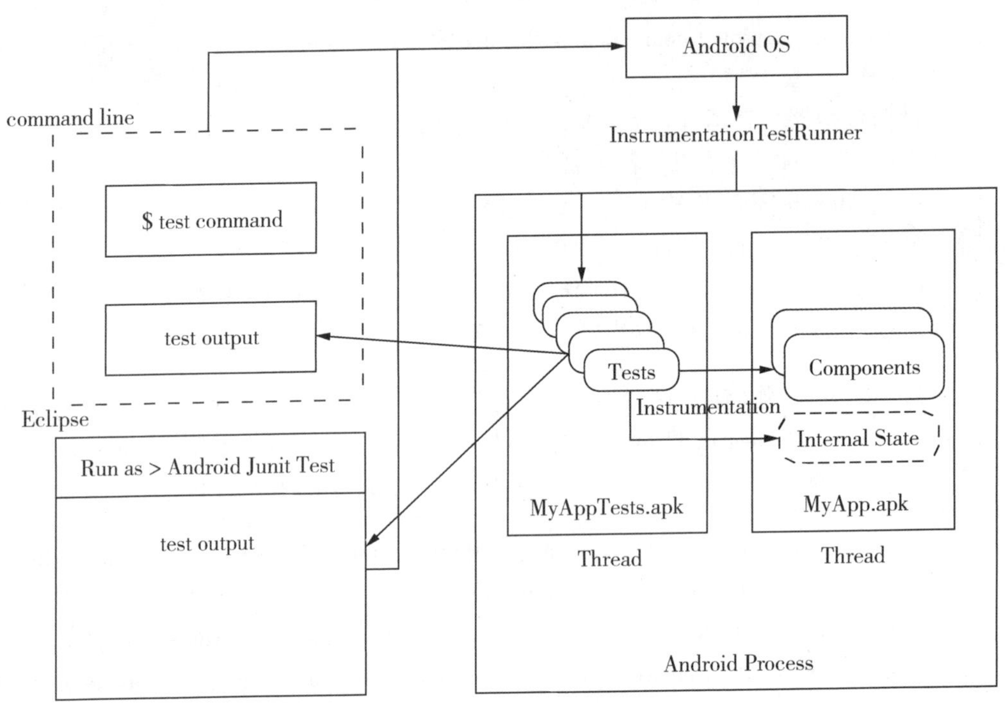

图 3-34　Android 的测试环境

如图 3-34,在 Android 中,测试程序也是 Android 程序,因此,它和被测试程序的书写方式有很多相同的地方。SDK 工具能帮助开发人员同时创建主程序工程及它的测试工程,可以通过 Eclipse 的 ADT 插件或者命令行来运行 Android 测试。Eclipse 的 ADT 提供了大量的工具来创建测试用例,运行以及查看结果。

Android 提供了基于 JUnit 测试框架的测试 API 来书写测试用例和测试程序。另外,Android 还提供了强大的 Instrumentation 框架,允许测试用例访问程序的状态及运行时的对象。

下面介绍 Android 中的主要测试 API。

1.JUnit TestCase 类

该类继承自 JUnit 的 TestCase 类,不能使用 Instrumentation 框架,包含访问系统对象(如 Context)的方法。如使用 Context,可以浏览资源、文件、数据库,等等。其基类是 AndroidTestCase,一般常见的是它的子类,和特定组件关联。其有以下子类。

(1)ApplicationTestCase——测试整个应用程序的类。它允许注入一个模拟的 Context 到应用程序中,在应用程序启动之前初始化测试参数,并在应用程序结束之后销毁之前的检查应用程序。

(2)ProviderTestCase2——测试单个 ContentProvider 的类。它要求使用 MockContentResolver,并注入一个 IsolatedContext,因此 Provider 的测试是与操作系统孤立的。

(3)ServiceTestCase——测试单个 Service 的类。可以注入一个模拟的 Context 或模拟的 Application(或者两者),或者让 Android 提供 Context 和 MockApplication。

2.Instrumentation TestCase 类

该类继承自 JUnit TestCase 类,并可以使用 Instrumentation 框架,用于测试 Activity。使用 Instrumentation,Android 可以向程序发送事件来自动进行 UI 测试,并可以精确控制 Activity 的启动,监测 Activity 生命周期的状态。不同于其他的 Instrumentation 类,这个测试类不能注入模拟的 Intent。其基类是 InstrumentationTestCase。它的所有子类都能发送按键或触摸事件给 UI。其子类还可以注入一个模拟的 Intent。其子类如下。

(1)ActivityTestCase——Activity 测试类的基类。

(2)SingleLaunchActivityTestCase——测试单个 Activity 的类。它能触发一次 setup()和 tearDown(),而不是每个方法调用时都触发。如果测试方法都是针对同一个 Activity 的话,那就使用它。

(3)SyncBaseInstrumentation——测试 Content Provider 同步性的类。它使用 Instrumentation 在启动测试同步性之前取消已经存在的同步对象。

(4)ActivityUnitTestCase——对单个 Activity 进行单一测试的类。使用它,可以注入模拟的 Context 或 Application。它用于对 Activity 进行单元测试。

(5)ActivityInstrumentationTestCase2——在正常的系统环境中测试单个 Activity 的类。不能注入一个模拟的 Context,但可以注入一个模拟的 Intent。另外,还可以在 UI 线程(应用程序的主线程)运行测试方法,并且可以给应用程序 UI 发送按键及触摸事件。

3.Assert 类

Android 继承了 JUnit 的 Assert 类,有两个子类,即 MoreAsserts 和 ViewAsserts。MoreAsserts 类包含更多强大的断言方法,如 assertContainsRegex(String, String),可以作正则表达式的匹配。ViewAsserts 类包含关于 Android View 的有用断言方法,如 assertHasScreenCoordinates(View, View, int, int),可以测试 View 在可视区域的特定 X、Y 位置。这些 Assert 简化了 UI 中几何图形和对齐方式的测试。

4.Mock 对象类

Android 有一些类可以方便地创建模拟的系统对象,如 Application、Context、Content Resolver 和 Resource。Android 还在一些测试类中提供了一些方法来创建模拟的 Intent。因为这些模拟的对象比实际对象更容易使用,因此,使用 Intent 能简化依赖注入,可以在 android.test 和 android.test.mock 中找到这些类。这些类包括以下内容。

(1)IsolatedContext——模拟一个 Context,这样应用程序可以孤立运行。与此同时,还有大量的代码帮助完成与 Context 的通信。这个类在单元测试时很有用。

(2)RenamingDelegatingContext——当修改默认的文件和数据库名时,可以委托大多数的函数到一个存在的、常规的 Context 上。使用这个类可测试文件、数据库与正常的系统 Context 之间的操作。

(3)MockApplication、MockContentResolver、MockContext、MockDialogInterface、MockPackageManager、MockResources——创建模拟的系统对象的类。它们只暴露那些对对象管理有用的方法。这些方法的默认实现只是抛出异常。需要继承这些类并重写这些方法。

5.InstrumentationTestRunner

Android 提供了自定义的运行测试用例的类,即 InstrumentationTestRunner。这个类控制应用程序处于测试环境中,在同一个进程中运行测试程序和主程序,并且将测试结果输出到合适的地方。IntrumentationTestRunner 在运行时对整个测试环境的控制能力的关键是使用 Instrumentation。注意,如果测试类不使用 Instrumentation 的话,也可以使用 TestRunner。

当运行一个测试程序时,首先会运行一个系统工具即 Activity Manager。Activity Manager 使用 Instrumentation 框架启动和控制 TestRunner,这个 TestRunner 反过来又使用 Intrumentation 来关闭任何主程序的实例,然后启动测试程序及主程序(同一个进程中)。这就能确保测试程序与主程序间的直接交互。

在测试环境中工作时,其对 Android 程序的测试都包含在一个测试程序里,测试程序本身也是一个 Android 应用程序。测试程序以单独的 Android 工程存在,与正常的 Android 程序有着相同的文件和文件夹。测试人员需要在 Manifest 文件中指定要测试的应用程序。

每个测试程序包含一个或多个针对特定类型组件的测试用例。测试用例里定义了测试应用程序某些部分的测试方法。当运行测试程序,Android 会在相同的进程里加载主程序,然后触发每个测试用例里的测试方法。

为了对一个 Android 程序进行测试,测试人员需要使用 Android 工具创建一个测试工程。工具会创建工程文件夹、文件和所需的子文件夹。工具还会创建一个 Manifest 文件,指定被测试的应用程序。一个测试程序包含一个或多个测试用例,选择测试用例类取决于要测试的 Android 组件的类型以及要做什么样的测试。一个测试程序可以测试不同的组件,但每个测试用例类设计时只能测试单一类型的组件。

一些 Android 组件有多个关联的测试用例类。在这种情况下,需要判断所要进行的测试类型。例如,对于 Activity 来说有两个选择,即 ActivityInstrumentationTestCase2 和 ActivityUnitTestCase。

ActivityInstrumentationTestCase2 设计用于进行一些功能性的测试,因此,它在一个正常的系统环境中测试 Activity。可以注入模拟的 Intent,但不能注入模拟的 Context。一般来说,不能模拟 Activity 间的依赖关系。因此,ActivityUnitTestCase 设计用于单元测试,在一个孤立的系统环境中测试 Activity。也就是,使用这个测试类时,Activity 不能与其他 Activity 交互。

作为一个经验法则,如果想测试 Activity 与 Android 的交互的话,可使用 ActivityInstrumentationTestCase2。如果想对一个 Activity 做回归测试的话,可使用 ActivityUnitTestCase。

每个测试用例类提供了可以建立测试环境和控制应用程序的方法。例如,所有的测试用例类都提供了 JUnit 的 setUp()方法来搭建测试环境。另外,测试人员可以添加方法来定义单独的测试。当测试人员运行测试程序时,每个添加的方法都会运行一次。如果重写了

setUp( )方法,它会在每个方法运行前运行。同理,tearDown( )方法会在每个方法之后运行。

测试用例类提供了大量的对组件启动和停止控制的方法。因此在运行测试之前,测试人员需要明确告诉 Android 启动一个组件。例如,可以使用 getActivity( ) 来启动一个 Activity。在整个测试用例期间,只能调用这个方法一次,或者每个测试方法一次,甚至可以在单个测试方法中,调用它的 finishing( )来销毁 Activity,然后再调用 getActivity( )重新启动一个 Activity。

编译完测试工程后,测试人员就可以使用系统工具 Activity Manager 来运行测试程序。例如给 Activity Manager 提供了 TestRunner 的名称(一般是 InstrumentationTestRunner,在程序中指定),名称包括被测试程序的包名和 TestRunner 的名称。Activity Manager 加载并启动测试程序,杀死主程序的任何实例,在测试程序的同一个进程里加载主程序,然后传递测试程序的第一个测试用例。此时,TestRunner 会接管这些测试用例,运行里面的每个测试方法,直到所有的方法运行结束。如果使用 Eclipse,结果会在 JUnit 的面板中显示。如果使用命令行,将输出到标准输出的设备上。

除了功能测试外,以下还有一些应该考虑的内容。

(1)Activity 生命周期事件:应该测试 Activity 处理生命周期事件的正确性。例如,一个 Activity 应该在 pause 或 destroy 事件时保存它的状态。需要注意的是屏幕方向的改变也会引发当前 Activity 销毁,因此,需要测试这种偶然情况确保不会丢失应用程序状态。

(2)数据库操作:应该确保数据库操作能正确处理应用程序状态的变化。

(3)屏幕大小和分辨率:在发布程序之前,可以使用 AVD 来进行测试,或者使用真实的目标设备进行测试。

此外,应用程序 UI 的测试还需要考虑 UI 线程的运行细节,特别是在 UI 线程里处理动作,如触屏、锁屏和按键事件等。

Activity 运行在程序的 UI 线程里。一旦 UI 初始化后,例如在 Activity 的 onCreate( )方法后,所有与 UI 的交互都必须运行在 UI 线程里。当正常运行程序时,它有权限可以访问这个线程,并且不会出现特殊的情况。

为了一个完整的测试方法都在 UI 线程里运行,可以使用@ UIThreadTest 来声明线程。注意,这将会在 UI 线程里运行方法里所有的语句。不与 UI 交互的方法不允许这么做,例如,不能触发 Instrumentation.waitForIdleSync( )。

如果让方法中的一部分代码运行在 UI 线程的话,可创建一个匿名的 Runnable 对象,把代码放到 run( )方法中,然后把这个对象传递给 appActivity.runOnUiThread( ),在这里,appActivity 就是要测试的 App 对象。

例如,下面的代码实例化了一个要测试的 Activity,为 Spinner 请求焦点,然后发送一个按键给它。注意:waitForIdleSync 和 sendKeys 不允许在 UI 线程里运行。

```
private MyActivity mActivity;
private Spinner mSpinner;
protected void setUp( ) throws Exception{
```

```
    super.setUp();
    mInstrumentation = getInstrumentation();
    mActivity = getActivity();
    mSpinner = (Spinner) mActivity.findViewById(com.android.demo.myactivity.R.id.
Spinner01);
    }
    public void aTest(){
    mActivity.runOnUiThread(new Runnable() {
        public void run() {
            mSpinner.requestFocus();
        }
    });
    mInstrumentation.waitForIdleSync();
    this.sendKeys(KeyEvent.KEYCODE_DPAD_CENTER);
    }
```

为了控制从测试程序中发送给模拟器或设备的按键事件,必须关闭触屏模式。如果不这样做,按键事件将被忽略。关闭触摸模式,需要在调用 getActivity()启动 Activity 之前调用 ActivityInstrumentationTestCase2.setActivityTouchMode(false)。因此,必须在非 UI 线程中运行这个调用。基于这个原因,不能在声明有@ UIThread 的测试方法中调用,但可以在 setUp()中调用。

如果模拟器或设备的键盘保护模式使得 HOME 画面不可用时,UI 测试不能正常工作。这是因为应用程序不能接收 sendKeys()的事件。避免这种情况最好的方式是在启动模拟器或设备时关闭键盘保护模式。也可以显式地关闭键盘保护,这需要在 Manifest 文件中添加权限,然后就能在程序中关闭键盘保护。注意,必须在发布程序之前移除这个功能,或者在发布的程序中禁用这个功能。

在<manifest> 元素下添加<uses-permission android:name="androd.permission.DISABLE_KEYGUARD"/>。为了关闭键盘保护,在测试的 Activity 的 onCreate()方法中添加以下代码:

```
mKeyGuardManager = (KeyguardManager) getSystemService(KEYGUARD_SERVICE);
mLock = mKeyGuardManager.newKeyguardLock("activity_classname");
mLock.disableKeyguard();
```

这里,activity_classname 是 Activity 的类名。

3.1.5　UIAutomator

UIAutomator 是一个 UI 测试框架，适用于对跨系统和已安装应用程序的跨应用程序功能性 UI 进行测试，可用于单元测试、性能测试、压力测试、ROM 层级的测试，但对于 Web 测试则暂不支持。其优点如下。

（1）官方支持更新，测试依赖环境少，创建方便。

（2）层次接口明晰，框架层次结果分明，API 明晰，上手成本很低；基于控件交互，支持 Android 原生控件解析。

（3）不依赖于源码，测试过程基于黑盒进行，对所有发行版本都可以测试。

（4）在事件等待方面接口丰富，控制灵活精确，表现优秀。

（5）支持跨进程测试。

1.环境搭建

UIAutomator 的环境搭建需要先安装 JDK、Android SDK（API 高于 15）、Eclipse（安装 ADT 插件）、ANT（用于编译生成 jar）。第一步先安装 JDK 并添加环境变量。安装后要设置好 JAVA_HOME 变量，然后在 PATH 环境变量中添加"%JAVA_HOME%\bin"。第二步安装 Android SDK 并添加 SDK 环境变量。先设置好 ANDROID_HOME 变量，然后把"%ANDROID_HOME%\tools"添加到 PATH 中。第三步安装 Eclipse，并安装 ADT 插件。第四步安装 ANT 工具，并添加环境变量 ANT_HOME，然后在 PATH 中添加"%ANT_HOME%\bin"。

环境搭建好后开始运行一个样例程序。其步骤如下。

（1）建立工程。用 Eclipse 新建 Java Project，注意不是 Android Project。

（2）添加相关库文件。在项目的"Java Build Path"中添加 JUnit 库、Android 库，把路径 Android-sdk\platforms\android-<版本号>\下面的 android.jar 和 uiautomator.jar 添加进来，如图 3-35。

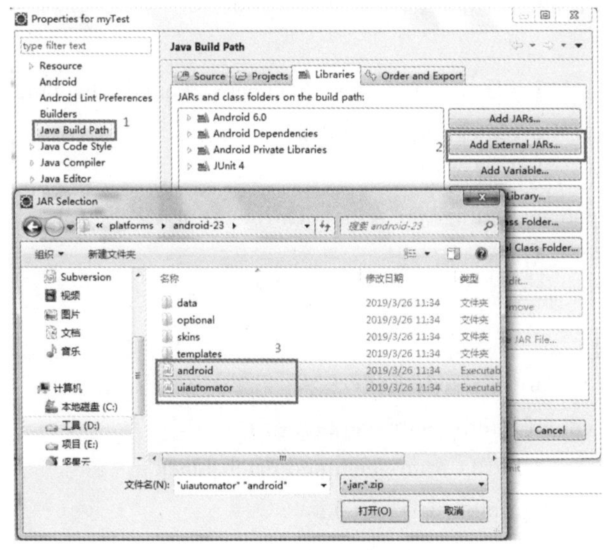

图 3-35　添加库文件

所有库文件添加完应该是如图 3-36 所示。

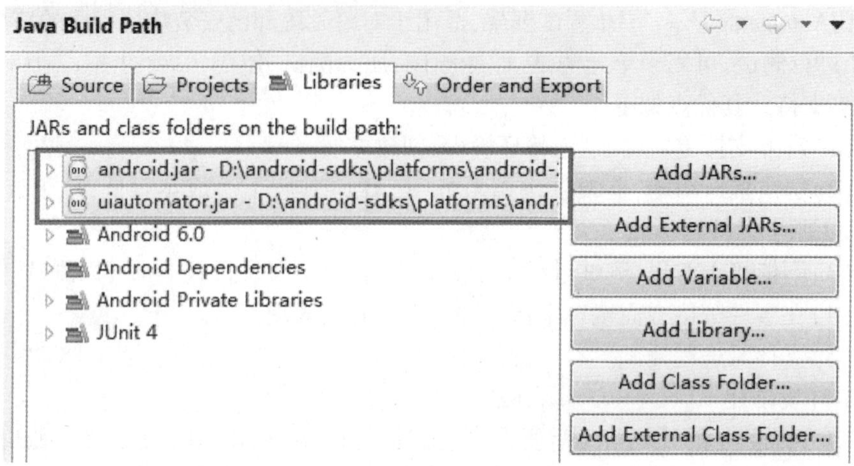

图 3-36　添加完所有库文件

(3)在 src 中添加包,然后添加 class 文件。文件内容如下。

```
package com;
import com.android.uiautomator.core.UiObject;
import com.android.uiautomator.core.UiObjectNotFoundException;
import com.android.uiautomator.core.UiScrollable;
import com.android.uiautomator.core.UiSelector;
import com.android.uiautomator.testrunner.UiAutomatorTestCase;

public class Runner extends UiAutomatorTestCase{

    public void testDemo() throws UiObjectNotFoundException{
        getUiDevice().pressHome();
        // 进入设置菜单
        UiObject settingApp = new UiObject(new UiSelector().text("Settings"));
        settingApp.click();
        //休眠 3 s
        try{
            Thread.sleep(3000);
        } catch(InterruptedException e1) {
            // TODO Auto-generated catch block
            e1.printStackTrace();
        }
        //进入语言和输入法设置
```

```
        UiScrollable settingItems = new UiScrollable(new UiSelector().scrollable(true));
        UiObject languageAndInputItem = settingItems.getChildByText(
        new UiSelector().text("Language & input"), "Language & input", true);
        languageAndInputItem.clickAndWaitForNewWindow();

    }
}
```

(4)确定 Android SDK 对应的 ID。通过 CMD 进入\Android-sdk\tools\目录下,运行命令:android list,查看 API 大于 15 的 SDK 的 ID 值,当前是 2,如图 3-37 所示。

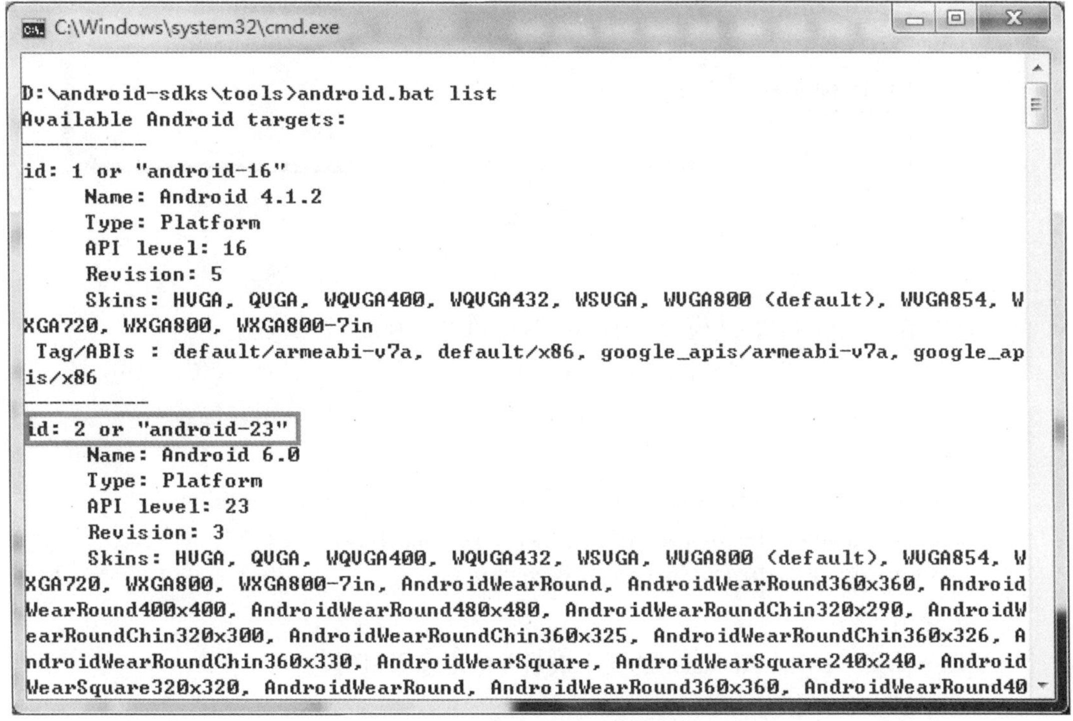

图 3-37　确定 Android SDK 对应的 ID 值

(5)创建 build 文件。仍然在\Android-sdk\tools\目录下,运行命令:

android create uitest-project-n <name>-t <android-sdk-ID>-p <path>

命令中<name>和<path>可以自定义,而<android-sdk-ID>用上一步查到的 ID 代替,比如:

android create uitest-project-n AutoRunner-t 2-p d:\AutoRunner

上面的 name 就是将来生成的 jar 包的名字,可以自己定义;android-sdk-ID 就是上一步看到的 SDK ID;path 是 Eclipse 新建的工程的路径。运行命令后,将会在工程的根目录下生成 build.xml 文件。如果没生成,检查上面的步骤。

(6)编译生成 jar。通过 CMD 进入项目的工程目录,然后运行命令:ant build,将使用 ant 编译生成 jar,成功将会有如图 3-38 提示信息,并在 bin 目录下生成 jar 文件。

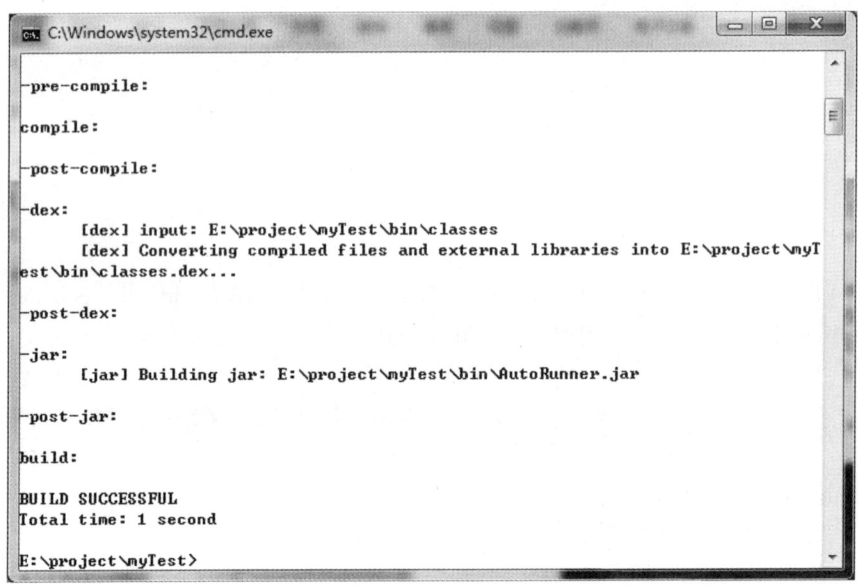

图 3-38　生成 jar

(7)在手机或 Android 模拟器中运行 jar。在 CMD 中运行如下命令:

adb push <jar 文件路径> data/local/tmp

adb shell uiautomator runtest<jar 文件名>-c <工程中的类名,包含包名>

比如:

adb push e:\workspace\AutoRunner\bin\AutoRunner.jar data/local/tmp

adb shell uiautomator runtest AutoRunner.jar-c com.Runner

手机或模拟器会按照 jar 包中的步骤自动执行。

2.常用代码

以下简要介绍 UIAutomator 的几个最重要的对象及其方法。

(1) UiDevice 对象

getUiDevice()的方法可以得到一个 UiDevice 的对象,通过这个对象可以完成一些针对设备的动作。

click(int x, int y)——在(x,y)表示的像素位置点击。

pressBack()、pressDelete()、pressEnter()、pressHome()、pressMenu()、pressSearch()——点击相应的按键。

wakeUp()——当手机处于熄屏状态时,唤醒屏幕,并解锁。

swipe(startX, startY, endX, endY, steps)——在手机上滑动,从(startX, startY)到(endX,endY)。steps 表示滑动的这个距离分为几步完成,数目越少,滑动幅度越大。

setOrientationLeft()、setOrientationRight()——将手机向相应方向旋转。

setOrientationNatural( )——将手机旋转状态回归正常。

(2) UiSelector 对象

这个对象可以理解为一种条件对象，描述的是一种条件，经常配合 UiObject 使用，可以得到某个(某些)符合条件的控件对象。其有以下可用操作。

①checked(boolean val)——定位到 checked 状态为 val 的控件对象。

②className(string className)——定位到类名为 className 的控件对象。

③clickable(boolean val)——与 checked 类似，定位到 clickable 状态为 val 的控件对象。

④description(string desc)——定位到控件描述为 desc 的控件对象。

⑤descriptionContains(string desc)——与 description 类似，定位到控件描述中包含 desc 的控件对象。

⑥focusable(boolean val)——与 checked 类似，定位到 focusable 状态为 val 的控件对象。

⑦index(int index)——定位到当前父对象集中的索引为 index 的控件对象。

⑧packageName(String name)——定位到包名为 name 的控件对象。

⑨selected(boolean val)——定位到 selected 属性为 val 的控件对象。

⑩text(string text)——最为常用的一种关系，定位到控件文本为 text 的控件对象，用控件上的文本即可找到当前控件。

⑪textContains(string text)——与 text 类似，定位到文本包含 text 的控件对象。

⑫textStartsWith(string text)——与 text 类似，定位到文本以 text 起始的控件对象。

(3) UiObject 对象

这个对象可以理解为控件的对象。一般 UiObject 对象可以通过以下形式得到：

UiObject mItem = new UiObject(new UiSelector( ).text("English"));

UiObject 对象可以调用的操作有：

click( )——点击控件。

clickAndWaitForNewWindow( )——点击某个控件，并等待窗口刷新。

longClick( )——长按控件。

clearTextField( )——清除文本，主要针对编辑框。

getChildCount( )——返回其所包含的直接控件的数量。

getPackageName( )——得到控件的包名。

getSelector( )——得到当前控件的选择条件。

getText( )——得到控件上的 Text。

isCheckable( )、isChecked( )、isClickable( )、isLongClickable( )、isScrollable( )、isScrollable( )、isSelected( )——判断是否具备某个属性。

(4) UiCollection 对象

这个对象可以理解为一个对象的集合。UiSelector 描述后得到的有可能是多个满足条件的控件集合，因此可以用来生成 UiCollection：

UiCollection mUiCollection = new UiCollection(new UiSelector( ).text("Settings"));

UiCollection 对象可以调用的操作有：

getChild(selector)——从集合中再次通过 UiSelector 选择一个 UiObject 对象。

getChildByDescription(childPattern, text)——从一个匹配模式中以 text 为条件选择 UiObject。

3.2　基于 Web 的 App 功能测试

前面章节已经提到了移动 App 有一类是基于 Web 的 App，因此对于这类基于 Web 的 App 的测试，可以借鉴桌面浏览器的测试方式，但是由于移动终端的分辨率、输入方式等不同，基于 Web 的 App 测试内容不仅涉及功能，而且也包括操作模式。下面首先介绍基于 Web 的 App 主要使用的 HTML5 语言。

3.2.1　HTML5 语言

HTML5 是一种面向 Web 的语言，其延续了之前版本的 HTML，但是有了质的飞跃。HTML 超文本标记语言的开发到 1999 年推出 HTML4 后就停止了。万维网联盟（W3C）把重点转向将 HTML 的底层语法，从标准通用标记语言（SGML）改为可扩展标记语言（XML）、可缩放向量图形（SVG）、XForms 和 MathML 等这些全新的标记语言。同时，浏览器厂商则把精力放到选项卡和简易信息聚合（Really Simple Syndication，简称 RSS）阅读器这类浏览器特性上。Web 设计人员开始学习使用异步 JavaScript + XML（Ajax），在现有的框架下通过层叠样式表（CSS）和 JavaScript 语言建立自己的应用程序。

为了推动 Web 标准化运动的发展，一些公司联合起来（主要是 Apple、Opera 和 Mozilla Foundation），成立了一个叫作 Web Hypertext Application Technology Working Group（Web 超文本应用技术工作组，WHATWG）的组织。WHATWG 致力于 Web 表单和应用程序，而 W3C 专注于 XHTML 2.0。在 2006 年，双方决定进行合作，来创建一个新版本的 HTML。HTML5 草案的前身名为 Web Applications 1.0，于 2004 年提出，于 2007 年被 W3C 接纳，并成立了新的 HTML 工作团队。HTML5 的第一份正式草案已于 2008 年 1 月 22 日公布。

HTML5 的新功能主要包括音频视频播放、动画 Canvas、地理信息、硬件加速、Web Socket、本地离线应用程序、本地存储等。据 IDC 调查研究显示，2013 年全球各地有 10 亿人使用 HTML5 浏览器，有 200 万开发人员为 HTML5 浏览器开发应用。HTML5 在未来的 5～10 年中，将成为移动发展的一个重要因素。

在 Android 手机中内置了一款高性能 WebKit 内核浏览器，在 SDK 中封装为一个叫作 WebView 的组件。WebKit 是 Mac OS X v10.3 及以上版本所包含的软件框架（对 v10.2.7 及以上版本也可通过软件更新获取）。同时，WebKit 也是 Mac OS X 的 Safari 网页浏览器的基础。WebKit 是一个开源项目，主要由 KDE 的 KHTML 修改而来并且包含了来自苹果公司的一些组件。WebKit 包含一个网页引擎 WebCore 和一个脚本引擎 JavaScriptCore，分别对应的是 KDE 的 KHTML 和 KJS。不过，随着 JavaScript 引擎的独立性越来越强，现在 WebKit 和 WebCore 已经基本上混用不分（例如 Google Chrome 和 Maxthon 3 采用 V8 引擎，却仍然宣称自己是 WebKit 内核）。浏览器 HTML5 兼容性测试做得最好的是 html5test.com，作为一个在线网站，类似于 Acid3，得分越高说明对 HTML5 的支持越好，如图 3-39 所示。

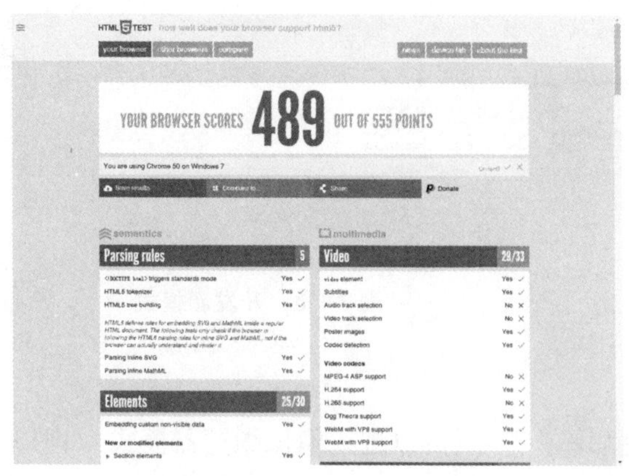

图 3-39　HTML5 测试网站

3.2.2　测试内容

基于 Web 的 App 通常采用 HTML5 开发,HTML5 作为 HTML 的最新规范,其本质还是一种 Web 页面,所以 Web 功能的已有测试内容还需要测试一遍,即需要结合 Web 页面的测试内容,主要包括:

(1)页面链接测试:每一个链接是否都有对应的页面,并且各个页面之间切换正确;

(2)页面跳转测试:页面中相关要素跳转到该应用的功能点或其他应用的功能点,应测试是否能跳转或打开相关页面。

此外,基于 Web 的 App 支持的多点触控、传感设备支持等功能,也需要在测试过程中一一进行相关内容的测试。

HTML5 由于其交互模式的差别,其用户体验无法达到原生应用 App 的体验,因此相对体验要差一些。比如:HTML5 对调用本地文件能力比较弱,数据需要从服务器获取。

原生应用 App 可以通过移动终端推送消息,这也是 HTML5 所不具有的功能。此外,相比之下基于 Web 的 App 比原生应用 App 响应要慢。由于基于 Web 的 App 的开发过程较快,不必在每个移动终端平台上开发,因此在某些领域,基于 Web 的 App 可以很好地满足用户需求,具有一定的市场。

3.2.3　测试环境

由于移动终端的分辨率及 HTML5 标记语言的支持程序不同,因此不同的测试环境对界面显示、测试结果都会产生差别。

对 Web 应用的测试,可以在真实环境中直接测试,也可以在模拟环境中进行测试。真实环境中可以在智能终端打开浏览器直接测试,但是这种测试环境需要有不同的智能终端。模拟环境可以模拟不同的智能终端,如可以采用 Chrome 浏览器,Chrome 浏览器支持不同分辨率的智能终端,通过选择不同的智能终端类型或自定义来模拟智能终端上的浏览器进行测试。

在 Chrome 浏览器中进入“开发者工具”模式,可以看到如图 3-40 所示的界面。

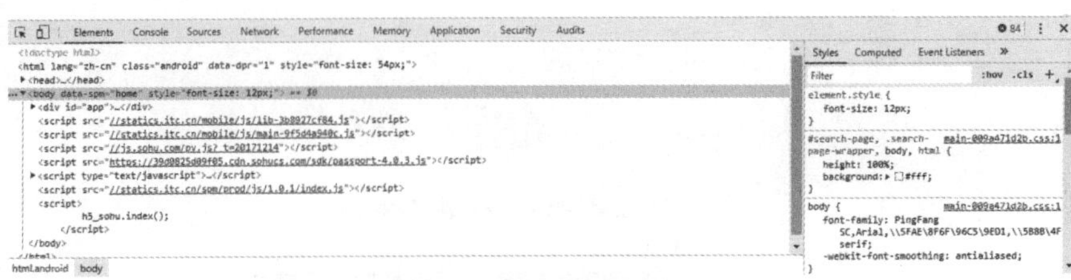

图 3-40　开发者模式

点击工具栏上“ ”符号，可以进入模拟浏览器模式，如图 3-41 所示。

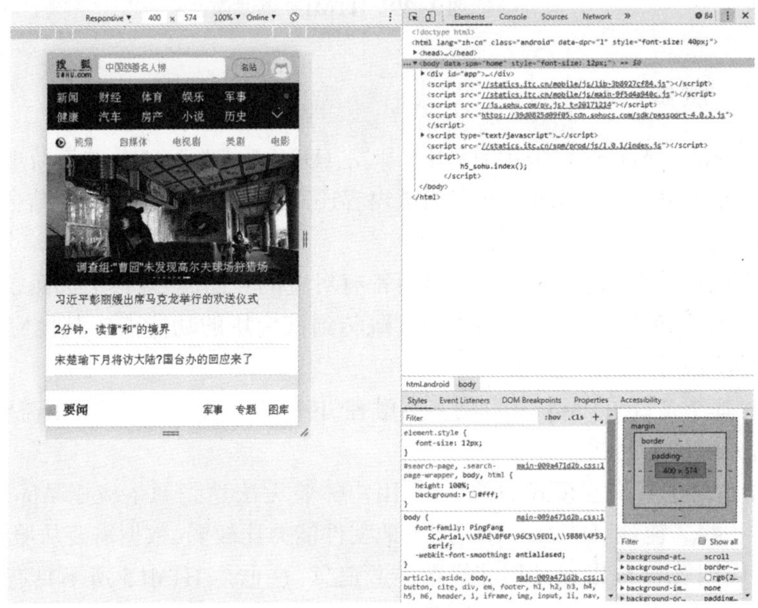

图 3-41　模拟浏览器模式

在上方下拉框里可以选择不同的移动设备终端，或在右侧输入移动设备终端的宽度、高度的像素数值，并选择在线模式、是否旋转，如图 3-42 所示。

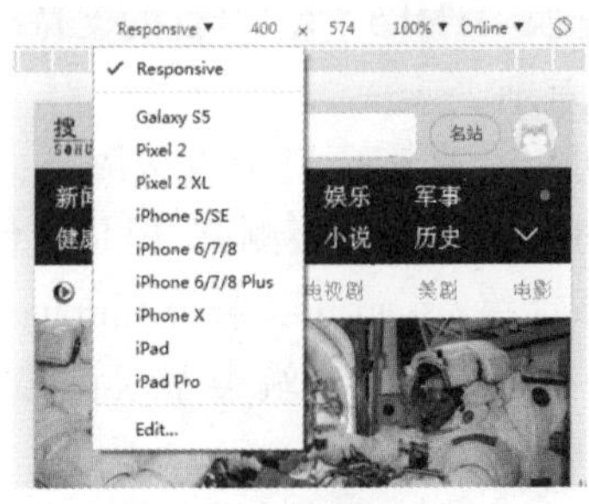

图 3-42　选择不同终端

3.2.4　自动化测试

1.采用 Selenium 进行自动化测试

采用 Selenium 可以进行自动化测试。Selenium 是一系列基于 Web 的自动化测试工具。Selenium 主要由三个工具构成,分别是 Selenium IDE、Selenium RC 和 Selenium Grid。

其中 Selenium Grid 允许 Selenium RC 针对大规模的测试案例集或者需要在不同环境中进行的 Test Case 测试案例集进行扩展。通过 Selenium Grid,多个 Selenium RC 实例可以在不同操作系统和浏览器环境中运行。启动时,每一个 Selenium RC 向 Hub 注册。当测试案例被分发到 Hub 时,测试案例将重新被指定到一个可用的 Selenium RC 上,由 Selenium RC 启动浏览器来执行测试案例,如此,测试案例就可以并行地运行,从理论上来说测试案例集的执行时间等同于测试案例中执行最耗时的那个测试案例的时间。Selenium Grid 架构如图 3-43 所示。

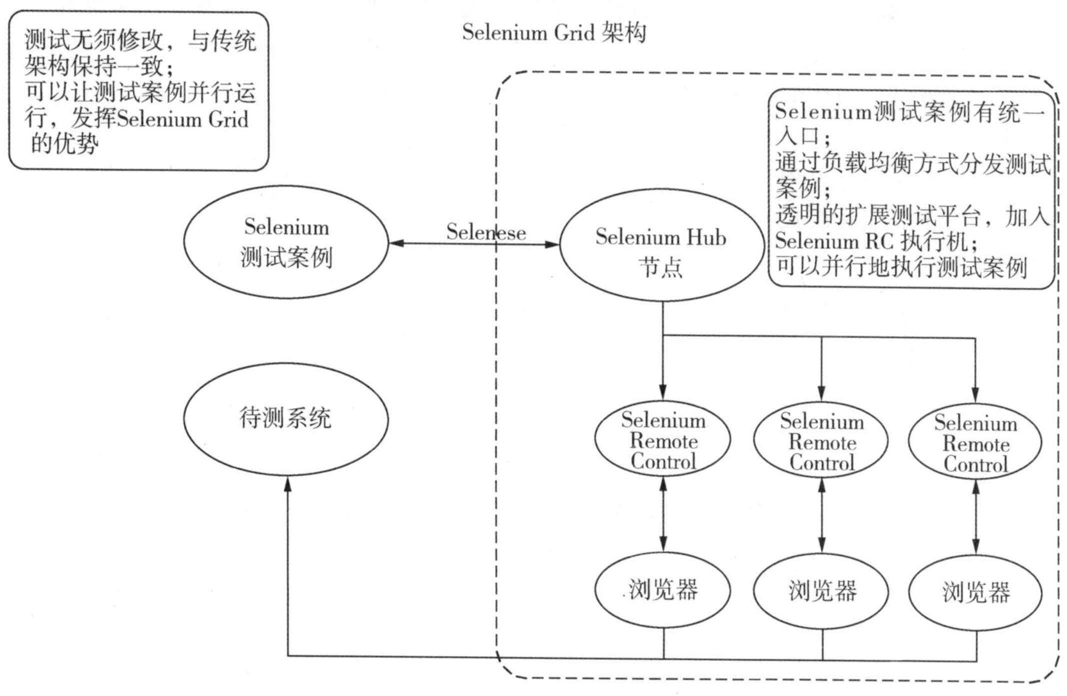

图 3-43　Selenium Grid 架构

用 Selenium 测试手机应用往往是利用 Selenium 和 Java 的测试框架结合使用,其中以 Selenium+JUnit 和 Selenium+testng 为最常用。下面介绍利用 Selenium+testng 测试手机端的 Web 页的页面展示。

该框架测试有个明显的缺点:它利用 AndroidDriver 驱动,提供 WebView 来显示 HTTP 请求返回的内容,不能在其他浏览器上运行,就是说无法测试浏览器的兼容性。其解决方案是测试不同机型的手机,做适配测试。WebView 使用 Android 内置 WebKit 内核,不同机型的内核是有差异的。

第一步,利用该框架测试手机端 Web 页时,必须在测试工程中导入 selenium-serverstandalone-2.25.0.jar 和 testng.jar，同时在手机端需要安装 android-server-xxx.apk作为服务端分发 HTTP 请求命令和显示返回内容。

第二步，在该工程中，可以通过命令来打开手机端的 webdriver 和连接服务端（启动手机端的 webdriver）——放在测试用例执行前；当然也可以手动启动 webdriver 和在 DOS 下运行命令，如：

```
@ BeforeTest
public void setUp( ) {
// 启动手机端的 webdriver——作为服务端，没有其他前台应用
try {
//打开 webdriver
Runtime.getRuntime( ).exec( "adb shell am start-a android.intent.action.MAIN " +"-n
org.openqa.selenium.android.app/.MainActivity" ) ;
/ * 连接服务端 webdriver，连接用的端口为 8080，如果本地开启或使用了该端口，需要
关闭(http://localhost:8080/exit)，不然连接不上服务端 webdriver  * /
Runtime.getRuntime( ).exec( "adb forward tcp:8080 tcp:8080" ) ;
}
catch ( IOException e) {
e.printStackTrace( ) ;
}
driver = new AndroidDriver( ) ;
}
```

第三步，编写测试用例，如：

```
/ * 用例中要用到外来数据时，作为参数 queryString1 传递，来源为 dataProvider = "
testdata" 中的数据 * /
@ Test( dataProvider = "testdata" )
    public void testQuery1( String queryString1 ) {
//具体的用例执行(包括调用滑动和截屏，来获取想要的页面)
}
```

第四步，用例执行完之后，需要终止驱动。

```
@ AfterTest
public void tearDown( ) {
driver.quit( ) ;
}
```

关于 testng 用例中带参数的数据源获取，在 testng 中大概有三种方法：第一种是在

testng.xml 里配置,用@ Parameters 引用;第二种是使用 DataProvider;第三种是继承 FeedTest 类获取数据。本部分主要介绍第二种和第三种方式的使用。

使用 DataProvider 时,会在用例方法前加上@ Test(dataProvider ="testdata"),如:

```
@ Test(dataProvider = "testdata")
public void testQuery1(String queryString1){
try{
// 统一编码格式
QUERY = URLEncoder.encode(queryString1.trim(), "utf-8");
}
  catch (UnsupportedEncodingException e1) {
// TODO Auto-generated catch block
e1.printStackTrace();
}
//具体的用例执行
}
```

获取数据源的方法是从 txt 文件中读取数据,并放在 filelist 中,为了 DataProvider 方便执行,需返回列表的迭代器。读取数据时,编码 encoding 处理是为了保证 txt 文件存储格式(UTF-8)一致,以便用例使用的数据不会出现数据表示不一致的情况。当然用例中对数据也最好进行处理,代码如下。

```
@ DataProvider(name = "testdata")
public Iterator<String[]> getData(){
ArrayList<String[]> filelist = new ArrayList<String[]>();
String filepath = Data.getFileString();
try{
String encoding = "UTF-8";
File file = new File(filepath);
if (file.isFile() && file.exists()){
// 判断文件是否存在
InputStreamReader read = new InputStreamReader(
new FileInputStream(file), encoding);
// 考虑到编码格式
BufferedReader bufferedReader = new BufferedReader(read);
String lineTxt = "";
while ((lineTxt = bufferedReader.readLine())!= null){
String[] str = new String[1];
```

```
        str[0] = lineTxt.trim();
        filelist.add(str);
        }
        read.close();
        }
else {
        System.out.println("找不到指定的文件");
        }
        }
catch (Exception e) {
        System.out.println("读取文件内容出错");
        e.printStackTrace();
        }
        return filelist.iterator();
        }
```

使用 FeedTest 获取数据时,必须导入 feed4testng-1.0-dist 里的 jar 包才能使用,然后在测试类中继承 FeedTest 类。目前 Fead Fest 支持自动读取.xls 和.csv 文件,代码如下:

```
    public class OneTest extends FeedTest{

        @Test(dataProvider = "feeder")

        //数据来源 excel 文件(97-2003 版)
        @Source("D:/case/testcase2.xls")
        public void testQuery1(String queryString1){

    /*参数分别是读取 xls 文件的第一列第一行,数据读不出是因为默认为数据字段名称
  */      }
    }
```

使用该方式读取数据,测试人员可以不用自己写方法读取数据。缺点是数据来源的路径固定,如果在运行时改变数据来源是不行的。

此外也可以读取其他类型的文件和数据库,具体可参见 https://sourceforge.net/p/feed4testng/wiki/Home。

当要测试的展示页面是通过在页面输入一个搜索词的返回结果,且搜索词较多时,就需要手工输入再看页面展示,工作量相对较大。所以需要自动化测试(利用 Selenium),只需要

看截屏的页面展示图,而不需要手动输入检索词再滑动页面看展示。其可实现的自动化操作包括搜索词展示、滑动页面到能看到的视区内、截屏。

需要注意的是搜索词不能有中文,如 element.sendKeys("中文")运行时会出现问题。解决这个问题的方法就是把搜索词放在 URL 里,如 driver.get("http://m.so.com/s? q="+"中文");

对于搜索词的结果页,当前屏幕显示的不一定是需要的结果,需要滑动页面到需要的结果处再截屏。滑动有两种方法,即 moveToElement 和 scrollIntoView,两种方法都依赖于定位的元素 element。如:下面的代码表示想找测试类别为"汽车"的搜索词的结果展示页面,并且结果显示条数≥1。

```
//该方法可以根据测试要求而改变(定位到什么元素)
public WebElement scrollCondition(WebDriver driver, String queryclass){
//寻找当前显示是否到达要求的显示,若不是则滑动
if (!queryclass.isEmpty()){
if (queryclass.contains("汽车")) {
// 汽车类
elements = driver.findElements(By.xpath("//h1 [@class='car-title icon-mobile ']"));
}
}
if ((elements!= null) && (elements.size() > 0)){
element = elements.get(0);
}
}
//方法一:该方法滑动后不停留
Actions action=new Actions(driver);
action.moveToElement(element).perform();
//方法二:
((JavascriptExecutor) driver). executeScript ( " arguments [ 0 ]. scrollIntoView ( );",
element);
```

2.采用 Appium 进行自动化测试

Appium 是一个开源、跨平台的自动化测试框架,可以用来测试原生及混合的移动端应用。Appium 支持 iOS、Android 及 Firefox OS 平台。Appium 使用 WebDriver 的 Json Wire 协议,来驱动 Apple 系统的 UIAutomation 库、Android 系统的 UIAutomator 框架。Appium 对 iOS 系统的支持得益于 Dan Cuellar 对于 iOS 自动化的研究。Appium 也集成了 Selendroid,来支持老版本的安卓系统。

Appium 支持 Selenium WebDriver 支持的所有语言,如 Java、Object-C、JavaScript、PHP、Python、Ruby、C#、Clojure,或者 Perl 语言,更可以使用 Selenium WebDriver 的 API。Appium 支

持任何一种测试框架。如果只使用 Apple 的 UIAutomation,我们只能用 JavaScript 来编写测试用例,而且只能用 Instruction 来运行测试用例。同样,如果只使用 Google 的 UIAutomation,我们就只能用 Java 来编写测试用例。Appium 实现了真正的跨平台自动化测试。

Appium 选择了 Client-Server 的设计模式。只要 Client 能够发送 HTTP 请求给 Server,那么 Client 用什么语言来实现都是可以的。

Appium 可以通过两种方式安装:通过 NPM 或通过下载 Appium Desktop。Appium Desktop 是一种基于图形界面的桌面 Appium 服务器。如果通过 NPM 安装 Appium,需要先安装 Node.js 和 NPM(可以使用 nvm 或 brew install node 来安装 Node.js。在 Linux 系统下安装时不要以 root 权限安装 Node 或 Appium,否则会遇到无法预料的问题)。推荐使用最新的 Node.js 稳定版本安装 Appium。安装命令为 npm install-g appium。如果通过桌面应用程序下载安装 Appium,只须从发布页面 https://github.com/appium/appium-desktop/releases 下载最新版本的 Appium Desktop。在使用 Appium 之前需要确保安装待测平台的驱动程序,例如要使用 Android 平台的自动化测试程序,需要在系统上配置 Android SDK。要验证是否满足 Appium 的所有依赖项,可以使用 appium-doctor 命令。使用 npm install-g appium-doctor 安装它,然后运行 appium-doctor 命令。

安装完成后,Appium 是一个 HTTP 服务器。它等待来自客户端的连接,然后指示 Appium 启动哪种会话以及启动会话后执行哪种自动化行为,必须将它与某种客户端库一起使用。Appium 使用与 Selenium 相同的协议,即 WebDriver 协议。只须使用标准 Selenium 客户端之一,就可以使用 Appium 做自动化测试。除此之外,Appium 可以实现 Selenium 不能实现的功能,这是通过一组使用各种编程语言的 Appium 客户端来实现的,它们通过附加功能扩展了常规的 Selenium 客户端。可以在 http://appium.io/docs/en/about-appium/appium-clients/index.html 中查看客户端列表和下载说明。

要启动一个 Appium 服务器,可以运行命令 appium,或者通过单击 Appium Desktop 中的 Start Server 按钮。Appium 启动后将显示一条欢迎消息,显示正在运行的 Appium 版本以及它正在侦听的端口(默认为 4723)。此端口信息至关重要,因为测试客户端必须确保在此端口上连接到 Appium。如果需要更改端口,可以在命令行启动 Appium 时使用-p 标志来实现。

接下来本节将介绍运行一个基本的"Hello World"Android 测试,使用 UiAutomator2 驱动程序及 JavaScript 语言。假设 Android 模拟器已配置完成并运行,可在 https://github.com/appium/appium/raw/master/sample-code/apps/ApiDemos-debug.apk 下载测试 APK。

创建一个新的目录,然后在该目录下运行:

```
npm init-y
```

初始化项目后,安装 webdriverio:

```
npm install webdriverio
```

接下来创建名为 index.js 的测试文件,加入如下语句:

```
// javascript
const wdio = require("webdriverio"); //初始化客户端对象
```

接下来需要启动一个 Appium 会话。为此,需要定义一组服务器选项和所需功能,并使用它们调用 wdio.remote()。

```
// javascript
const opts = {
  path:'/wd/hub',
  port: 4723,
  capabilities: {
    platformName: "Android",
    platformVersion: "8",
    deviceName: "Android Emulator",
    app: "/path/to/the/downloaded/ApiDemos-debug.apk",
    appPackage: "io.appium.android.apis",
    appActivity: ".view.TextFields",
    automationName: "UiAutomator2"
  }
};
async function main () {
  const client = await wdio.remote(opts);
  await client.deleteSession();
}
main();
```

其中 capabilities 只是在会话初始化期间发送到 Appium 服务器的一组键和值，它们告诉 Appium 自动化测试的一些基本设置。Appium 驱动程序所需的 capabilities 至少应包括：

(1) platformName：要自动化的平台的名称；

(2) platformVersion：要自动化的平台版本；

(3) deviceName：要自动化的设备类型；

(4) app：应用程序的路径（在自动化 Web 浏览器的情况下使用 browserName 参数）；

(5) automationName：驱动程序的名称。

从这里开始，测试人员可以开始会话，执行一些测试命令，然后结束会话。以下示例将简单地输入一个文本字段并检查是否输入了正确的文本：

```
// javascript
const field = await client.$("android.widget.EditText");
await field.setValue("Hello World!");
const value = await field.getText();
assert.strictEqual(value, "Hello World!");
```

以上代码执行的事件是，在创建会话并启动应用程序之后，客户端指示 Appium 在应用程序层次结构中找到一个元素 EditText 并向它输入字符串，然后查询此元素的文本，检查文本内容是否是先前输入的字符串，至此 index.js 编辑完毕。

可以用 node 命令运行此测试：

```
node index.js
```

如果一切设置正确，将看到 Appium 开始输出大量日志，最终该应用程序将弹出提示信息并开始执行代码中指定的动作。

3.3　专项功能测试

3.3.1　验证码

验证码的全称是全自动区分计算机和人类的图灵测试(Completely Automated Public Turing Test to Tell Computers and Humans Apart, CAPTCHA)，国内学者将其译为验证码，是一种区分用户是计算机还是人的公共全自动程序。在验证码测试中，作为服务器的计算机会自动生成一个问题由用户来解答。这个问题可以由计算机生成并评判，但是必须只有人类才能解答。由于计算机无法解答验证码的问题，所以回答出问题的用户就可以被认为是人类。

验证码的运行是基于一个专门负责产生和评估验证码校验的程序，该程序部署在服务器端或者是客户端的一个 JS 脚本中，后者安全性很弱，其设计原理上不安全，所以目前大部分系统的验证码程序部署在服务器端。

(1)当用户的网络行为需要进行验证码测验时，客户端程序会向服务器端发送一个 Request 请求生成一个验证码。

(2)服务器响应该客户端的请求并创建一个新的 SessionID，同时生成一个随机验证码。

(3)服务器将验证码和 SessionID 一并发送给客户端。

(4)客户端提交验证码连同 SessionID 发送给服务器端。

(5)服务器验证验证码，并返回校验结果。

可以根据验证码的表现内容和载体，将验证码分为基于文本、基于图像、基于声音 3 种类型的验证码。基于声音的验证码是对基于文本和基于图像的验证码的辅助，主要是提供给视觉残障者使用，基于图像、基于声音及基于视频的验证码都可以归纳为多媒体验证码，由于视频验证码的安全性几乎等同于基于图像和基于声音的验证码，而且视频需要占用更多的网络资源，因此，在实际应用中使用较少，研究也就很少。目前，互联网应用使用最为广泛的是文本和图像验证码。

三类验证码分别映射为人工智能领域里文本挖掘、图像识别和语言识别三大研究主题。文本验证码是目前使用最广泛的验证码类型，易受到字符分割和光学字符识别(Optical Character Recognition, OCR)技术的攻击，文本验证码的破解技术已经很成熟；基于图像的验证码已逐渐成为主流，图像验证码利用计算机在图像分类、图像识别方面的弱点构建图像库，增加了验证码的破解难度；基于声音的验证码是对文本验证码和图像验证码的辅助，其破解形式复杂，但是安全性没有明显提高，所以研究较少，使用面窄。对于声音验证码的攻击主要是利用人工智能的自动语音识别(Automatic Speech Recognition, ASR)技术。

验证码的攻击技术汇集了机器学习、计算机视觉、密码学、信号处理等各领域的知识。验证码安全的研究者可以分为两大类：一类是 AI 领域的研究者，他们的研究主要是通过 AI 技术实现验证码的自动识别，也就是计算机智能化，其研究成果的展现形式是验证码识别的精确率；另一类是信息安全研究者，他们的研究主要是深入研究、挖掘验证码设计者、系统验证码实现者在设计或者实现过程中的一些漏洞，其研究成果的表现形式多种多样。根据这两种研究方向，可以将验证码系统的安全性问题归纳为两类：

(1)验证码过于简单，容易被机器自动识别；

(2)验证码有逻辑缺陷，可被绕过或可被逆向。

验证码的机器自动识别伴随着近年来人工智能研究的飞速发展，已经取得了显著的突破。对于基于文本的验证码，关键攻击技术是字符分割与 OCR 技术；对于基于图像的验证码，攻击技术主要是利用 AI 领域中机器学习(Machine learning)、计算机视觉(Compute vision)和深度学习(Deep learning)等在模式分类、图像识别上取得的突破性进展，很多研究者也在研究基于深度学习技术的验证码破解技术，已取得成功；基于语音的验证码同样易于受到机器学习、深度学习算法的攻击，目前计算机程序已经可以进行自动分割并识别音频信息，基于语音的验证码同样很容易遭受攻击。

3.3.2　自定义界面

移动 App 的开发一定遇到过这样的问题，界面元素因采用系统自带样式不是很生动，因此，很多时候会采用自定义的样式。

定义手机控件的样式，就需要了解手机的那些原生控件的样式。Android 样式如图3-44所示。

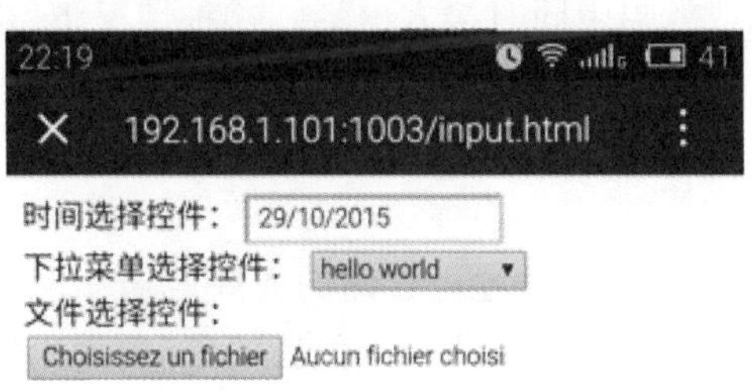

图 3-44　Android 样式

iOS 样式如图 3-45 所示。

图 3-45　iOS 样式

实际所看到的移动 App 的界面都是在此基础上进行的优化修改,因此测试过程中应关注其对应的原先的控件类型。

如果项目中有特定的输入需求,例如银行类、金融类、交易类 App,对输入的安全性要求较高,因此需要通过自定义键盘进行操作,从而提高用户的安全性。理论上来说,系统自带键盘和第三方的键盘不管是从性能还是从体验上来说都要优于自己写的程序,但是为了安全性,比如用户在输入账户密码、支付密码的时候,防止键盘获取到数据;或者说美工要求 Android 的键盘需要和 iOS 的一样,对于这些自定义的键盘,在测试中也需要关注。

3.3.3 蓝牙

如在 Android 上使用蓝牙麦克录音并使用 WiFi 上传,会发现蓝牙和 WiFi 经常冲突,表现为使用蓝牙之后 WiFi 会断开连接,这可能是因为 WiFi 和蓝牙都工作在 2.4G 频段,所以相互之间造成干扰。查阅 WiFi 标准协议文档,发现 WiFi 还可以工作在 5G 频段,这时将路由器设置为 802.11a 模式下,就可以解决该问题。

在这个测试过程中,特别应关注语音的优先权,在播放音乐或喇叭被占用时,若此时有电话等优先级高的应用需要访问这些资源,应测试是否可以将资源进行切换。在资源被释放之后,应测试是否可以恢复到原有的音乐或占用喇叭的应用程序,如音乐是否会继续播放。

不同设备、不同应用会有不同的优先级,测试过程中,应给出测试对象所需资源的优先级关系,来判断优先级是否符合要求。

对于可以共存的设备,如麦克和耳机,也需要判断这些设备的优先级情况。

当前,有些移动 App 或者某些移动终端的生产商,在输出设备上也允许多路输出并存,如在轻微的背景音乐或歌唱中同时接入电话。这种情况下,也需要设计出相应的测试用例来进行测试。

3.3.4 基于位置的服务

基于位置的服务(LBS),是通过运营商的无线电通信网络(如 GSM 网、CDMA 网)或外部定位方式(如 GPS)获取移动终端用户的位置信息(地理坐标或大地坐标),在移动 App 终端中,包括了 GPS、WiFi 定位、3G/4G/5G 辅助定位等技术。

测试中,可以对不同移动 App 是否需要定位、是否获得了定位、定位的精度、定位的准确度等方面进行测试。测试 App 的定位功能还需注意以下几点。

(1)App 有用到定位服务时,需要注意系统版本差异。

(2)用到定位服务的地方,需要进行前后台的切换测试,检查应用是否正常。

(3)当定位服务没有开启时,检查 App 是否会友好地弹出允许设置定位提示。当用户允许设置定位时,检查 App 能否自动跳转到定位设置中开启定位服务。

(4)需要测试不同网络环境下的定位,包括基于 GPS、基站、WiFi 的定位,测试移动 App 在不同情况下能否获取定位数据。

(5)需要测试 App 在获取定位数据失败时的处理方式。

3.3.5 显示

显示是指通过特定的协议将移动终端的信息直接投影到电视或其他屏幕上的技术,该技术可以将较小的移动终端屏幕显示在更大的屏幕上。

目前有许多无线协议可以将手机屏显内容投影，如 Airplay 协议、DLNA 协议、QPlay 协议等，都是通过 WiFi 实现语音、视频传输的一种“WiFi 推送”技术。根据设备和协议的不同，三种推送的使用平台也有一定的差异，但达到的目的是一样的，就是使用电脑、手机等智能终端设备的软件客户端，通过 WiFi，将影音直接推送至其他终端设备中播放（比如电脑推送到电视机）。

测试手机投影时，可以针对手机投影的画面清晰程度、视频的帧率、屏幕中操作的延迟等方面进行测试。

3.3.6　NFC 近场通信

近场通信（Near Field Communication，简称 NFC），是指通过使用近场通信技术的设备，在彼此靠近的情况下进行数据交换。近场通信由非接触式射频识别（RFID）及互连互通技术整合演变而来，通过在单一芯片上集成感应式读卡器、感应式卡片和点对点通信的功能，利用移动终端实现移动支付、电子票务、门禁、移动身份识别、防伪等应用。

NFC 天线在手机背面的上端（摄像头附近），通过 NFC 可以完成支付、交通卡等功能。

NFC 近场通信主要测试通信实现的功能、与设备通信的距离远近、异常处理等功能，对于部分开通需要支付押金等费用退还也需要设计测试用例。

NFC 是一种近距离的无线通信技术，通常的通信距离是 4 cm 或更短。在实际测试过程中，需要考虑 NFC 的进场通信的两端实际距离，特别是移动终端的 NFC 芯片与设备之间的距离。因为移动终端都比较大，测试人员应清楚 NFC 芯片所在移动终端的位置，测试中，如果不清楚 NFC 芯片所在移动终端的具体位置，可能会导致传输失败或者传输不稳定。这种情况会对测试结果产生影响，建议应标记出 NFC 位置、测试成功率，以便于后期进一步提升体验。

3.3.7　接口测试

在移动 App 中，除了单机的应用 App 外，大多数应用 App 作为客户端软件，需要与服务端软件进行交互。这种交互一般是通过接口来完成，接口如果实现错误，或接口升级后的参数发生了变化，就会出现逻辑问题，最终将导致功能实现错误或数据错误，因此应对接口的功能实现应进行测试。

接口测试也称为 API 规范测试，一般根据接口规范测试接口的输入输出，主要测试内容包括接口输出是否与期望一致、移动 App 提交的数据是否与接口 API 文档一致、接口定义数据的边界值测试、接口逻辑测试。此外，接口的响应时间、安全性、容错性属于其他质量特性的测试，在其他质量特性测试时需要关注，如接口安全性测试包括敏感信息是否加密传输、敏感内容是否屏蔽等；接口容错性测试包括特殊字符、大小写、中英文、整型和浮点型数据对接口影响等。

Postman 是谷歌开发的一款常用的接口测试工具，可用于移动 App 的接口测试。Postman 能够发送任何类型的 HTTP 请求，支持 GET/PUT/POST/DELETE 等方法，可以直接填写 URL、header、body 等请求要素，非常简单易用。下面将简单介绍 Postman 的使用。

用户可以从 https://www.postman.com/downloads/网页上下载 Postman 的最新版本。打开 Postman 软件后，会看到如图 3-46 所示的控制面板。

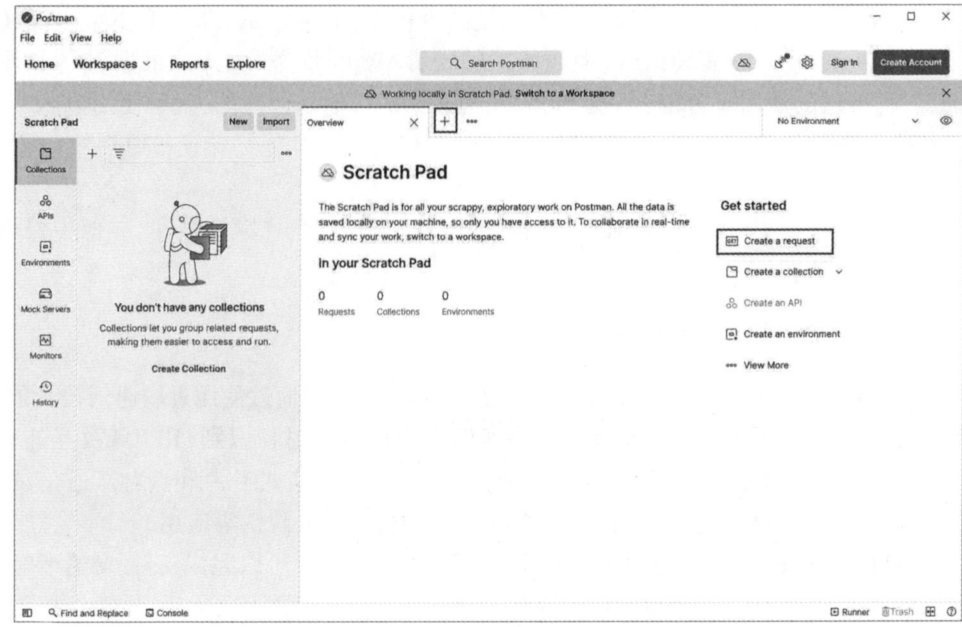

图 3-46 Postman 控制面板

点击右边的按钮"Create a request"或点击标签栏上的"+"号按钮，都可以创建一个新的接口请求，如图 3-47 所示。

图 3-47 创建接口请求

在图 3-47 中可以选择请求的类型(GET、POST 等),填写请求的网址,并且可以指定请求的参数。请求的参数以 key-value 对的方式填写,并可以追加到请求的网址中。对于 POST 请求,还可以点击请求标签中的“Body”标签,填写发送的数据。根据接口的定义填写完请求数据后,点击“Send”按钮即可发送请求,可在“Response”栏目中查看请求的响应结果,如图3-48所示。

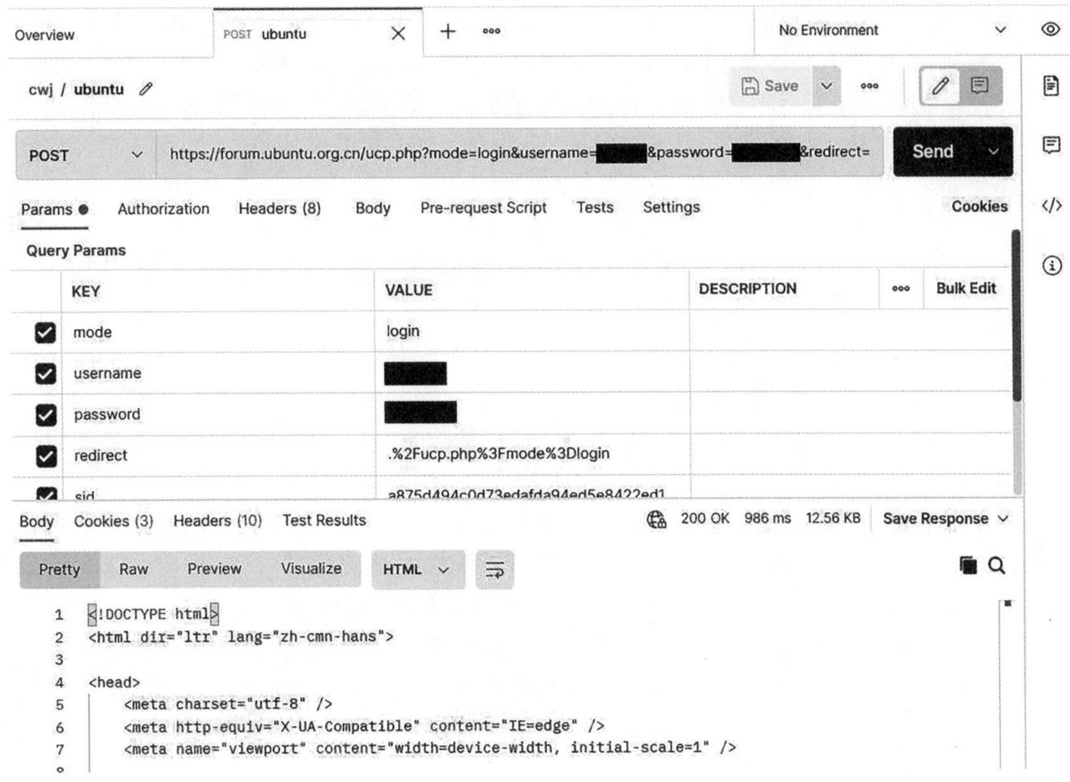

图 3-48　Postman 请求结果

第4章　移动App性能效率测试

在GB/T 25000.10—2016中，性能效率与在指定条件下所使用的资源量有关。性能效率的指标包括时间特性、资源利用性和容量。时间特性是指产品或系统执行其功能时，其响应时间、处理时间及吞吐率满足需求的程度。资源利用性是指产品或系统执行其功能时，所使用资源数量和类型满足需求的程度。容量是指产品或系统参数的最大限量满足需求的程度。性能效率的测试主要包括响应时间、资源利用和常见基准测试，主要用来检测应用的整体性能。

4.1　时间特性和容量

时间特性是指产品或系统执行其功能时，其响应时间、处理时间及吞吐率满足需求的程度。时间特性测试采用自动化测试和人工测试相结合的测试方法。其具体测试内容为响应时间：对被测系统性能的检验，是性能测试中最基础的内容。性能测试的最主要的目的是检测系统当前所处的性能水平，验证性能是否满足设计需求。

容量是指产品或系统参数的最大限量满足需求的程度。具体测试内容为获取系统可承受的最大压力：通过逐步增加系统负载，测试系统性能的变化，并最终确定在什么负载条件下系统性能处于失效状态，并记录此时系统所能承受的最大并发用户数。

系统压力测试的主要目的是检测系统可以承受的最大负载，在进行系统压力测试的过程中，需要首先定义系统的失效状态，比如用户可容忍的最大响应时间是多少，系统资源最高使用限额。在具体压力测试过程中，将采取逐步加压的方式，获取系统在达到失效状态时可承受的最大并发用户数量。

以上测试往往是针对B/S架构的移动App中服务器端的性能测试。性能测试的结果不符合要求时，可以根据可能的性能瓶颈逐步排查性能故障点，性能故障定位方法如图4-1所示。

性能出现故障一般是由于性能指标未能满足设计要求。性能指标主要表现在两个方面，一是平均响应时间，二是资源占用率。平均响应时间若不满足设计要求，那么将以图4-1的故障定位树入手进行分析。

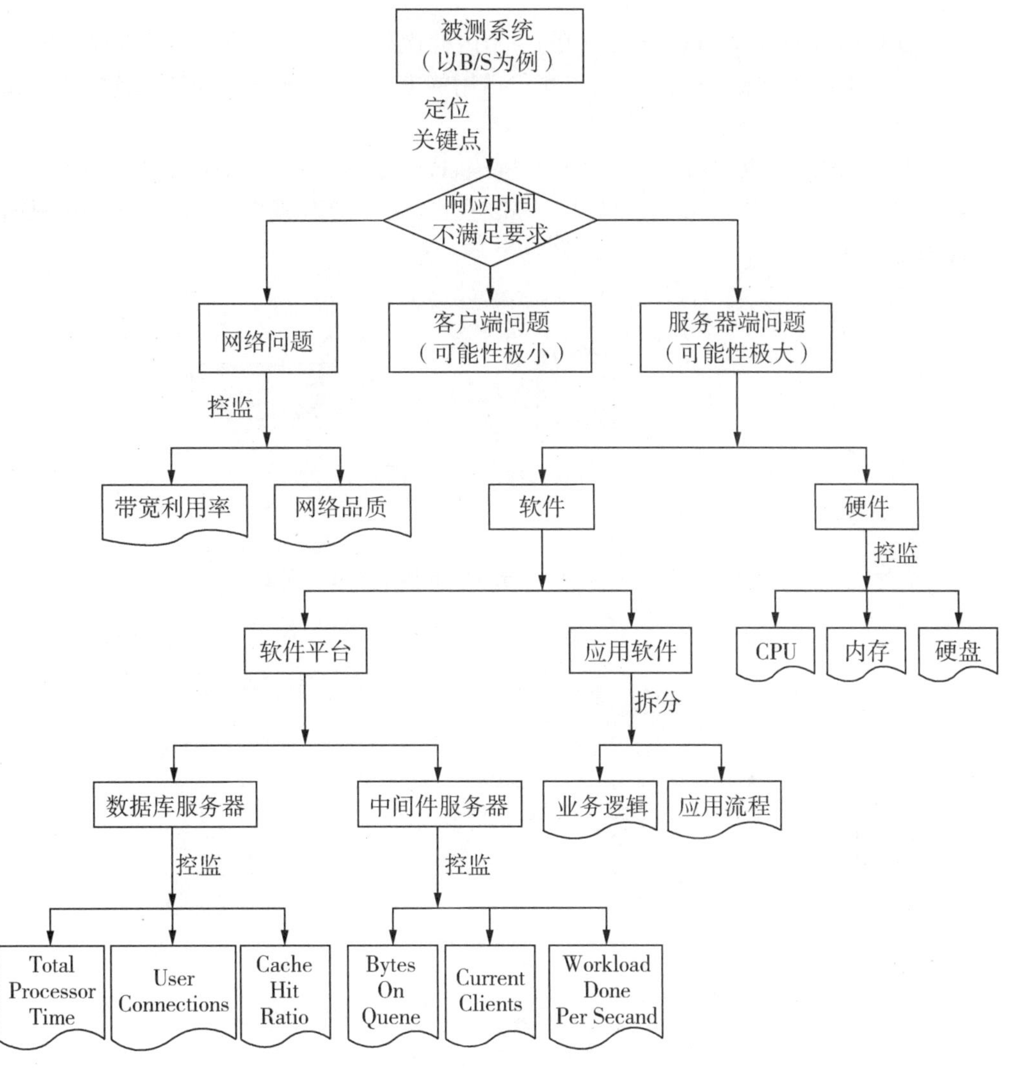

图 4-1　性能故障定位方法

4.2　资源利用

资源利用是指产品或系统执行其功能时，所使用资源数量和类型满足需求的程度。资源利用情况主要用来测试移动 App 在测试过程中其资源利用程度，主要用来检测的资源包括内存、CPU 和存储空间。

对于 B/S 架构移动 App 中的服务器端，其资源利用率的检测可通过服务器端操作系统的资源检测工具来实现，如 Windows 服务器可通过查看任务管理器或资源监视器查看系统 CPU、内存使用情况，Linux 服务器可通过 top、free 等命令查看系统 CPU、内存使用情况。

在 Android 环境中，资源利用情况通常通过工具来进行检测，有些工具只能检测内存，而有些工具能同时检测内存、CPU 的资源情况。

4.2.1 DDMS-Heap

DDMS-Heap 是 Android tools 中的一个内存检测工具,可以检测应用进程的内存变化,通过内存检测来测试移动 App 运行过程中占用的内存情况。使用该工具大致可以测试出某个应用是否存在内存泄漏的可能。

打开 Eclipse,点击右上角的 Open Perspective 图标,选择 DDMS,点击"OK"按钮,如图 4-2、图 4-3 所示,这样就能切换到 DDMS 视图,在 DDMS 视图中确认 Devices 视图和 Heap 视图是打开的。

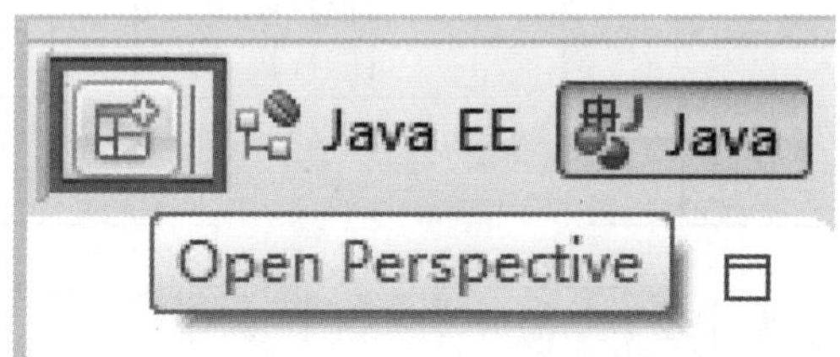

图 4-2 打开 Open Perspective 视图

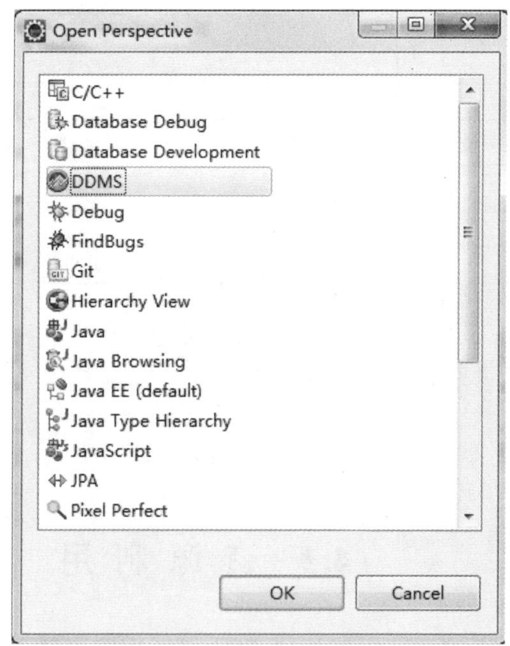

图 4-3 打开 DDMS 视图

打开 Android 模拟器或者将手机通过 USB 连接到电脑并选择"USB 调试"模式,连接成功后,在 DDMS 的 Devices 视图中会显示连接设备的序列号,以及设备中正在运行的进程信息。点击 Devices 视图上方一排图标中的"Update Heap",然后选择 Heap 视图,点击 Heap 视图中的"Cause GC"按钮,完成后就能对选择的进程进行监控,如图 4-4 所示。

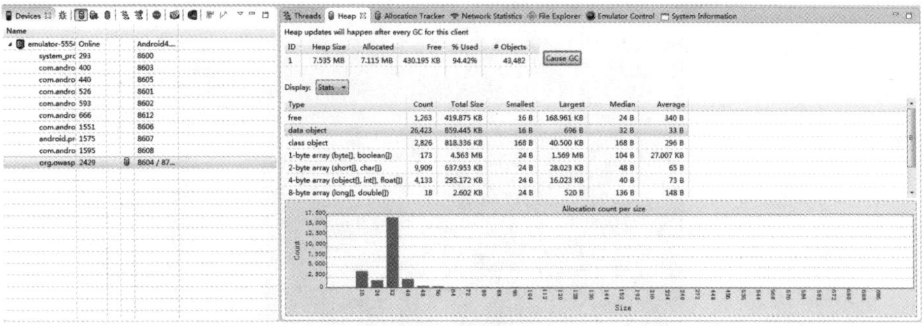

图 4-4　内存监控

Heap 视图中有一个类至为 data object，即数据对象，也就是程序中存在的大量类类型的对象。在 data object 一行中有一列是“Total Size”，其值就是当前进程中所有 Java 数据对象的内存总量，一般情况下，这个值的大小决定了是否会有内存泄漏。可以这样来判断程序是否有内存泄漏的可能性：

(1)不断地操作当前应用，同时注意观察 data object 的 Total Size 值；

(2)正常情况下 Total Size 值都会稳定在一个有限的范围内，也就是说由于程序中的代码良好，没有造成对象不被垃圾回收的情况，所以说虽然不断地操作会不断地生成很多对象，而在虚拟机不断地进行垃圾回收的过程中，这些对象都被回收了，内存占用量也会保持在一个稳定的水平；

(3)反之如果代码中存在没有释放对象引用的情况，则 data object 的 Total Size 值在每次垃圾回收后不会有明显的回落，随着操作次数的增多 Total Size 的值会越来越大，直到到达一个上限后导致进程被结束。

此处以 FourGoats 应用为例，在测试环境中，该进程所占用内存的 data object 的 Total Size 值在超过 2.824 MB 时进程就会被杀死，如图 4-5、图 4-6 所示。

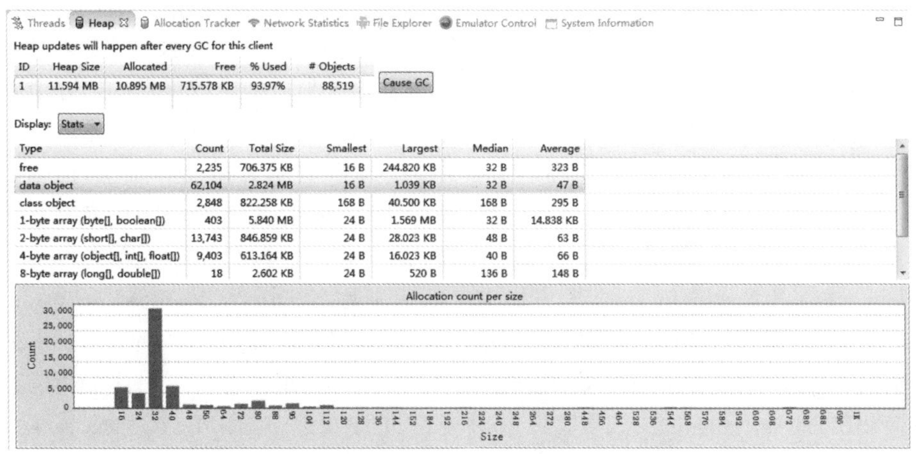

图 4-5　应用 data object 的 Total Size 值达到峰值

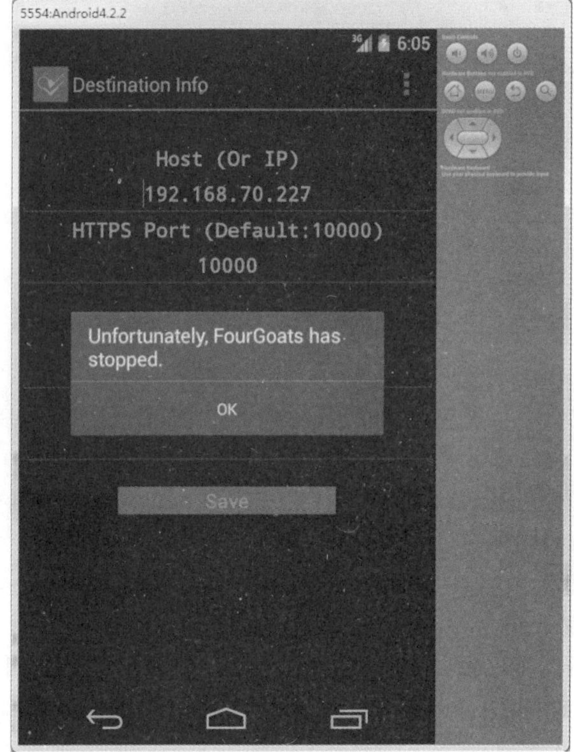

图 4-6　应用进程被杀死

4.2.2　Mat

Mat(Eclipse Memory Analyzer)也是一款 Android 内存分析工具,是著名的跨平台集成开发环境 Eclipse Galileo 版本的 33 个组成项目之一。作为 Eclipse 内存分析器,MAT 提供功能丰富的 Java 堆转储且功能全的 Java 堆分析工具,可以帮助检测内存泄漏和减少内存消耗。使用内存分析器可以分析带有数以亿计对象的大量的堆转储,快速的计算对象的存储大小,检测是谁阻止了垃圾收集器收集对象,运行一个报告来自动提取可疑的内存泄漏。

安装 MAT 与其他插件的安装非常类似,Mat 支持两种安装方式:一种是"单机版",也就是说用户不必安装 Eclipse IDE 环境,Mat 作为一个独立的 Eclipse RCP 程序运行(下载地址:http://www.eclipse.org/mat/);另一种是"集成版",Mat 作为 Eclipse IDE 的一部分,和现有的开发平台集成。这里只介绍"集成版"的 Mat 的安装。打开 Eclipse,点击 Eclipse 菜单栏中的"Help→Install New Software...",添加 Mat 的更新地址 http://download.eclipse.org/mat/1.6/update-site/,接下来选择想要安装的 Mat 的功能点,其中 Memory Analyzer (Chart)功能是一个可选的安装项目,该功能主要用来生成相关的报表,如果需要使用这个功能,需要额外地安装 BIRT Chart Engine,按照步骤点击按钮进行安装,如图 4-7 所示,安装完成后重启 Eclipse。

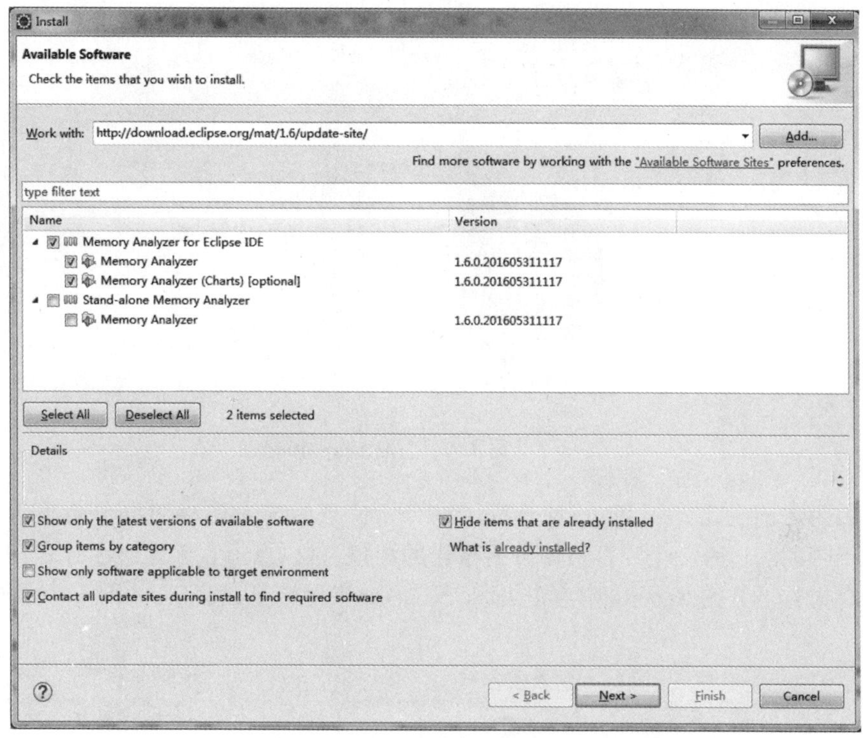

图 4-7　安装 Mat 插件

生成 heap dump，即点击 DDMS 工具条上面的“Dump HPROF file”图标，会弹出如图 4-8 对话框，选择第一项，点击“Finish”按钮。

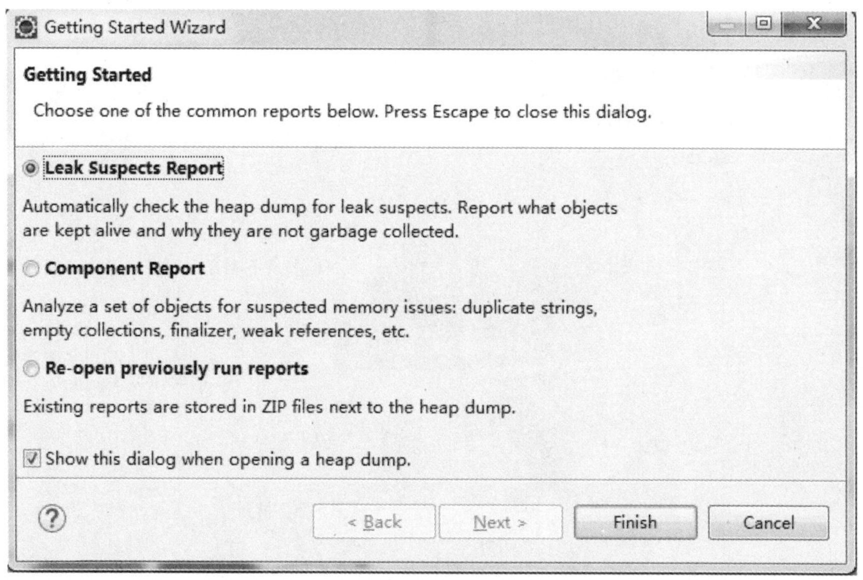

图 4-8　生成 heap dump 后显示的对话窗口

Mat 会以图形的形式显示内存信息，如图 4-9 所示。

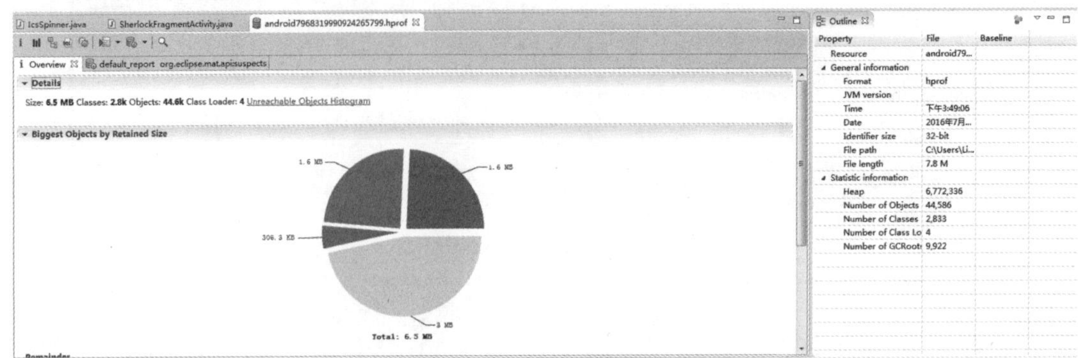

图 4-9　生成 heap dump

因为之前生成 heap dump 时选择了在分析完成后显示内存泄漏分析报告，所以在内存分析报告的右边有一个内存泄漏分析报告的窗口，可以点击它来跳转至该窗口，也可以在内存分析报告下方的 Reports 中点击 Leak Suspects 来跳转至该窗口，如图 4-10、图 4-11 所示。

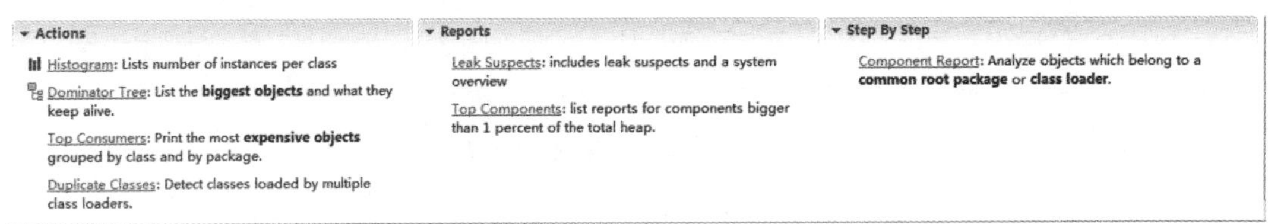

图 4-10　打开 Leak Suspects

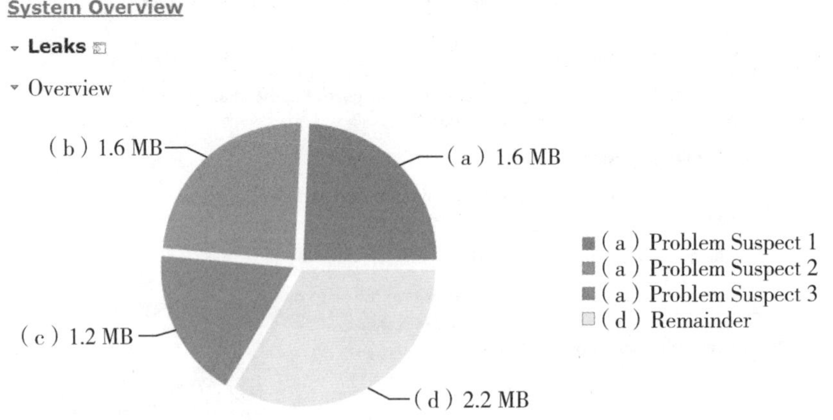

图 4-11　内存泄漏分析报告

生成内存泄漏分析报告之后，一般会采取三个步骤来分析内存泄漏问题：首先，查看内存消耗的整体状况，在报告中显示了一张简单明了的饼状图，如图 4-12 所示。

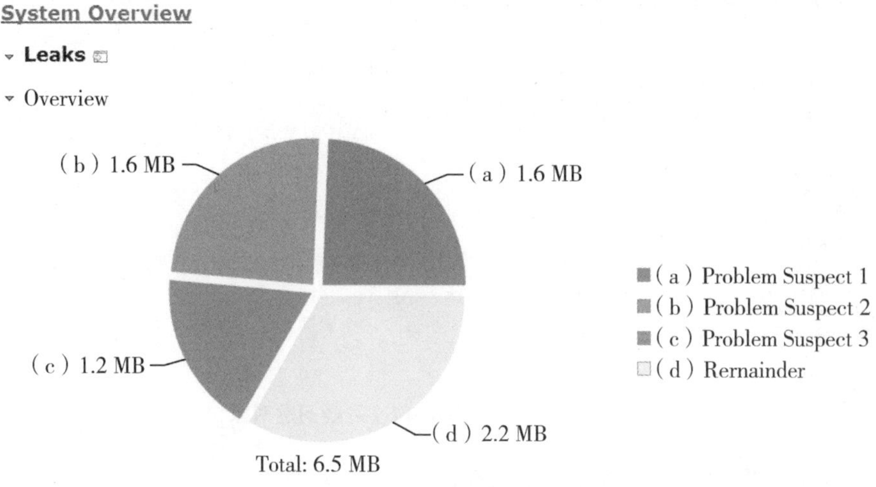

图 4-12　内存泄漏饼状图

接下来，需要找到最有可能导致内存泄漏的原因，通常也就是消耗内存最多的对象。在饼状图的下方有对三个可疑对象的进一步描述，如图 4-13、图 4-14，可以看到内存分别是由 android.graphics.Bitmap 和 java.lang.Class 两个实例消耗的，而 system class loader 则负责这两个对象的加载。从这段描述中可以看出是哪个类占用了绝大多数内存，谁阻止了垃圾回收机制对它的回收。

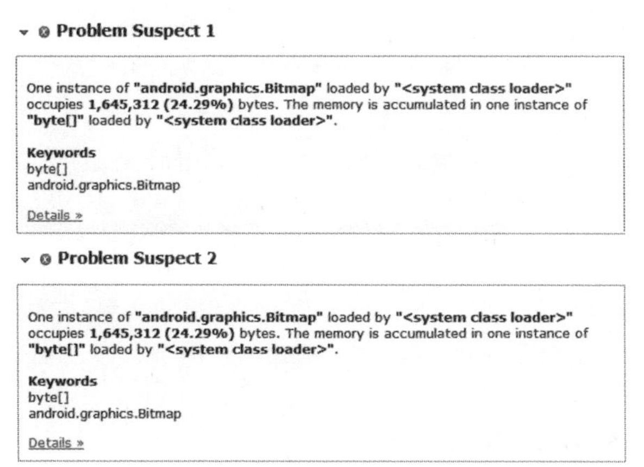

图 4-13　可疑问题对象

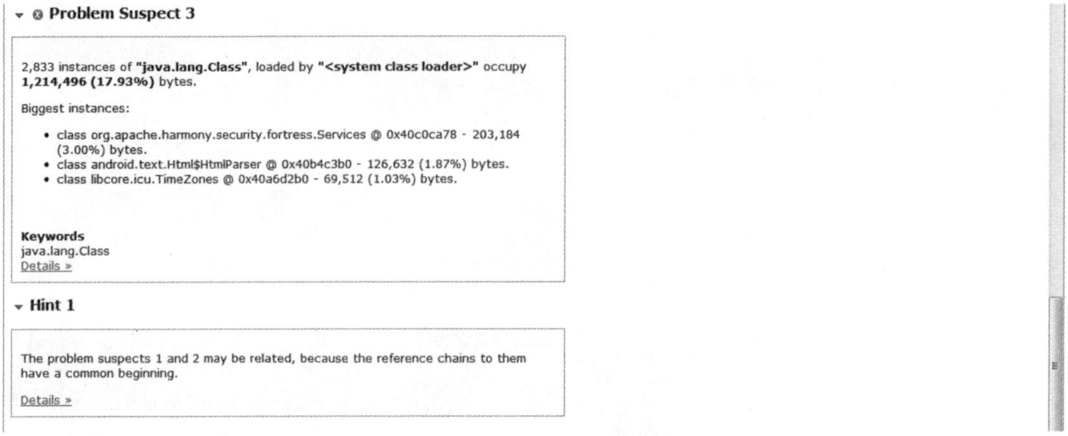

▾ Problem Suspect 3

2,833 instances of **"java.lang.Class"**, loaded by **"<system class loader>"** occupy **1,214,496 (17.93%)** bytes.

Biggest instances:

- class org.apache.harmony.security.fortress.Services @ 0x40c0ca78 - 203,184 (3.00%) bytes.
- class android.text.Html$HtmlParser @ 0x40b4c3b0 - 126,632 (1.87%) bytes.
- class libcore.icu.TimeZones @ 0x40a6d2b0 - 69,512 (1.03%) bytes.

Keywords
java.lang.Class
Details »

▾ **Hint 1**

The problem suspects 1 and 2 may be related, because the reference chains to them have a common beginning.

Details »

图 4-14 可疑问题对象

最后，需要进一步查看这个内存消耗大的对象的具体情况，查看是否有什么异常行为。点击可疑对象描述框中的“Details”链接，可以看到如图 4-15 所示的详细分析报告，查看从 GC 根元素到内存消耗聚集点的最短路径，可以清楚地看到整个引用链，内存消耗聚集点是一个拥有大量对象的集合，继续查看可以发现这个对象集合中保存了大量 EditText 对象的引用，就是由于这些对象的存在导致的内存泄漏。

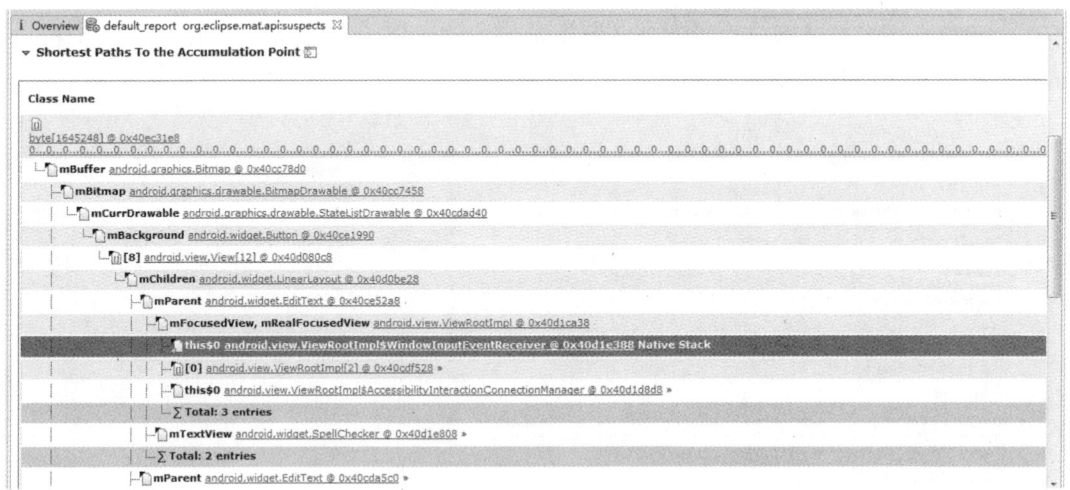

图 4-15 可疑对象类的树图

更多有关 Mat 的帮助信息请参考 Eclipse Mat 的官方文档。

这里结合一个实例，介绍如何利用 MAT 进行堆转储文件分析，找到内存泄漏的根源。

首先通过“Help -> Software Updates...”启动软件更新管理向导。安装插件的第一步如图 4-16 所示。

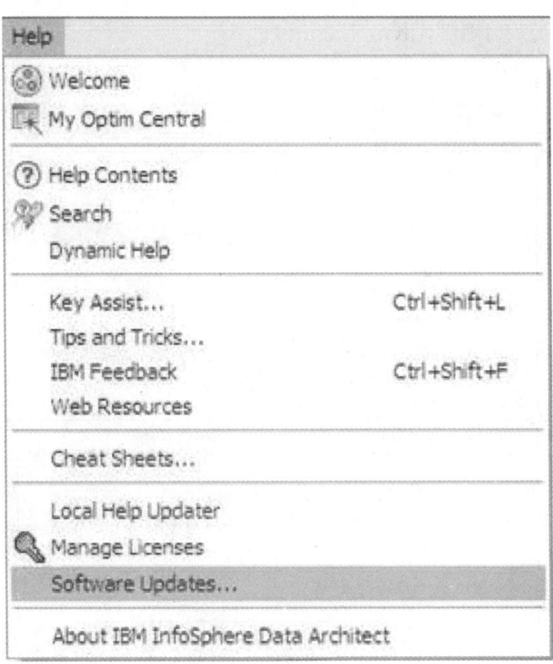

图 4-16　安装 MAT 插件

选择"Available Software",然后按如图 4-17 所示的方式添加 MAT 的更新地址 http://download.eclipse.org/technology/mat/0.8/update-site/。

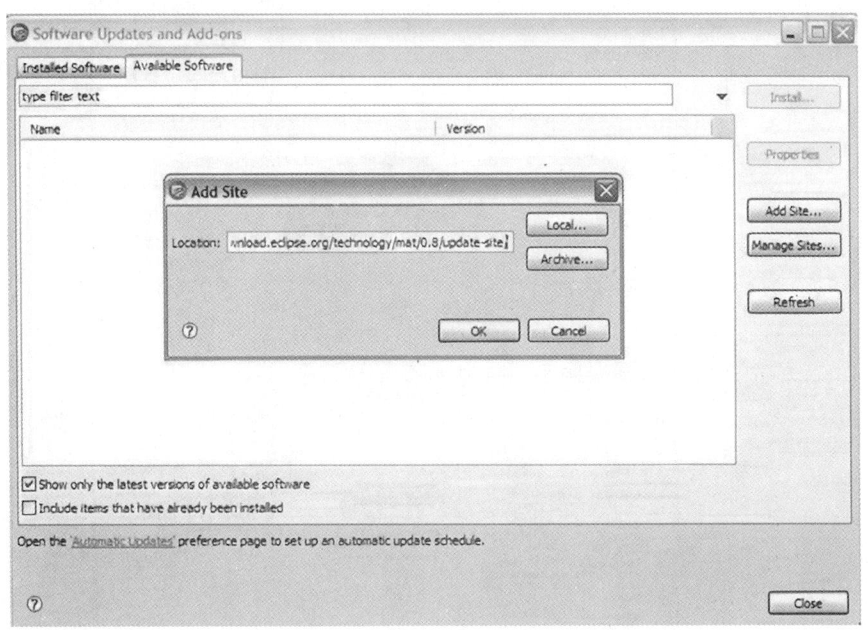

图 4-17　添加 MAT 的更新地址

如图 4-18 所示,接下来选择想要安装的 MAT 的功能点,需要注意的是 Memory Analyzer

(Chart) 这个功能是一个可选的安装项目,主要用来生成相关的报表,如果需要用到这个功能,还需要额外地安装 BIRT Chart Engine。

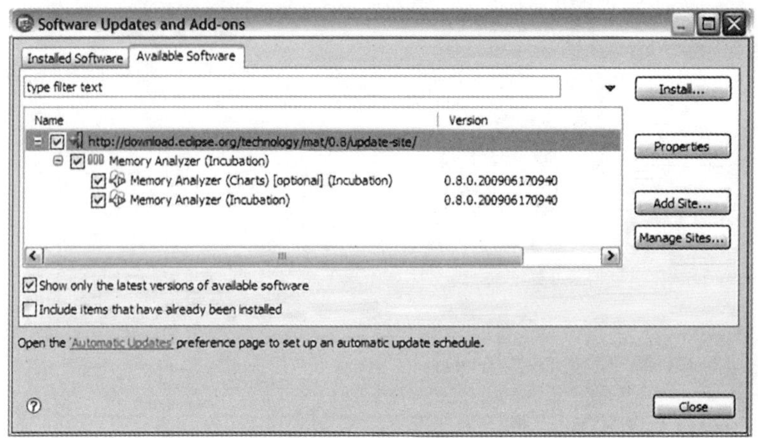

图 4-18　选择功能点

插件安装完毕,需要重新启动 Eclipse 的工作平台。安装完成之后,可以通过 MAT 生成分析报告。

首先,启动前面安装配置好的 Memory Analyzer tool,然后选择菜单项"File→Open Heap Dump"加载需要分析的堆转储文件。文件加载完成后,可以看到如图 4-19 所示的界面。

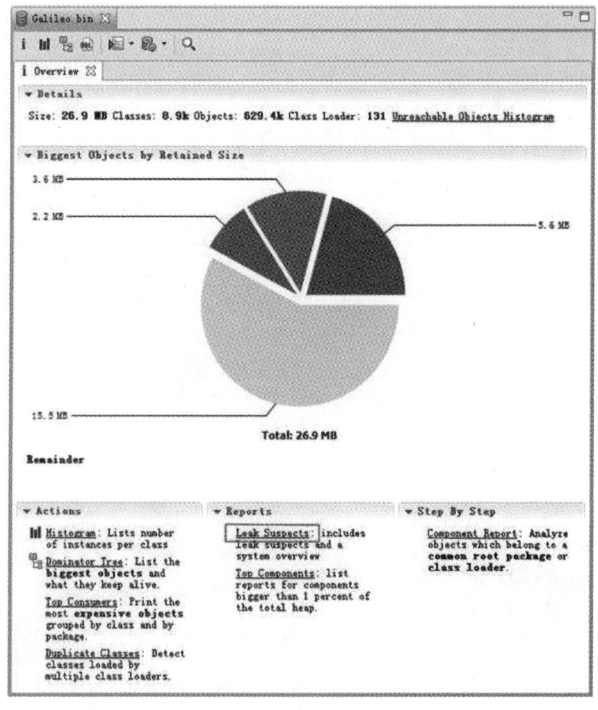

图 4-19　MAT 界面

通过上面的概览,基本对内存占用情况有了总体的了解。先检查一下 MAT 生成的一系列文件,如图 4-20 所示。

图 4-20　MAT 生成的文件

可以看到 MAT 工具提供了一个很贴心的功能,将报告的内容压缩打包到一个 zip 文件,并把它存放到原始堆转储文件的存放目录下,这样如果需要分析这个内存问题的话,只需要把 zip 包发给分析人员,不需要把整个堆文件发给相关人员。整个报告是一个 HTML 格式的文件,用浏览器可以轻松打开。

接下来可以查看生成的报告都包括什么内容。点击工具栏上的"Leak Suspects"菜单项来生成内存泄漏分析报告,也可以直接点击饼图下方的"Reports->Leak Suspects"链接来生成报告,如图 4-21 所示。

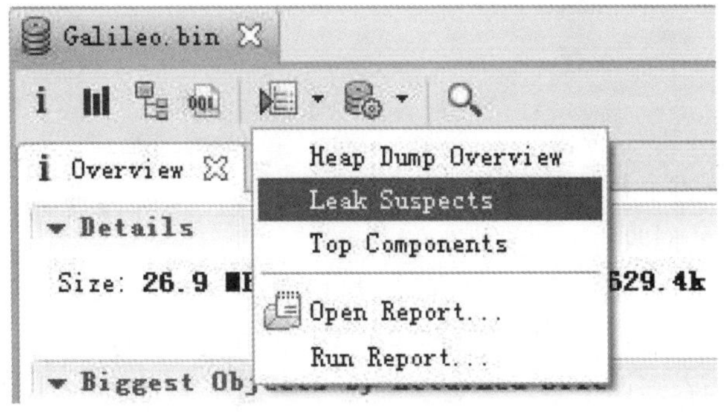

图 4-21　生成报告

通常采用以下三个步骤分析内存泄漏问题:首先,对问题发生时刻的系统内存状态获取一个整体印象;其次,找到最有可能导致内存泄漏的元凶,通常也就是消耗内存最多的对象;最后,进一步查看这个内存消耗大户的具体情况,看是否有什么异常的行为。

下面用一个基本的例子来展示如何采用这三个步骤来查看生成的分析报告。

如图 4-22 所示，在报告上最醒目的就是一张简洁明了的饼图，从图上可以清晰地看到一个可疑对象消耗了系统 99% 的内存。在图的下方还有对这个可疑对象的进一步描述。可以看到内存是由 java.util.Vector 的实例消耗的，com.ibm.oti.vm.BootstrapClassLoader 负责这个对象的加载。这段描述非常短，但是可以从中看到是哪个类占用了绝大多数的内存，它属于哪个组件等。

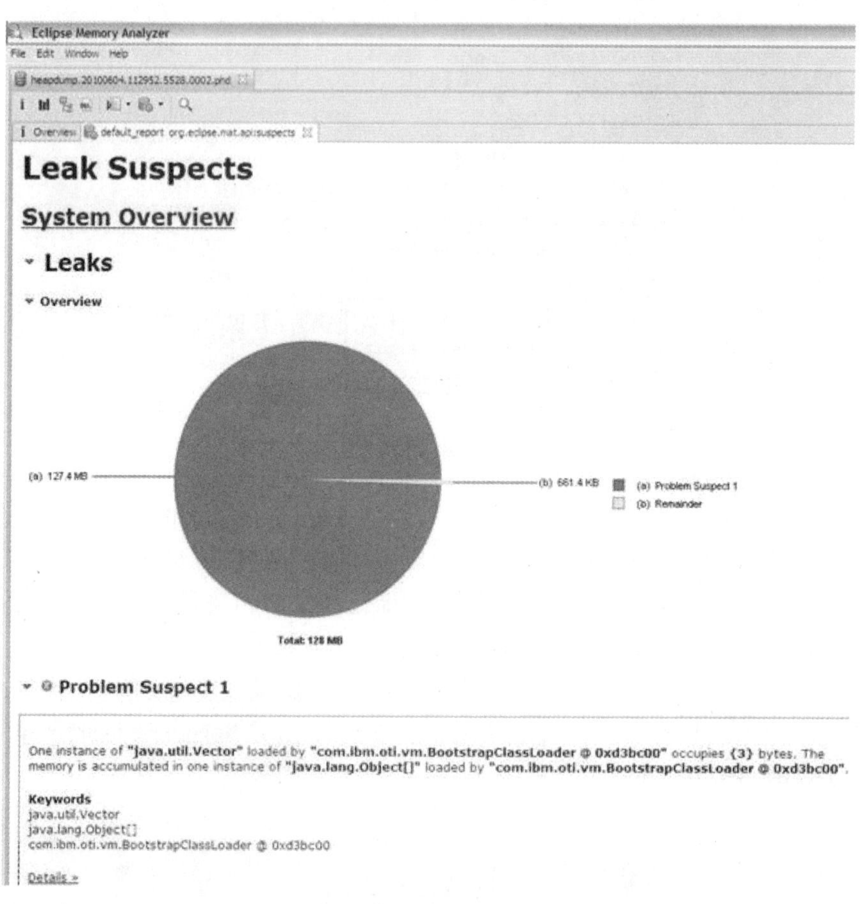

图 4-22　MAT 报告分析

接下来，应该进一步分析问题，为什么一个 Vector 会占据系统 99% 的内存，谁阻止了垃圾回收机制对它的回收。

首先简单回顾下 Java 的内存回收机制。内存空间中垃圾回收的工作由垃圾回收器完成，它的核心思想是：对虚拟机可用内存空间，即堆空间中的对象进行识别，如果对象正在被引用，那么称其为存活对象；反之，如果对象不再被引用，则为垃圾对象，可以回收其占据的空间，用于再分配。

在垃圾回收机制中有一组元素被称为根元素集合，它们是一组被虚拟机直接引用的对象，比如正在运行的线程对象、系统调用栈里面的对象及被 system class loader 所加载的那些对象。堆空间中的每个对象都是由一个根元素为起点被层层调用的。因此，一个对象若被某一个存活的根元素所引用，就会被认为是存活对象，不能被回收，进行内存释放。因此，可以通过分析一个对象到根元素的引用路径来分析为什么该对象不能被顺利回收。如果一个对象已经不被任何程序逻辑所需要，但是还存在被根元素引用的情况，可以说这里存在内存泄漏。

点击“Details ”链接，可以看到如图 4-23 所示对可疑对象的详细分析报告，可查看相关的内存泄漏。

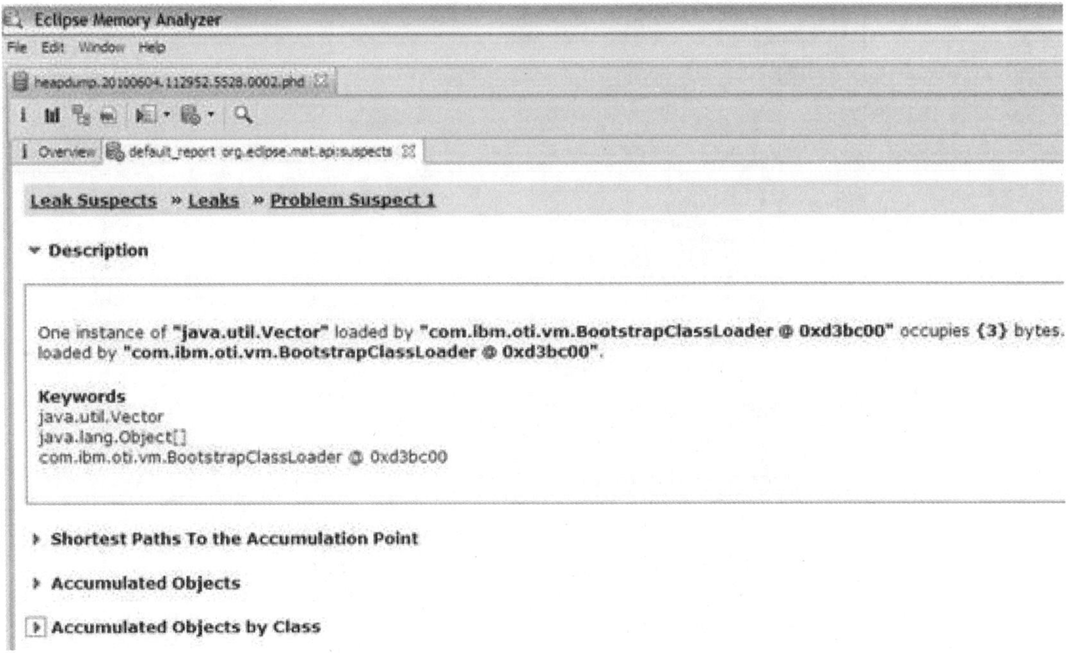

图 4-23　详细分析报告

查看从根元素到内存消耗聚集点的最短路径，如图 4-24 所示。

Shortest Paths To the Accumulation Point

Class Name	Shallow Heap	Retained Heap
java.lang.Object[5242880] @ 0x5345280	20,971,536	133,540,680
└ java.util.Vector @ 0xd8c428 Unknown	32	133,540,712
└ com.ibm.oti.vm.BootstrapClassLoader @ 0xd3bc00 System Class	104	4,984

图 4-24　查看类引用关系

可以很清楚地看到整个引用关系，内存聚集点是一个拥有大量对象的集合，如果对代码比较熟悉的话，这些信息应该能提供一些找到内存泄漏的思路。接下来，可以查看这个对象集合里到底存放了什么，为什么会消耗掉如此多的内存。

从图 4-25 可以清楚地看到，这个对象集合中保存了大量 Person 对象的引用，就是它导致内存泄漏。

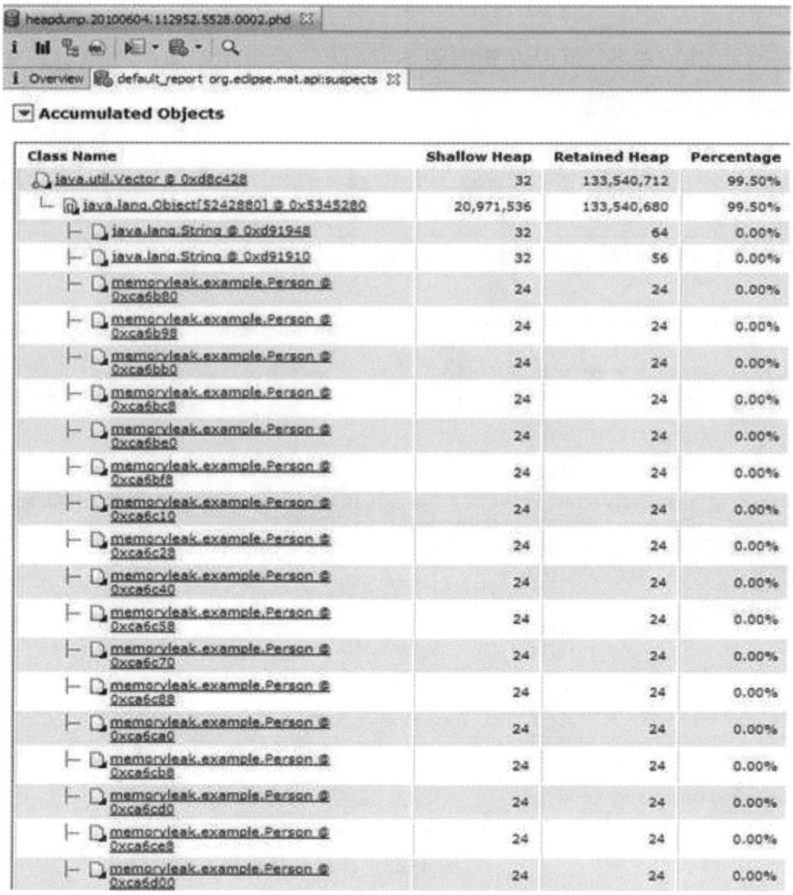

heapdump.20100604.112952.5528.0002.phd

Overview | default_report org.eclipse.mat.api:suspects

Accumulated Objects

Class Name	Shallow Heap	Retained Heap	Percentage
java.util.Vector @ 0xd8c428	32	133,540,712	99.50%
java.lang.Object[5242880] @ 0x5345280	20,971,536	133,540,680	99.50%
java.lang.String @ 0xd91948	32	64	0.00%
java.lang.String @ 0xd91910	32	56	0.00%
memoryleak.example.Person @ 0xca6b80	24	24	0.00%
memoryleak.example.Person @ 0xca6b98	24	24	0.00%
memoryleak.example.Person @ 0xca6bb0	24	24	0.00%
memoryleak.example.Person @ 0xca6bc8	24	24	0.00%
memoryleak.example.Person @ 0xca6be0	24	24	0.00%
memoryleak.example.Person @ 0xca6bf8	24	24	0.00%
memoryleak.example.Person @ 0xca6c10	24	24	0.00%
memoryleak.example.Person @ 0xca6c28	24	24	0.00%
memoryleak.example.Person @ 0xca6c40	24	24	0.00%
memoryleak.example.Person @ 0xca6c58	24	24	0.00%
memoryleak.example.Person @ 0xca6c70	24	24	0.00%
memoryleak.example.Person @ 0xca6c88	24	24	0.00%
memoryleak.example.Person @ 0xca6ca0	24	24	0.00%
memoryleak.example.Person @ 0xca6cb8	24	24	0.00%
memoryleak.example.Person @ 0xca6cd0	24	24	0.00%
memoryleak.example.Person @ 0xca6ce8	24	24	0.00%
memoryleak.example.Person @ 0xca6d00	24	24	0.00%

图 4-25 查看对象集合

至此，已经拥有了足够多的信息寻找泄露点，继续查看代码，发现是下面的代码导致了内存泄漏。

```
while (1<2)
{
Person person = new Person("name","address",i);
v.add(person);
person = null;
}
```

4.2.3 APT 工具

APT 是一个 Eclipse 插件，不仅可以实时监控 Android 手机上的多个应用，也可以监测内存数据曲线，并保存数据；另外还支持自动获取内存快照、PMAP 文件分析等，方便开发人员自测或者测试人员完成性能测试，快速发现产品问题。APT 支持的功能如下：

(1)支持多进程的 CPU 测试,提供 top 和 dumpsys cpuinfo 两种方式;

(2)支持多进程的内存测试,并支持 9 种内存类型,测试过程中可动态调整要显示的内存类型曲线;

(3)支持自动获取内存快照;

(4)支持 PMAP 内存分析对比。

APT 的安装过程:首先下载 APT 的 Jar 包,解压后,将 APT_Eclipse_Plugin_x.x.x.jar 文件放到 Eclipse 的 plugins 目录下面,重启 Eclipse,然后在 Eclipse 中选择"Window→Open Perspective→Other",选择 APT 透视图。

打开 APT 透视图后,先在"设置→首选项"卡中选择想要测试的栏目(CPU/内存);可以在 CPU/内存选项卡中,设置详细参数。监测内存时 Dump Hprof 选择可以生成 hprof 文件(hprof 文件保存在用户根目录\APT\log\hprof 目录下,可用 Memory Analyzer(MAT)打开分析),对内存消耗进行更详细的分析。

在进程列表中,可以看到正在运行的进程,选择关心的进程,点击右侧的添加按钮添加进程(可以添加多个进程进行检测)。

然后点击进程列表右侧的开始检测按钮开始检测。在右边的 CPU 实时曲线图/内存实时曲线图中,可以实时看到进程的 CPU、内存情况。

当不需要检测的时候,点击进程列表的停止检测按钮停止检测,如图 4-26 所示:

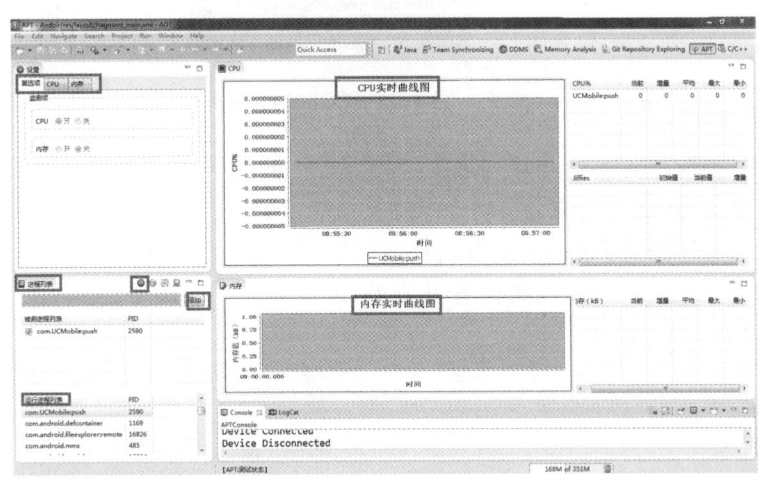

图 4-26　APT 透视图

4.2.4　Emmagee 工具

Emmagee 用来监控指定被测应用在使用过程中占用机器的 CPU、内存、流量资源的性能测试小工具。该工具与 Windows 系统性能监视器类似,提供的是数据采集的功能,而行为则基于用户真实的应用操作。

Emmagee 主要包括以下功能:

(1)检测当前时间被测应用占用的 CPU 使用率及总体 CPU 使用量;

(2)检测当前时间被测应用占用的内存量,以及占用的总体内存百分比、剩余内存量;

(3)检测应用从启动开始到当前时间消耗的流量数;

(4)测试数据写入到 CSV 文件中,同时存储在手机中;

(5)可以选择开启浮窗功能,浮窗中实时显示被测应用占用性能数据信息;

(6)在浮窗中可以快速启动或者关闭手机的 WiFi 网络。

首先在手机上安装 Emmagee 应用,APK 下载地址为 https://github.com/NetEase/Emmagee/releases。启动 Emmagee,列表中会默认加载手机安装的所有应用,如图 4-27 所示。

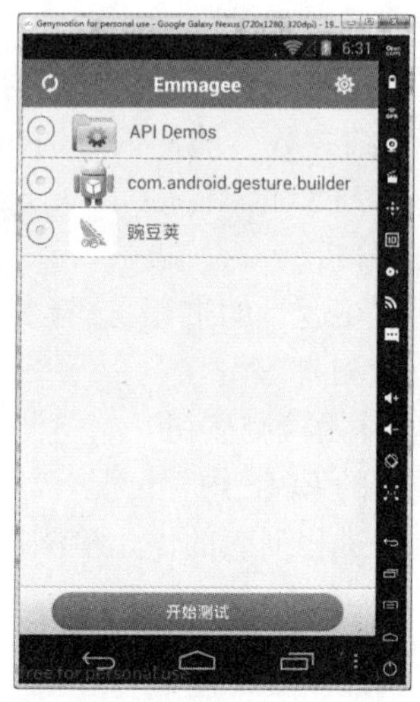

图 4-27　Emmagee 界面

设置采集频率为 1 s,并从列表中选择需要检测的移动 App,点击"开始测试"对其资源使用进行检测,测试过程中会自动记录相关性能参数。

测试完成后回到 Emmagee 界面,点击"结束测试",测试结果会保存在手机指定目录的 CSV 文件中。生成的 CSV 文件内容见图 4-28。

A	B	C	D	E	F	G	H	I	J	K	L	M	N	O	P
应用包名	com.chinawidth.module.flashbuy														
应用名称	闪购真品														
应用PID	2663														
机器内存大	1897.59MB														
机器CPU型	ARMv7 Processor rev 1 (v71)														
Android系	4.4.2														
手机型号	HONOR H30-L02														
UID	10301														
时间	栈顶Activity名称	应用占用内	应用占用内	机器剩余内	应用占用C	CPU总使用	cpu0总使用	cpu1总使用	cpu2总使用	cpu3总使用	流量(KB)	电量(%)	电流(mA)	温度(C)	电压(V)
########	ComponentInfo{c	75.16	3.96	940.72	0	0	0	0	0	0	0	83	N/A	33	4.116
########	ComponentInfo{c	73.12	3.85	942.57	0.12	33.09	41.82	34.35	28.04	0	0	83	N/A	33	4.116
########	ComponentInfo{c	73.11	3.85	942.15	0	46.77	76.67	38.89	0	0	0	83	N/A	33	4.116
########	ComponentInfo{c	91.59	4.83	930.39	3.95	44.58	47.37	79.86	0	0	24	83	N/A	33	4.116
########	ComponentInfo{c	91.63	4.83	926.65	4.44	48.12	39.29	29.76	53.57	0	25	83	N/A	33	4.116
########	ComponentInfo{c	91.04	4.8	929.33	1.07	48.97	19.82	82.69	0	0	25	83	N/A	33	4.131
########	ComponentInfo{c	91.04	4.8	929.21	0	29.19	17.5	98.75	0	0	25	83	N/A	33	4.131
########	ComponentInfo{c	84.56	4.46	936.09	1.03	26.18	32.95	88.64	12.73	0	25	83	N/A	33	4.131
########	ComponentInfo{c	84.57	4.46	936.57	0.43	42.55	67.09	16.46	0	0	25	83	N/A	33	4.131
########	ComponentInfo{c	84.57	4.46	933	0	42.11	58.64	52.5	0	0	25	83	N/A	33	4.131
注释:已知部分不支持的机型可在此查阅:https://github.com/NetEase/Emmagee/wiki/Some-devices-are-not-supported															
电流: 小于0是放电大于0是充电															
启动时间: 为空是应用已启动或者未搜集到启动时间															
N/A: 不支持或者数据异常															

图 4-28　生成的 CSV 文件内容

将 CSV 数据拷贝到 Excel 中生成图表,使用自带的统计图表功能生成统计图,如图 4-29,即可清晰地看到整个操作过程中 CPU、内存等关键数据的变化。

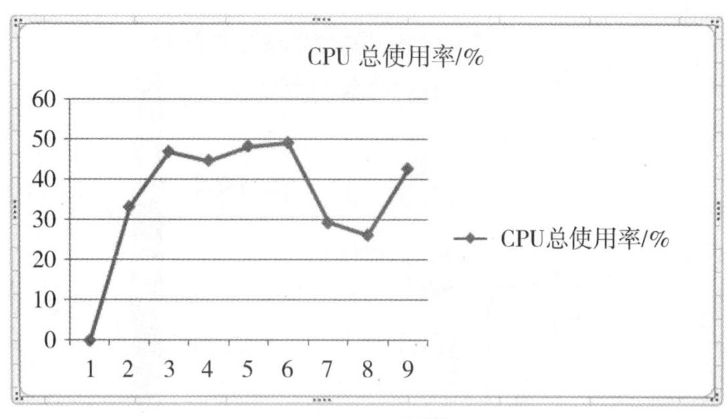

图 4-29　CPU 总使用率

4.2.5　GT

GT 是腾讯研发的 Android 性能测试工具，简单实用，能测试的性能指标有内存、CPU、FPS 等。直接将 GT 这款移动 App 安装在要测试的目标手机上，然后启动 GT，在选择界面选择要测试的移动 App 即可，如图 4-30 所示。

图 4-30　GT 运行界面

以应用程序豌豆荚为例，选择豌豆荚后，点击“running”按钮，即可开始测试，如图 4-31 所示。

图 4-31　GT 测试应用程序豌豆荚

此时会出现 GT 的悬窗，点击红色的按钮，即开始记录数据，如果想停止测试，再次点击红色按钮即可，然后返回 GT 软件页面，点击参数标签页，即可看到当前记录了哪些数据，选择相应的数据，即可看到测试结果图，如图 4-32 所示。

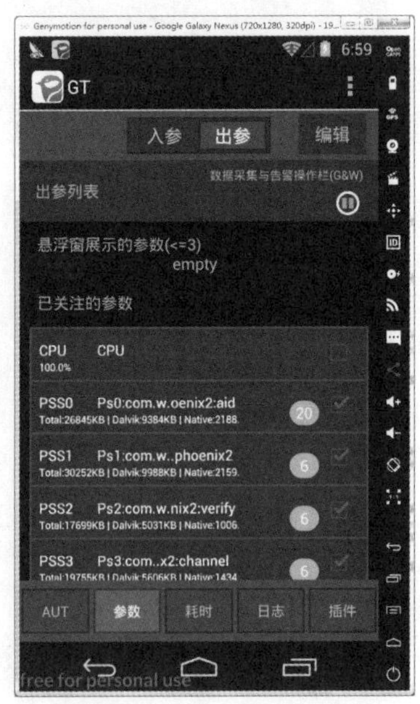

图 4-32　GT 测试结果

点击右上角的保存按钮，即可把测试数据保存下来，文件保存在 GT 文件夹下，其格式是 CSV 格式。

4.3　基 准 测 试

除了单项的性能测试外，移动 App 的性能还可以用基准测试来进行测试。基准测试主要用来测试移动终端的整体性能。不同的移动终端可以对移动 App 的性能产生影响，而影响的程度可以通过基准测试的结果来表示。

4.3.1　性能基准

性能基准主要包括 2D/3D 图形性能、UE 测试(多任务与虚拟机)、CPU 整体性能测试、RAM 内存测试及数据存储 I/O 测试等方面。

1.安兔兔评测

安兔兔评测是专门为 iOS 和 Android 的手机、平板电脑等移动终端评分的专业软件。安兔兔评测能够一键完成基准检测。通过安兔兔评测，可以获得设备的单项与整体得分，借此判断硬件的性能。

安兔兔评测可以对分数进行排名，可上传分数并查看世界排名；加强了对设备信息的检测，能详细地列出设备的 CPU 型号和核心数，以及其他感应器信息；可查看整体和单项硬件的性能得分，通过分数判断各硬件的性能；对于手机内存优化、手机 ROM 鉴别都有参考价值；查看本机操作系统的详细信息，包括 SD 卡容量、CPU 型号、频率、系统版本号等多项信息。

首先打开安兔兔评测，待 3D 资源插件安装完成后，点击立即测试，如图 4-33 所示。

图 4-33　安兔兔评测界面

待各项评测完成后，会出现最终分数，如图 4-34 所示。

图 4-34　安兔兔评测评分

2.鲁大师

打开鲁大师客户端,进入到鲁大师主界面,点击“手机评测”功能后,会开始对被测手机的各项性能进行测试,如图 4-35 所示。

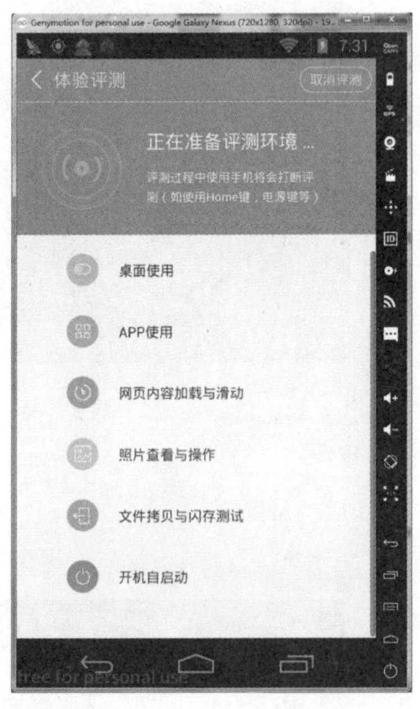

图 4-35　鲁大师评测界面

当评测完成以后,会给出当前手机的一个分数,还可以看到每一项的得分数值,如图

4-36所示。

图 4-36　鲁大师评分

鲁大师正式发布针对移动 CPU 的 AI 性能评测软件 AImark，其采用全新的体系和更严格的标准，来评测移动终端的 AI 性能。

AI 芯片（或者称之为 AI 协处理器）与 CPU、GPU 没有太大关系，因此 CPU 性能的高低，对 AI 芯片造成的影响有限。芯片的 AI 能力，取决于这个芯片有没有对 AI 模块进行优化，如果没有，即使这个芯片性能再强，AI 性能也不会很强。

AImark 使用目前较为常用的三种神经网络，即 Inception V3、ResNet 34、VGG 16 的特定算法，机器识别图片内容，按照概率高低输出可能的结果列表，最终通过识别速度来判断移动终端的 AI 性能，进而给出最终的测试得分。

第 5 章　移动 App 兼容性测试

根据 GB/T 25000.10—2016《系统与软件工程 系统与软件质量要求和评价 第 10 部分：系统与软件质量模型》国家标准，兼容性主要从共存性、互操作性进行测试。

兼容性测试是软件测试中一个很重要的测试过程，用于判断软件运行期间和其他软件之间的兼容情况。在移动 App 中，兼容性也是移动 App 测试中的重要因素。兼容性测试中，首先要确保移动 App 软件都在同一个操作环境中，然后同时运行移动 App，对移动 App 进行操作，测试移动 App 的功能及非功能的特性，关注 CPU、内存、进程等系统资源的使用情况。

兼容性指的是和其他移动 App 共同运行、操作时的兼容情况。可移植性指的是移动 App 在不同移动终端的适应情况。兼容性测试中，也需要测试两个或多个移动 App 在长时间共存的情况下是否运行正常，如效率、可靠性也都是需要考虑的方面。

5.1　共　存　性

共存性是指软件产品在通用环境下与之共享资源的其他独立软件之间共存的能力。共存性主要用来验证与其他产品共享通用的环境和资源的条件下，产品有效执行其所需的功能并且不会对其他产品造成负面影响的能力。

移动 App 中，共存性主要测试的是，移动 App 运行时与其他 App、后台软件或进程是否存在影响，这种影响是多方面的，不仅仅包括功能上的，也包括非功能的一些情况。

5.1.1　多版本共存

对于首次安装的应用程序，一般不会存在多版本问题。但是某些时候所依赖的软件组件或第三方应用可能已经存在于移动终端的系统中，因此在这种情况下，多个版本的软件组件或第三方应用就可能对安装或运行产生影响。

因此，移动 App 在安装时，需要测试多版本共存时的影响程度。测试人员应设计相关多版本共存的测试用例并执行测试。

对于移动 App，除了单机运行的应用软件外，一般都属于 C/S 架构的应用软件，对于服务端而言，移动 App 在多版本兼容、升级等处理时需要考虑和之前的数据兼容程度，特别是本地数据，不能因为结构或接口原因导致多版本的问题。

此外，移动 App 若与 Web 应用可以互相交互，则更需要考虑多版本间的问题。

对于小改动或者新加功能的情况，数据库结构和 API 程序一般是可以兼容多版本的，所以不用强制升级，就可以做到多版本共存。

对于大的改动，应用交互接口应确保新开发接口 API 和以前的接口 API 可以适配，这样，移动 App 就可以兼容了。因此，API 层面也应部署并同时提供多个版本来确保多个版本移动 App 可以共存。

5.1.2 同一设备上多版本

在移动终端中,移动 App 的多个版本可以被同时安装。但是在传统的个人计算机领域,这种情况可能会被禁止。

比如,移动 App 的第一个版本 V1 已经在应用商店上架了,同时被测移动设备上也安装了这个版本。此时,如果开始开发 V2 版本,只是改变了版本号码而保持以前的编译设置,那么当测试人员的设备上安装 V2 版本的移动 App 时,安装过程中会覆盖以前的老版本 V1。这个时候,测试人员在测试过程中,需要对这两个版本进行区分,因为移动 App 同时有 V1、V2 两个版本,而且这两个版本差异不明显,如图标、操作等。因此,可能需要测试人员关注移动 App 的 App ID,有可能这两个版本的移动 App 是同一个 App ID。为了确定要安装一个全新的移动 App 还是更新一个已经安装的移动 App,移动设备会比较 App ID。因此,第一件要做的事情就是给移动 App 的开发版本创建另外一个 App ID,这样设备就能够让你的应用的两个版本共存了。如果在 App Store 已经上架的移动 App ID 是 com.mycompany.myapp,那么可以建议开发人员把新创建的 ID 命名为 com. mycompany. myapp-beta 或者 com. mycompany.myapp-dev,同时要为新的 App ID 创建一个配置文件,同时为版本创建一个不同的图标进行区分。

5.1.3 同一设备上多实例

对于基于 Android 的移动 App,不建议同时在手机上安装测试版本和正式版本,如果一定要这么做的话,必须修改其中一个版本的包名,也就是对于这两个不同实例的移动 App,两个 APK 的包名要不一致才能够同时安装。

对于多个实例的移动 App,测试过程中要特别关注其对数据的访问、交互过程中是否会存在冲突。

对于常见的移动 App,登录到服务器是大多数移动 App 的操作,那么对于同一设备、同一移动 App 的多个实例,登录后多个实例之间的状态需要进行测试。若登录为同一个用户,那么这两个实例的数据是否进行了同步;若是不同用户,其功能和数据之间是否存在交互。也就是说,同一设备、同一移动 App 的多个实例,理论上来说应该是完全独立的,只是表现形式不同。比如,微信如果可以在同一设备存在多个实例,并且登录为不同用户的话,不同用户应各自独立地支持所有功能。

5.1.4 不同 App 之间的共存

虽然在给定的时间只有一个 Activity 可以运行,但 Android 是多任务系统,当多个不同 App 运行时可能会引起资源竞争。例如音频系统是一种竞争性资源,App 在播放音频时,若收到来电应暂停正在播放的音乐,电话结束时应恢复播放。由于只有一个音频输出,可能会有好几个媒体服务争夺使用。Android 2.2 之前,没有内置机制来解决这个问题,这可能在某些情况下导致糟糕的用户体验。例如,一个用户正在听音乐,同时另一个应用程序有很重要的事需要通知用户,由于吵闹的音乐用户可能听不到提示音。从 Android 2.2 开始,Android 平台为应用程序提供了一个方式来协商设备的音频输出,这个机制被称为音频焦点。

当应用程序需要输出音频,如音乐或一个通知,这时就必须请求音频焦点,一旦得到焦点,就可以自由地使用声音输出设备,同时它会不断监听焦点的更改。如果应用程序被通知已经失去了音频焦点,它会要么立即杀死播放音频的进程或立即将音频播放降低到一个安静的水平。当它再次接收焦点时,将继续播放先前的音乐。

音频焦点是一种资源竞争协商规范,应用程序应该遵守音频焦点规范,但该规范并不是系统强制执行的。如果应用程序失去音频焦点后想要继续播放音乐,系统也不会强行阻止它。然而,这样可能会让用户有更糟糕的体验,并可能卸载运行不当的应用程序。比如在安装了某些版本的音乐播放应用后,导致之前安装的音乐应用的播放暂停,原因就在于有些应用没有遵守音频焦点规范。

在测试不同 App 的共存性时,要考虑 App 是否遵循前述的资源竞争协商规范。可以从以下几方面测试不同 App 的共存性:

(1)尝试打开使用相同资源的不同 App,检查资源是否只被前台打开的 App 使用。例如测试音频播放软件时,可尝试在音频播放过程中打开另一音频播放软件,或接打电话,检查之前的音频播放是否被中断。

(2)在之前的 App 失去资源焦点而中断该资源的使用时,若该 App 重新获得该资源的焦点,测试其是否能够继续使用该资源。

5.2 互操作性

互操作性是指不同厂商的移动 App,应用通用的数据结构和传输标准设置,使移动 App 之间可以互换数据和执行命令的解决方案。

互操作性关系软件和另一个软件进行互相操作和数据交互,通常这种操作都是通过某种接口来实现的,涉及不同平台或编程语言之间交换和共享数据的能力。为了达到"平台或编程语言之间交换和共享数据"的目的,需要包括硬件、网络、操作系统、数据库系统、应用软件、数据格式、数据语义等不同层次的互操作,问题涉及运行环境、体系结构、应用流程、安全管理、操作控制、实现技术、数据模型等。

在移动互联时代,移动终端里的移动 App 的数量越来越多,不同的移动 App 具有不同的功能,比如与支付相关的移动 App。每一个移动 App 都具有非常专业化的功能,因此有时候要用不同的移动 App 来完成完整的电子商务、文档编辑、协同工作等。因此,要在移动 App 中进行互相跳转,如有时候打开浏览器、支付软件、文档浏览或编辑软件,这些都是互操作性所需要测试的内容。

作为测试人员,应该按照产品的指引或说明来测试 App 的互操作性。首先,要明确被测 App 与哪些其他的 App 有互操作,测试 App 接口调用操作是否工作正常。其次,需要检查调用 App 接口时传输的数据、调用的形式是否符合规范。以下从数据互操作性和接口互操作性两个方面来阐述 App 的互操作性测试。

5.2.1 数据互操作性

在移动 App 中,存在很多的数据交互,有直接的数据交互,也有间接的数据交互。移动终端设备支持的输入设备较多,如摄像头、声音、屏幕,支持键盘输入、指纹输入、图片输入、声音输入。这是在通常的传统 PC 设备中所不具有的,同时键盘输入在移动 App 中不再普遍,因此很多数据通过其他方式进行交互,这也对数据互操作提出了要求。

1.文件

在移动 App 中,使用文件的应用程序很多,常见的文件为音频文件、视频文件、办公用软件的文件。除了上述传统计算机应用上支持的文件,大多数移动 App 不仅提供文件的本地存储,也提供数据的云端存储。部分移动 App 也支持数据导出为单个文件,但是除了常见的音频文件、视频文件、办公用软件的文件以外,文件格式不再具有通用性。

现在集成文件浏览的移动 App 都可以支持一个或单个文件的在线查看,这样就可以避免需要安装该文件的移动 App 来进行查看。但是由于移动终端的尺寸较小,操作也可能受限,需要对数据文件的查看及操作进行测试。

2.二维码

二维码是目前比较常用的交互方式,比如可以下载二维码图片到手机,再识别二维码这种数据间接交互。还有就是直接方式,如通过微信的公众号资料页进入小程序。不管何种数据交互方式,在测试用例设计和测试执行过程中,都需要覆盖。

下载二维码图片到手机,再识别二维码这种间接路径,二维码在进行互操作中,会带来功能和安全问题。

5.2.2　接口互操作性

互操作性是不同应用间的操作,目前主要用于应用间数据联系。不同移动 App 会通过接口进行交互,如微信、支付宝接口。

作为最终用户,一般都只能按照产品的指引去使用,无法选择接口的跳转路径。而作为测试工程师,应清楚究竟哪些路径可以使用、存在哪些跳转方向及如何跳转,应该进行完备的测试,包括移动 App、登录、HTML5 页面、轻应用(小程序)之间的操作。

1.第三方登录

通过第三方用户登录需要用户授权,还需要返回到调用的程序,同时返回授权的用户名。这种登录一般需要用户验证同意。调用第三方登录时,如果本机已经安装过相应的第三方应用程序,会直接跳转到该第三方应用程序。

测试第三方登录时,应检查 App 能否成功调用第三方登录接口,并查看第三方登录接口返回的用户授权信息是否正确,还需测试移动 App 在完成第三方登录后能否执行登录用户授权的操作。

2.页面间交互

HTML5 页面之间的跳转非常普遍且常见,HTML5 本身就是支持链接的文本协议。测试需要注意的是,验证 HTML5 链接在浏览器和移动 App 中都可以打开。如果 HTML5 页面使用了第三方授权接口,需要及时提示用户登录,如果操作几步后登录,会不会对前面的操作有影响,这些内容也需要测试。比如使用微信接口要及时登录,但是在微信环境中则无须登录,只需要进行授权操作。

如果是在移动 App 的网页浏览控件中进行跳转的话,要注意是否所有跳转链接都在小程序的业务域名白名单内,如果不在名单内则链接是无法打开的。

3.移动 App 交互

移动 App 的互操作大体跟前面提到的 HTML5 页面打开移动 App 类似。目前,移动 App 的数据交互都是通过网页跳转协议来实现的。

测试要关注移动 App 支持哪些网页跳转协议,可能因为某些限制的存在,会出现许多无法进行移动 App 交互的情况。测试设计时，应明确哪些移动 App 可以互操作，哪些不可以。测试中，应对是否交互、交互能力和交互复杂度进行测试。比如：移动 App 将内容分享至其他 App 时，不直接打开其他移动 App，而是引导用户保存内容，再手动打开其他移动 App 进行继续操作。

4.轻应用交互

轻应用也称小程序，如微信小程序、支付宝小程序、百度小程序等，是可以提供某些功能且内嵌在移动 App 中的应用。轻应用可以直接在不同应用中进行操作，在测试中要特别关注不同移动 App 对某些轻应用的支持程度，各种接口是否均能被打开、操作和关闭。

5.2.3 App 与操作系统间的互操作性

Android 应用与操作系统间的互操作性测试可以使用 Android CTS 兼容性测试工具来实现。

为了保证开发的应用在所有兼容 Android 的设备上正常运行，并保证一致的用户体验，Google 制定了 CTS 来确保设备运行的 Android 系统全面兼容 Android 规范，Google 也提供了一份兼容性标准文档（Compatibility Definition Document，CDD）。当开发商定制了自己的 Android 系统后，必须要通过最新的 CTS 检测，以保证标准的 Android 应用能运行在该平台上。通过了 CTS 验证，需要将测试报告提交给 Google，以取得 Android market 的认证。CTS 是一款通过命令行操作的工具。目前 CTS 没有提供 Windows 版本，只能在 Linux 下测试。

CTS 的测试是以测试计划来划分的。测试计划是测试包的集合，每个计划中都包含若干个测试包，以 android-cts 2.2 版本为例，总共有 8 个测试计划：

（1）CTS：包含 2 万多个测试用例。

（2）Signature：包含所有针对公有 APIs 的测试。

（3）Android：包含所有针对 Android APIs 的测试。

（4）Java：包含所有针对 Java 核心库的测试。

（5）VM：包含所有针对虚拟机的测试。

（6）RefApp：包含所有针对应用程序的测试，随版本的更新，本测试计划也会更新。

（7）Performance：包含所有针对性能的测试，随版本的更新，本测试计划也会更新。

（8）AppSerurity：针对应用安全性的测试。

测试包是测试用例的集合，测试用例是若干个测试的集合，每一个测试对应一个或者多个 Instrumentation Test。Android 测试环境的核心是 Instrumentation 框架，在这个框架下，测试应用程序可以精确控制应用程序。使用 Instrumentation，可以在主程序启动之前，创建模拟的系统对象，如 Context；控制应用程序的多个生命周期；发送 UI 事件给应用程序；在执行期间检查程序状态。Instrumentation 框架通过将主程序和测试程序运行在同一个进程来实现这些功能。

最后测试结果可以通过命令查阅，也可以通过浏览器查看结果文件。测试结果有四种可能的值，即 Pass、Fail、Timeout、NoExecuted。

1.CTS 安装和运行

首先从 https://source.android.com/compatibility/cts/downloads 下载最新的兼容性测试用例集合，如图 5-1 所示。

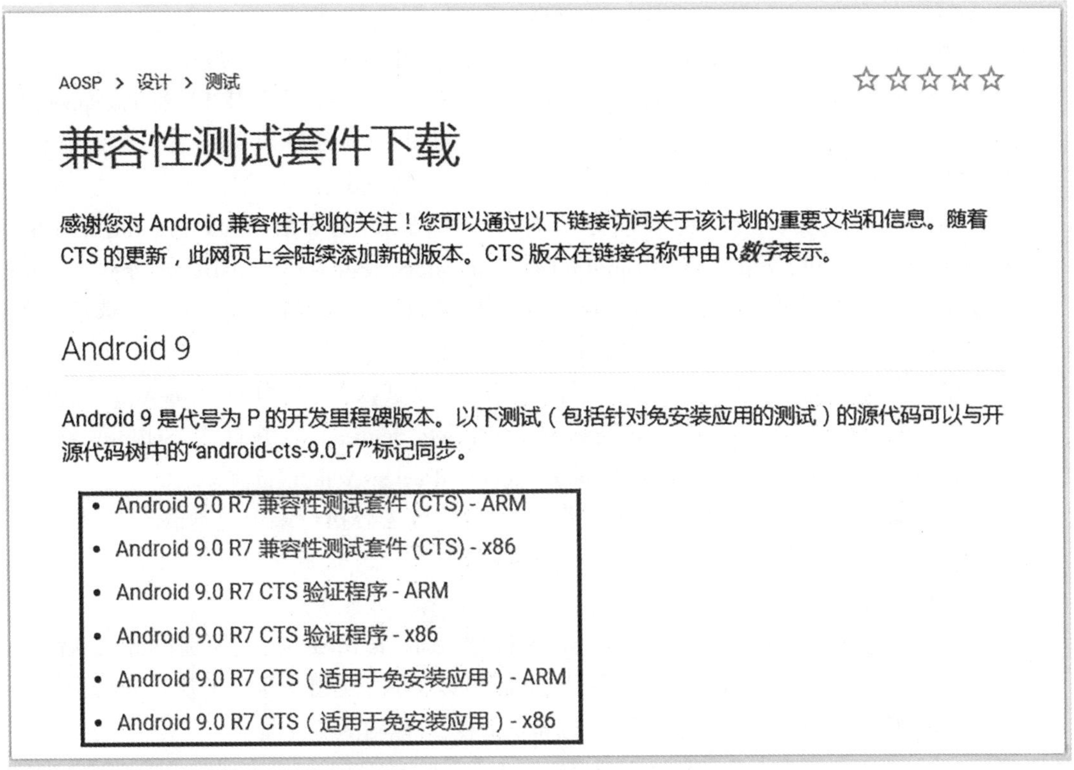

AOSP > 设计 > 测试

兼容性测试套件下载

感谢您对 Android 兼容性计划的关注！您可以通过以下链接访问关于该计划的重要文档和信息。随着 CTS 的更新，此网页上会陆续添加新的版本。CTS 版本在链接名称中由 R*数字*表示。

Android 9

Android 9 是代号为 P 的开发里程碑版本。以下测试（包括针对免安装应用的测试）的源代码可以与开源代码树中的“android-cts-9.0_r7”标记同步。

- Android 9.0 R7 兼容性测试套件 (CTS) - ARM
- Android 9.0 R7 兼容性测试套件 (CTS) - x86
- Android 9.0 R7 CTS 验证程序 - ARM
- Android 9.0 R7 CTS 验证程序 - x86
- Android 9.0 R7 CTS（适用于免安装应用）- ARM
- Android 9.0 R7 CTS（适用于免安装应用）- x86

图 5-1　Android 兼容性测试套件下载

CTS 大部分是基于 JUnit 和仪表盘(Dashboard)技术编写的,此外还扩展了自动化测试过程,可以自动执行用例、自动收集和汇总测试结果。CTS 采用 XML 配置文件的方式将这些测试用例分组成多个测试计划,第三方也可以创建自己的测试计划。

CTS 测试之前要做的准备工作如下:

(1)下载兼容性测试用例包并解压,解压后的文件名命名为“android-cts”。在 https://source.android.com/compatibility/cts/downloads 页面中,提供了最新版本的 Android 兼容性测试用例的执行方法,建议在执行之前先通读该文档。

(2)刷机为需要测试的版本。

(3)手机开机时,如果有 Google 账户设置,取消即可。

(4)设置手机语言为英语。

(5)插入 SIM 卡和外置 SD 卡(SD 卡需要格式化)。

(6)连接手机到电脑,可以用 adb devices 检查是否连接正确。

(7)连接到可用 WiFi。

(8)打开蓝牙,无须配对。

(9)设置手机无操作 30 min 后自动熄屏。

(10)去掉屏幕锁。

(11)打开“Settings -> Location services -> Google location services、GPS satellites 和 Location&Google search”。

(12)打开“Settings->Accessibility->Developer options->USB debugging”。

(13)打开“Settings->Accessibility->Developer options->Stay Awake”。

(14)打开“Settings->Accessibility->Developer options->Allow mock location”。

(15)通过“Settings->Speech synthesis->Install voice data”安装“Text To Speech”文件(com.svox.langpack.installer-1.apk),假如“android-cts/repository/testcases/”中没有此文件,就省去这一步。

(16)如果需要执行可访问性方面的兼容性测试,则安装“CtsDelegating Accessibility Service.apk”(adb install-r */android-cts/repository/testcases/ CtsDelegating Accessibility Service.apk),并打开“Settings->Accessibility->Delegating Accessibility Service”选项。若目录中没有此文件,就省去这一步,一般情况下是没有的。

(17)如果需要执行设备管理方面的兼容性测试,则安装“CtsDeviceAdmin.apk”(adb install-r */android-cts/repository/testcases/ CtsDeviceAdmin.apk),并打开“Setting->Security->Devices Administrators->android.devicesadmin.cts.CtsDevicesAdmin”选项。

(18)如果需要执行多媒体方面的兼容性测试,则需要执行多个包测试。

(19)保证手机处于主界面,可按下“Home”键。

CTS 测试开始步骤如下:

(1)进入到“*/android-cts/tools”目录,执行 bash cts-tradefed,先识别设备,之后出现cts_host >,表示已进入 CTS 命令行交互界面,此时可以输入 cts 相关命令来执行 cts 测试。

(2)测试默认 CTS,其中包括所有的 packages,可以输入如下命令:

run cts-plan CTS 或者 run cts--disable--reboot--plan CTS

测试运行过程中,移动终端不会重启,这样可以方便地用 adb logcat 命令查看测试的日志。测试运行时先根据日期和时间创建测试结果的文件夹,当命令行中出现“start test run of xx packages, containing xx tests”说明测试已经开始运行了,此时尽量再多观察几分钟,出现“Installing prerequisites”并且之后显示 case pass,则确保 CTS 确实开始运行了。

2.CTS 测试结果分析

测试结束后在“*/android-cts/respository/results”文件夹中,会看到以日期和时间命名的文件夹用于保存执行过的测试结果。而且还有一个同名的 zip 文件保存同样的内容。测试过程中的日志会自动记录,测试结束后日志自动保存在“*/android-cts/respository/logs”里以日期和时间命名的文件夹中。

在测试结果文件夹中,所有的测试结果是以 XML 的形式保存的。通常测试结果网页分成“Device Information”“Test Summary”“Test Summary by Package”“Test Failures(xx)”和“Detailed Test Report”五个区域。其中“Device Information”中列出了被测设备具体的软硬件及功能配置信息,“Test Summary”列出了 CTS 版本号及各状态 case 个数等信息,如图5-2所示。

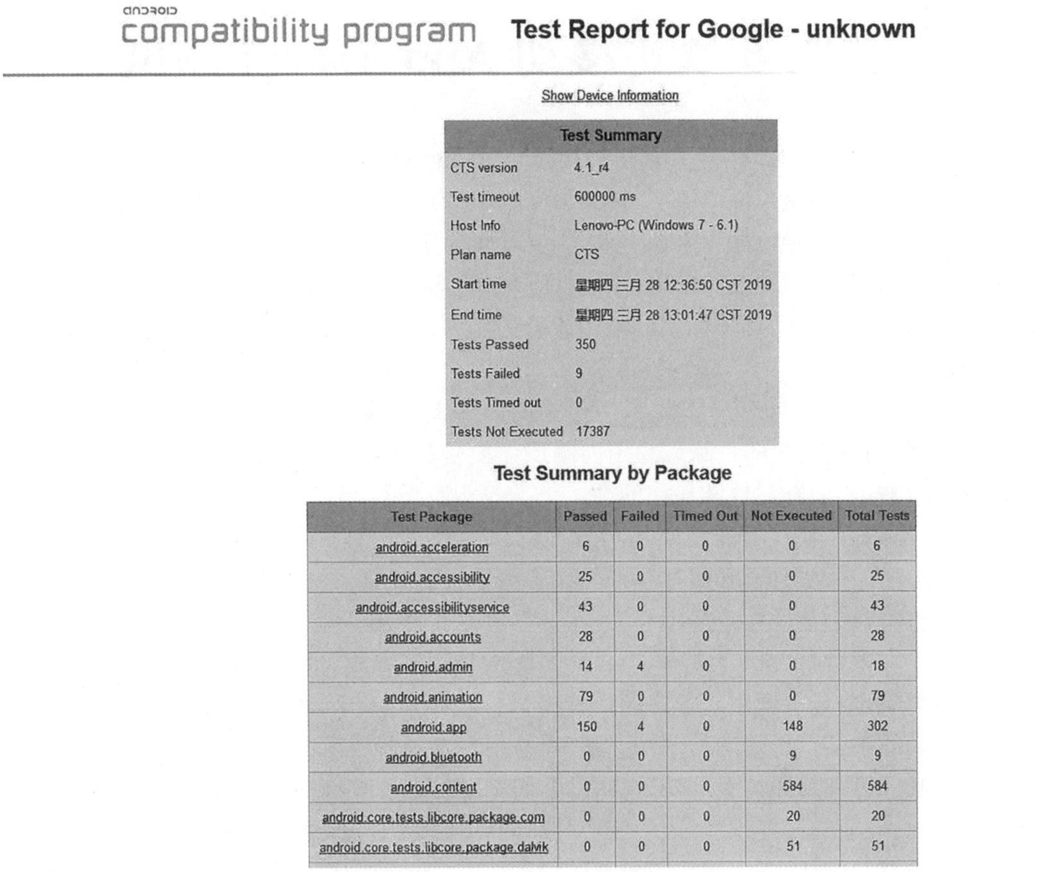

android
compatibility program　**Test Report for Google - unknown**

Show Device Information

Test Summary	
CTS version	4.1_r4
Test timeout	600000 ms
Host Info	Lenovo-PC (Windows 7 - 6.1)
Plan name	CTS
Start time	星期四 三月 28 12:36:50 CST 2019
End time	星期四 三月 28 13:01:47 CST 2019
Tests Passed	350
Tests Failed	9
Tests Timed out	0
Tests Not Executed	17387

Test Summary by Package

Test Package	Passed	Failed	Timed Out	Not Executed	Total Tests
android.acceleration	6	0	0	0	6
android.accessibility	25	0	0	0	25
android.accessibilityservice	43	0	0	0	43
android.accounts	28	0	0	0	28
android.admin	14	4	0	0	18
android.animation	79	0	0	0	79
android.app	150	4	0	148	302
android.bluetooth	0	0	0	9	9
android.content	0	0	0	584	584
android.core.tests.libcore.package.com	0	0	0	20	20
android.core.tests.libcore.package.dalvik	0	0	0	51	51

图 5-2　CTS 测试结果

首先保证把所有用例都运行一遍，not executed 数值为 0，之后把“失败的测试用例”中的用例运行三遍，排除手机系统稳定性尤其是手机重启和失去响应导致的运行失败的用例。目标是确定失败是由于 CTS case 本身的问题，而不是任何别的因素。重新运行失败的用例时需要在上次全部运行完的用例后新建测试计划，然后执行新建的测试计划。使用命令“add derivedplan--plan plan_name-s sessionID-r [pass/fail/notExecuted]”添加一个新的测试计划，再用命令“run cts--plan plan_name”运行即可测试新的测试计划。

测试 SessionID 为 2 的所有 fail 项，输入命令应为：

add derivedplan--plan cts_fail_1-s 2-r fail

run cts--plan cts_fail_1（cts_fail_1 即前面定义的测试计划名字）

之后如果 fail 的还是很多，建议再执行一遍，就在 cts_fail_1 测试计划的基础上，再次新建和执行测试计划，假如查看 cts_fail_1 测试计划的 sessionID 为 3，则执行：

add derivedplan--plan cts_fail_2-s 3-r fail

run cts--plan cts_fail_3

第6章 移动 App 易用性测试

移动 App 的测试中，除了常规的功能测试、效率测试外，还有传统应用关注相对较弱的测试，即易用性测试。在 GB/T 25000.10—2016 中，易用性被定义为，在指定的使用环境中，产品或系统在有效性、效率和满意度特性方面为了指定的目标可为指定用户使用的程度。易用性测试是指在特定的计算机软硬件环境中，运行软件时软件产品能够使用户使用方便、易于掌握和能够带给用户愉快的使用体验的能力，所以易用性测试也常被称为“用户体验的测试”。

易用性测试是与用户体验密切相关的一种测试，易用性在极大程度上也决定了移动 App 是否能获得用户的青睐。易用性测试主要包括可辨识性、易学性、易操作性、用户差错防御性、用户界面舒适性和易访问性。

移动端易用性在增强终端用户程序的认可度上大有帮助。但是易用性是从用户开始的，而用户在知识、兴趣和目标等方面又各有不同。

软件设计中涉及用户界面有 3 个名词：UCD、UI、UE。UCD 指的是 User-Centered Design，即用户中心的设计。UI 指的是 User Interface，即用户界面。UE 即 user Experience，指用户体验。可以看出，只有把用户考虑到设计中来，改善其用户界面使用户得到好的用户体验，该软件产品才能获得很好的易用性。其中，易用性离不开功能性。要想产品获得用户的认可，必须在功能性和易用性上下功夫，而且它们二者是不可替代的。功能性，表示软件完成其任务的能力，完成的任务越多，表明该产品功能越强大。Office 软件可以完成很多报表、数据统计等功能，但是对于一个初次使用电脑的人来说可能需要学习才能上手；而计算器只是特定地完成计算的功能，很容易使用。易用性表示用户能否容易地执行特定的任务，但不确定产品本身是否有价值或有功能。这两种特性对于产品被用户接纳都是必要的。二者都是产品“有用”这个整体概念的组成部分。显然，如果一个程序非常容易使用但却没有什么功能，没有人会有理由去使用它。如果给用户一个功能非常强大的程序，但却很难使用，那么用户将很可能会抵制它或者寻求其他替代物。需要做到二者的平衡，也不是件容易事。

良好的易用性体现在以下方面：人机界面友好，内容规范，便于用户使用；填写要求应准确清楚，无二义性；操作界面简洁，有详细的说明或提示，利于用户使用；在用户未按要求进行操作时，应进行提示。易用性测试基于用户使用角度出发，“用户”可包括操作员、最终用户和受使用该软件影响或依赖于该软件使用的非直接用户等。系统的用户使用手册、程序员参考手册等内容也要进行检查，一方面应保证说明易于学习，能够指导实际使用，另一方面，要保证系统提供的使用说明、提示信息等与使用手册的描述一致。

易用性测试方法包括静态测试、动态测试、动态和静态结合测试。易用性测试在一定程度会具有一定的主观性，因此测试人员和 UI 设计人员经常产生不同意见。UI 通常被当作创造者的作品，而测试人员说某处有错误，就可能挫伤设计人员。易用性是软件缺陷中的敏感问题。人体工程学是一门将日常使用的东西设计为易于使用和实用性强的学科。人体工程学的主要目标是达到易用性。软件测试员不需要设计 UI，只需要把自己当作用户，然后找出 UI 中的问题。

易用性测试的主要测试方法如下。

1.用户测试法

易用性既然是评价软件质量的标准,而且是从用户的角度出发,评价起来当然少不了用户的参与,在所有的易用性评估法中,最有效的就是用户测试法。该方法是在测试中,让用户使用软件系统,而测试人员在旁边观察、记录。根据测试的地点不同,用户测试分为实验室测试和现场测试。实验室测试是在实验室里进行,而现场测试则是由测试人员到用户的实际使用现场进行观察和测试。根据测试方法的不同,用户测试可分为有控制条件的统计测试和非正式的可用性观察测试。这两种测试方法在某些情况下也可以混合使用,统称易用性测试。易用性测试就是由使用者在特定的环境、条件进行测试,以记录系统的表现,对特定的因果关系进行验证,得到量化的数据。用户模型法是用数学模型来模拟人机交互的过程。这种方法把人机交互的过程看作是解决问题的过程。它认为人使用软件系统是有目的的,而一个大的目的可以被细分为许多小的目的。为了完成每个小的目的,又有不同的动作和方法可供选择,每一个细小的过程都可以计算完成的时间,这个模型就可以用来预测用户完成任务的时间。

在实际运用中,可以根据具体情况对方法执行上的某些细节灵活掌握。在特定的产品开发项目中,如何选择所使用的易用性测试方法直接关系到易用性的运用效果。在这里一定要综合考虑开发过程当时所处的阶段、各种方法所能提供的信息,以及它们所需要的技能、人员、时间、设备等方面的资源,在此基础上,选择一组适合具体情况、能够互补和相互衔接的方法,使得以用户为中心的设计理念尽可能地得到充分体现。

2.用户调查法

用户调查法是直接询问用户的一种方法,是社会科学研究、市场研究和人机交互学中沿用已久的技术,适用于快速评估、易用性评测和实地研究,以了解事实、行为和看法。用于易用性评测研究的是用户如何使用系统以及哪些功能是用户非常喜欢或不喜欢的。这种方法尤其适用于客观上较难评测的、与用户满意度相关的问题。用户调查法有如下两种方法。

(1)访谈法。访谈与普通对话的相似程度取决于待了解的问题和访谈的类型。在访谈期间,采访者可以自始至终地分析受访者对各个问题的回答,一旦发现问题被误解了,可以立即用不同的方式进行表示。访谈的方式可以是面对面的交流,也可以通过电话进行,网络聊天的形式也是有效的。进行电子商务的易用性评测时,以上三种方式均可以被采用。访谈有四种主要类型,即开放性(或非结构化)访谈、结构化访谈、半结构化访谈和集体访谈。具体采用何种访谈技术取决于评估目标、待解决的问题和选用的评估模型。例如,如果目标是大致了解用户对信息的理解程度,那么非正式的开放式访谈通常是最好的选择;如果目标是搜集关于特定特征(如能够辨认出多少功能)的反馈,那么结构化的访谈调查通常更为适合,因为其目标和问题更为具体。访谈主要用于收集一些指标的计算参数,如上面提到的用户能够辨认出的功能数、对信息的理解程度等。

(2)调查问卷。它是用于收集统计数据和用户意见的常用方法,可以是纸质印刷品,也可以是计算机环境下的交互调查问卷。它与访谈有些相似,也是用来了解用户满意度和遇到的问题,其用户可以在评测人员不在场的情况下独立填写调查问卷。调查问卷可以是开放式的问题,也可以是封闭式的问题。但某项研究发现,用户回答提供选项问题的准确率为85%(与观察到的用户实际情况相比较),而用户回答没有列出可选择的描述项目的开放式问卷的准确率只有48%。因此,为了保证所收集的数据有较高的可信度,电子商务的易用性评测使用封闭问题，给出等级尺度来表示用户对系统某些方面的喜欢程度。使用调查问卷方式评测的指标有界面的易懂程度、操作的顺畅性、操作的便捷性、页面的吸引程度。

3.专家评审法

专家评审分为以下两种方式。

(1)启发式评估。它是使用一套相对简单、通用、有启发性的易用性原则来进行易用性评估。其具体方法是，专家使用一组称为启发式原则的易用性规则作为指导，评定用户界面元素（如对话框、菜单、工具条、在线帮助等）是否符合这些原则。在进行启发式评估时，专家采取角色扮演的方法，模拟典型用户使用产品的情形，从中找出潜在的问题。由于启发式评估既不需要用户参与，也不需要特殊设备，所以其成本相对较低，而且较为快捷，因此该方法也被称为经济评估法。

(2)走查法。它是从用户学习使用系统的角度来评估系统的易用性。这种方法主要用来发现新用户使用系统时可能遇到的问题，尤其适用于没有任何用户培训的系统。走查就是逐步检查使用系统执行的过程，从中找出易用性问题。走查的重点非常明确，如用于评估系统的功能数目，可以获得帮助的程度等。

4.自动化工具测试法

自动化测试是手工测试的增强，测试活动的自动化在许多情况下可以提供其最大价值，自动化测试工具减轻了测试工作量并缩短了测试进度。虽然在易用性评测中，人（用户和专家）的主观意见和客观表现是评测的重要手段，但是使用静态分析工具代替专家执行遍历测试也是非常好的选择，其优点就是全面覆盖、节省人力物力及准确性高。

下面给出手机易用性测试评测指标及其对应的评测方法，如表 6-1 所示

表 6-1　易用性评测指标及对应的评测方法

指标名称	评测方法
描述的完整性	访谈法获得“能被理解的功能数” 走查法获得“总的功能数”
界面的易懂程度	调查问卷法
功能的可理解性	访谈法获得“能被用户正确使用的界面功能数” 启发式评估获得“界面中可用的功能数”
功能学习的便捷性	用户测试加访谈法
功能学习的难易性	用户测试法
使用中的用户文档和/或帮助系统的有效性	启发式评估获得“能被使用的功能数” 走查法获得“提供的功能总数”
帮助可达性	用户测试法
帮助的频率	用户测试法
使用中操作的一致性	访谈法获得“与用户期望不一致的用户发现的不能接收的消息或功能数” 用户测试法获得“用户操作中使用到的消息或功能总数”
可操作页面的完整性	自动化工具法

表 6-1(续)

指标名称	评测方法
操作的难易性	用户测试法
错误修订	用户测试法
使用中提示信息的易懂性	用户测试法
在使用中,两次人为的错误操作的时间间隔	用户测试法
可取消性(用户错误修正)	用户测试法
操作的顺畅性	调查问卷法
操作的便捷性	调查问卷法
页面的吸引力	调查问卷法

6.1　可 辨 识 性

可辨识性是指用户能够辨识产品或系统是否适合他们要求的程度,即用户界面符合交互规范,符合用户使用习惯,操作方便简单,具有一致性。因为可辨识性是用户操作移动 App 的基础,移动终端的界面通常比较紧凑,因此更加需要增强对界面及其元素的辨识性。

可辨识性包括以下几方面。

1.符合标准和规范

重要的用户界面要符合现行标准和规范,这些标准和规范由软件易用性专家开发,包含了大量从测试、经验和错误中得出的方便用户的规则。如果软件严格遵守这些规则,优秀 UI 的其他要素就自然具备了。

2.直观性

(1)用户界面是否洁净、不唐突、不拥挤?

(2)UI 的组织和布局是否合理?

(3)是否允许用户轻松地从一个功能转移到另一个功能?

(4)下一步做什么明显吗?

(5)任何时候都可以决定放弃或者退回、退出吗?

(6)菜单或者窗口是否深藏不露?比如微信很多功能隐藏较深,但可以通过设置让它们在首页显示。

(7)有多余功能吗?软件整体抑或局部层次是否做得太深?

(8)帮助系统有效吗?

3.一致性

用户的使用习惯性强,一般希望一个程序的操作方式能够带到另一个程序中,在审查软件一致性时要考虑一下快捷键和菜单选项、术语和命名,以及相关按钮的位置等。

4.灵活性

灵活性表现在用户的选择不要太多,但是足以允许他们选择做什么和怎么做,包括状态跳转、状态终止和跳过、数据输入和输出等方面。

5.舒适性

移动 App 软件使用起来应该舒适,不能给用户工作制造障碍和困难,如屏幕对用户操作界面的影响。鉴别软件舒适性包括以下几方面。

(1)恰当:软件外观和感觉应该与所做的工作和使用者相符。

(2)错误处理:程序应该在用户执行严重错误的操作之前提出警告,并且允许用户恢复由于错误操作导致丢失的数据。

(3)时间:不少程序的错误提示信息一闪而过,无法看清。如果操作缓慢,应该让用户得到相应的信息。

6.正确性

测试正确性,就是测试 UI 是否做了该做的事。其包括以下几方面。

(1)市场定位偏差:有没有多余的或者遗漏的功能,或者某些功能执行了与市场宣传材料不符的操作?

(2)语言和拼写:程序员常常能制造出非常有趣的用户信息。

(3)不良媒体:图标是否同样大小?是否具有相同的调色板?声音是否应该有相同的格式和采样率?

(4)所见即所得:保证 UI 所展示的就是实际得到的结果。

7.实用性

实用是优秀用户界面的最后一个要素。实用性不是指软件本身是否实用,而是指具体特性是否实用。比如在审查产品说明书、准备测试或者实际测试时,要考虑特性对软件是否有实际价值,是否有助于用户执行软件设计的功能。如果认为它们没必要,就要找出它们存在于软件中的原因。

总之,不要让易用性测试的模糊性和主观性阻碍测试工作,易用性测试的模糊性和主观性是固然的,即使设计用户界面的专家也会承认有的地方是这样的。

如手机搜索软件是运行在手机上的一款软件,因此它既要有手机搜索软件的共性,也要针对不同操作系统的移动 App 平台做适当的调整,以适应不同用户群的需求,如菜单设计的风格。MTK 的菜单在左软键位置;Windows Mobile 的菜单在右软键位置;OMS 手机是通过点击物理键盘的左键弹出菜单;苹果手机中的菜单是设计成一个按钮,用户在主界面点击进入。但软件的总体设计理念是一致的:用户如何易于发现、易于使用手机搜索软件;手机智能搜索提供的是总体的内容搜索服务;不会因为更换手机,而导致不会使用手机智能搜索软件。其界面设计要简洁,包括搜索框、查询结果显示区,菜单设计,清除、返回设计等。其主界面尽量按照不同平台手机实现的机制、效果设计。可以说界面遵循规范化的程度越高,则易用性就越好。同时诸如按钮、菜单等名称应该简单易懂,用词准确,并要与同一界面上的其他按钮易于区分。理想的情况是用户不用查阅帮助就能知道该界面的功能并进行相关的正确操作。此外界面设计得尽可能合理,可以给用户轻松愉悦的操作感受和成功感觉。手机搜索软件激活的位置决定用户使用该软件的过程中是否方便。如果把手机搜索软件放在深层菜单中,显然没有发挥手机搜索软件的作用。手机搜索软件只能放在第一屏待机界面,或用户触碰按键时自动激活。这样一款为用户提供服务的软件,一定有自己的易用性要求。用户触控手机,就可以无缝地体会到手机搜索提供的服务;保持用户输入习惯,避免用户进行二次学习;提供贴心的导向提醒服务,避免用户使用过程中进行误操作从而带来不好的结果。一旦使用手机搜索软件查找联系人、本机功能,查找结果随着用户的输入主动、即刻显示。联系人可以直接拨打电话、发送短信;本机功能可以直接打开;音视频文件可以直接播放等。

6.2 易　学　性

易学性是指在指定的使用环境中,软件产品或系统在有效性、效率、抗风险和满意度特性方面为了学习使用该产品或系统这一指定的目标可为指定用户使用的程度。比如用户首次完成界面操作的难度,以及熟练掌握该操作所花费的重复次数等。

在传统的软件中,易学性可以通过使用用户文档或帮助来指导用户正确完成任务,也就是说当借助用户接口、帮助功能或用户文档集提供的手段,最终用户应能够学习如何使用某一功能。但是对于移动 App,一般不提供说明书,其易学性只能通过软件界面来体现。因此易学性的测试也应从软件界面入手。

易学性的测试方法有两种。

(1)用户指引操作。检查第一次使用时/升级后,移动 App 界面的演示(新功能的使用指导),来提示给用户新功能。

(2)功能学习。功能学习包括两个方面:一是本次移动 App 升级后所提供的新功能;二是升级后对新功能的指导。

比如测试拨打电话这一功能的易学性,可以检查待机界面直接输入号码拨打电话、查找联系人姓名并拨打电话等功能的易学性,即从输入联系人姓名开始,到选中联系人,找到拨打电话功能菜单为止,测试期间所用的时间、不能被理解的或不能被接受的消息数量、输入的数据是否可以被理解、输出的数据是否可以被理解、激活该功能是否好操作、人为错误输入的次数,以及没有帮助的情况下正确修复错误的次数等。接着检查查找联系人姓名并发送短信,即从输入联系人姓名开始,到选中联系人,找到发送短信功能菜单为止,测试期间所用的时间、不能被理解的或不能被接受的消息数量、输入的数据是否可以被理解、输出的数据是否可以被理解、激活该功能是否好操作、人为错误输入的次数、没有帮助的情况下正确修复错误的次数等。

测试打开本机功能,即从输入本机功能信息开始,到选中该功能,并打开该功能为止的易学性。

测试查找并打开文件功能,即从输入文件名称开始,到选中该文件,并调用本机应用程序打开该文件为止的易学性。

另外也可进行用户手册验证和软件界面验证。用户手册验证是从用户手册上总结发现的软件功能项,即通过用户手册了解的功能在手机中对成功完成操作的个数进行计数。软件界面验证,即从界面看对用户显见的功能数,及用户可以理解的功能数进行统计。

对于软件的实现首先把重点放在最基本的功能的实现上,即待机界面直接输入、拨打电话、发送短信、查找本机功能、查找文件功能,因此可先对手机搜索软件的五大基本功能进行度量。

6.3 易 操 作 性

在 GB/T 25000.10—2016 中,易操作性是指产品或系统具有易于操作和控制的属性的程度。在移动 App 中往往涉及多种操作方式,如触摸、手势操作、传感器识别操作等,这些操作的便捷性是移动 App 易操作性测试的重点。

6.3.1 界面导航

界面导航描述了用户在多个页面内操作的方式,包括在不同的用户接口控制之间,例如按钮、对话框、列表和窗口等之间切换;或在不同的连接页面之间切换。通过考虑下列问题,可以决定一个应用系统是否易于导航:导航是否直观?系统的主要功能是否可通过主页访问?系统是否需要站点地图、搜索引擎或其他的导航帮助?

在一个页面上放太多的信息往往起到与预期相反的效果。移动 App 系统的用户趋向于目的驱动,很快地扫描一个移动 App 系统,看是否有满足自己需要的信息,如果没有,就会很快地离开。很少有用户愿意花时间去熟悉应用系统的整体结构,因此,应用系统导航帮助要准确。导航的另一个重要方面是应用系统的页面结构、导航、菜单、连接的风格是否一致。确保用户凭直觉就知道应用系统里面是否还有内容,内容在什么地方。应用系统的层次一旦确定,就要着手测试用户导航功能,让最终用户参与这种测试,效果将更加明显。

在测试移动 App 界面导航的易用性时,可以先将该 App 的用户数据清空,重新打开该 App,查看其初次使用时提供的界面导航是否直观,主要功能所处位置是否集中且明显。

6.3.2 手势操作

移动 App 与传统计算机的应用软件不同,触摸屏更多的是支持手势操作而不是传统意义的键盘输入。

首先,手势本身或操作过程的设计应该能够体现并符合大多数或者特定文化表现的用法,特别是形象的、有意义的手势更加容易记忆和学习。比如在 360 浏览器中画左回旋表示返回上一页。

其次,在设计过程中,手势本身的形状或操作过程是从具体实物中简化出来的,其内涵具有实物的隐喻意义,比如画圈将某部分内容选中。

最后,将手势设计完成后,要换位考虑用户是否可以适应和接受此操作,从而可以检验用户是否容易上手。比如,将命令或品牌的中文或英文的首字母符号作为该命令的手势。

对象操作的手势如图 6-1 所示。

对象操作			
效果	缩小	扩大	调整
图示			或
动作	捏	展开	按住滑动
图示			1　2

图 6-1　对象操作的手势

导航操作的手势如图 6-2 所示。

导航操作			
效果	缩小	扩大	调整
图示			
动作	两指拖动	按与敲击	手掌拖动
图示		1　2	

图 6-2　导航操作的手势

从方向上体现的功能来分析，可以把手势的功能大致分类如下。

(1)从功能上看，目前横向滑动赋予的功能有删除、平级切换、返回首页、开关、滑块、附属功能。

(2)从功能上看，目前竖向滑动赋予的功能有下拉刷新、底部加载更多、全屏、上下篇切换、返回上一级、附属功能。

(3)拖动是更大力度的滑动，常见的是拉出附属功能或其他隐藏内容。

(4)双指收缩、拉开常见的功能是图片、字体放大，亮度调节，打开关闭，新增删减等。

(5)按住并拖动一般用于自定义(改变顺序、加入、拉出等)。

因此，测试人员在对移动 App 的交互方式进行测试的时候，应遵循用户行为习惯。除非客户指定的移动 App 中有特殊的方式以外，通过用户习惯分析的结果可以给予手势操作模式的指导性的方案，尽可能地接近用户平时操作习惯的操作模式。

测试手势操作的易用性时，也可以使用前面章节提到的测试工具来加快测试效率。例如使用 MonkeyRunner 测试时，可以调用 MonkeyDevice 对象的 drag( )、press( ) 等方法，实现拖动、点击的动作模拟。又如使用 Robotium 测试时，可以调用 Solo 对象的 scrollUp( )、scrollDown( )方法实现屏幕的上下滚动，scrollToSide(int side)方法可实现屏幕的左右滑动，swipe( )方法可实现两指的缩放动作等。

6.3.3　操作模式

除了手势操作外，操作模式的不同也会对键盘操作产生影响，如靠左、靠右、中间排列的键盘方式，又如键盘输入的便捷程度、键盘与触摸屏的相互切换、键盘的窗口是否影响了触摸屏上的按钮操作等。同时，还要考虑单手、双手操作智能终端时的操作情况。这些操作一定程度上也可以使用前面章节提到的测试工具来仿真，可以调用测试工具提供的 click( )、press( )等方法在屏幕的特定输入框位置上点击，测试键盘与触摸屏的相互切换；可以调用 setRequestedOrientation( )或类似方法实现屏幕旋转，从而测试靠左、靠右的键盘布局；还可以调用 getView(id)等方法来检测键盘的窗口是否覆盖了触摸屏上的按钮等。

6.3.4 压感

当前,越来越多的触摸屏支持压感。压感虽然是近年手机上的一大热门技术,但并没有得到大规模的应用。在目前的智能手机品牌中,苹果手机支持压感,而安卓阵营仅有华为应用了这一技术。

对于支持压感的移动终端及其移动 App,通过压感可以完成很多操作。如在查看照片时,需要放大查看细节,通常都会用两根手指在屏幕上进行缩放操作才可以实现。而如果已经有一只手被占用的话,就会很不方便。在压感版上则可以通过按压屏幕实现照片细节的放大,并且随着按压力度的增加放大倍数也会上升,同时还可以跟随手指的移动进行实时移动放大。另外,还可以通过压感实现缩略图的放大,不用再点开照片就能看到是拍的哪张照片这种复杂的操作。

在华为移动终端中,压感版还可以实现压感替代导航栏。导航栏在安卓手机上一直被诟病,实体导航栏按键影响屏占比,虚拟导航栏又会占用屏幕的显示面积。压感操控则很好地解决了这种尴尬。只需要在设置里面进行设置,我们便可以将导航栏隐藏,通过用力按压屏幕下方边缘的左中右三个区域,实现 Home、Back 及 Recent 三个键的功能。压感版屏幕的左右上角,也同样可以设置压感快速开启 App,并且支持第三方 App,带来非常快捷便利的操作体验。

6.3.5 传感器

对于 LBS、陀螺仪、重力、光感(如贴近时屏幕关闭),可使用支持传感器的模拟对象进行测试。

6.3.6 输入法测试

移动 App 终端支持不同的输入法,不同的输入法也需要进行测试。在传统的键盘输入法基础上,移动终端更多的是支持手写输入、语音输入方法。具体可从以下几方面入手。

(1)测试手写文字识别的准确性,包括中英文混写输入、楷体和行书的输入等。

(2)测试语音输入的准确性,包括普通话、英语,测试时可考虑背景噪音对语音识别准确性的影响。

(3)测试移动 App 是否能正确调用不同的输入法,能否正确获取输入法中输入的文字信息。

6.3.7 自动旋转屏幕

限于移动终端的屏幕大小,以及移动终端的操作习惯,用户可能存在采用横屏和竖屏的不同使用方式,不同的使用方式也对移动 App 提出了相关要求,即支持自动旋转屏幕。对于支持自动旋转屏幕的移动 App,需要对不同屏幕显示方式进行测试。

6.4 易访问性

在 GB/T 25000.10—2016 中,易访问性是指在指定的使用周境中,为了达到指定的目标,产品或系统被具有最广泛的特征和能力的个体所使用的程度,即移动 App 应该对于目标用户中不同年龄、不同能力的人群具有易用性。

为了测试不同能力的目标用户使用移动 App 的情况,可以借助 Lookback 工具。移动 App 产品易用性测试工具 Lookback,会向开发者提供 SDK,供开发者了解用户使用应用时的操作情况。

在用户使用 App 时,Lookback 会录制用户操作界面的视频,看具体滑动哪页、手指都触碰了哪里,同时也会调用前置摄像头录制用户使用时的面部表情。Lookback 会把这些视频数据上传到后台供产品团队观看和分析。现在还在内测期的 Lookback 已有 Spotify 、Wrapp 、iZettle 等顾客。对于有关用户隐私的疑虑,大可不用担心,内嵌 Lookback SDK 的应用只能用作测试用途。所以产品团队需要自己筛选出测试用户,然后再发放这个特殊版的测试应用。

第 7 章　移动 App 可靠性测试

软件质量模型中的可靠性是指产品在规定的条件下，在规定的时间内完成规定功能的能力。其主要包括以下几方面内容。

(1)可用性：系统、产品或组件在需要使用时能够进行操作和访问的能力。

(2)容错性：当软件出现故障时，自我处理能力。

(3)易恢复性：失效情况下的恢复能力。

在移动 App 的测试中，往往会受到运行环境的影响，有一些测试点和这些特性有着对应关系：比如运行时收到电话、短信及电量提醒；运行时用户按下主页键返回主页；App 在网络状况非常差的情况下的表现；各种权限是否被授予时的表现；在存储数据时的一些意外情况下的表现；特别是在 App 和用户或服务器进行交互操作时，在这些环境因素干扰下能否正常运行，以及出错时如何处理，都是需要进行可靠性测试的。

7.1　可　用　性

在 GB/T 25000.10—2016 中，可用性是指系统、产品或组件在需要使用时能够进行操作和访问的程度，即软件在出现错误时仍能提供服务的能力。可用性测试可通过 3 个典型应用场景的测试来进行，即移动 App 运行时收到电话等消息、应用的前后台切换及应用对独占性资源的访问。

7.1.1　移动 App 运行时收到电话等消息

移动 App 运行时经常会收到其他消息，比如电话、短信、闹钟、电量提醒等。这些消息会不会影响移动 App 的运行，特别是在移动 App 页面切换时，移动 App 和服务器数据交互、数据提交时等情形，都应该进行相应的测试。

这里描述如何触发在移动 App 运行时收到电话、短信等情形，主要是在模拟器中进行，可使用两种方式来进行触发。

1.DDMS 模拟测试

在加入了环境变量的控制台窗口键入“monitor”可打开 DDMS 视图，或者通过 Eclipse 或者 Android Studio 也可以打开 DDMS，如图 7-1 所示。

打开之后，在界面的左边中部会看见有一个 Emulator Control 模块。在 Incoming number 输入框里输入手机号码，即可打电话或者发短信，如图 7-2 所示。

发送短信也类似，即输入号码，选 SMS，再输入短信内容，点击发送即可。

实际上，用 DDMS 向 Android 虚拟机打电话或发短信时，输入任意号码都可以。一般来说将虚拟器的端口号认为是该手机的虚拟手机号(实际虚拟手机号应为 15555215554)，如果用另一个 Android 虚拟机向该 Android 虚拟机打电话或发短信时就必须用 15555215554 或 5554。

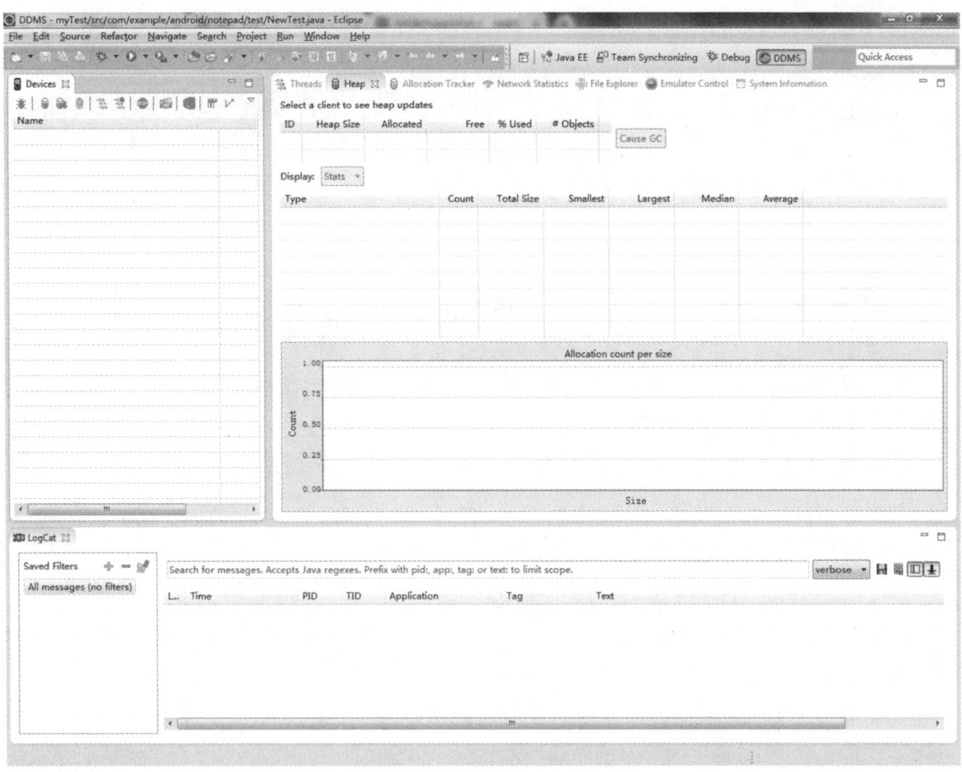

图 7-1　DDMS 视图

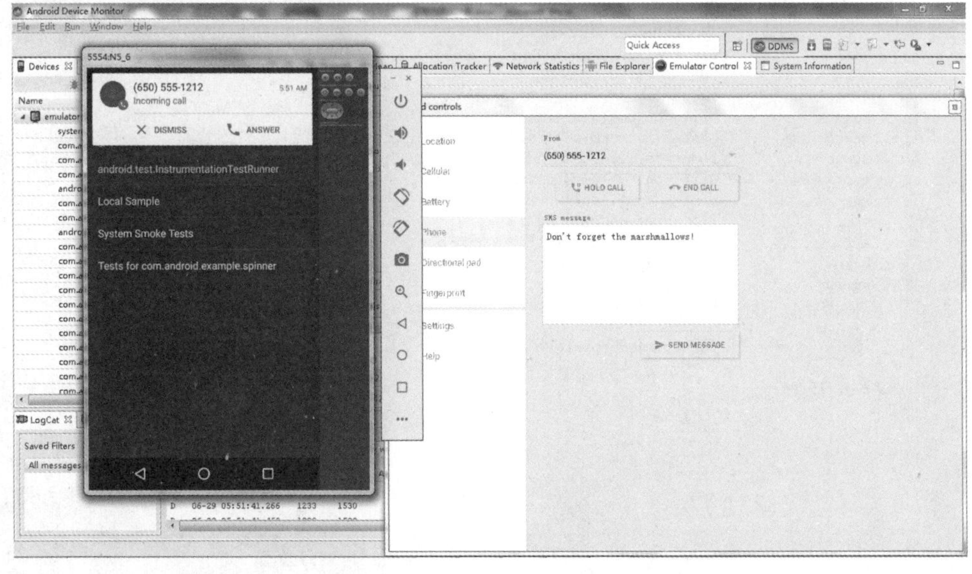

图 7-2　通过 DDMS 模拟收到电话

2.使用控制台 Telnet 命令模拟电话和短信方式

启动模拟器，假设该模拟器运行的端口为 5554，在控制台窗口键入“telnet localhost

5554”。需要注意的是，在第一次连接模拟器时往往会询问 auth_token，这个数据往往在提示的文件中能够找到，如图 7-3 所示。

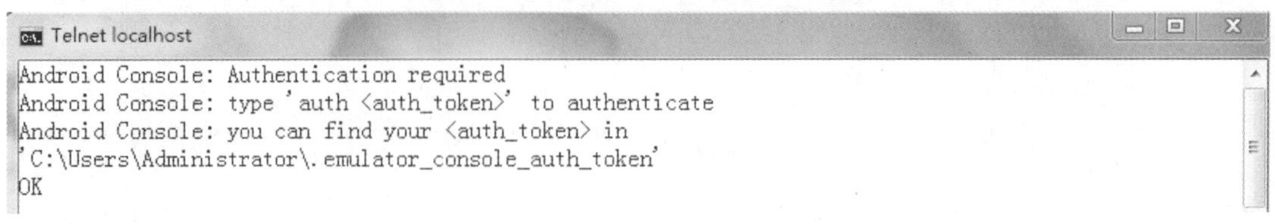

图 7-3　Telnet 命令连接模拟器

在上述文件中找到令牌，比如为 EH+7tPxtJy1RsoNw，使用 auth EH+7tPxtJy1RsoNw 进行授权，就可以执行模拟器的相关命令了。

可在连接成功后的窗口内输入 help 可以查看到所支持的一些命令。

一些常用的命令如下：

（1）模拟拨打来自 13011112222 的电话：gsm call 13011112222，如图 7-4 所示。

（2）模拟挂断 13011112222 的来电：gsm cancel 13011112222。

（3）模拟来自 phonenumber 的短信，短信内容是 textmessage：sms send <phonenumber> <textmessage>。

（4）模拟发送 GPS 信号：geo fix 经度 纬度。

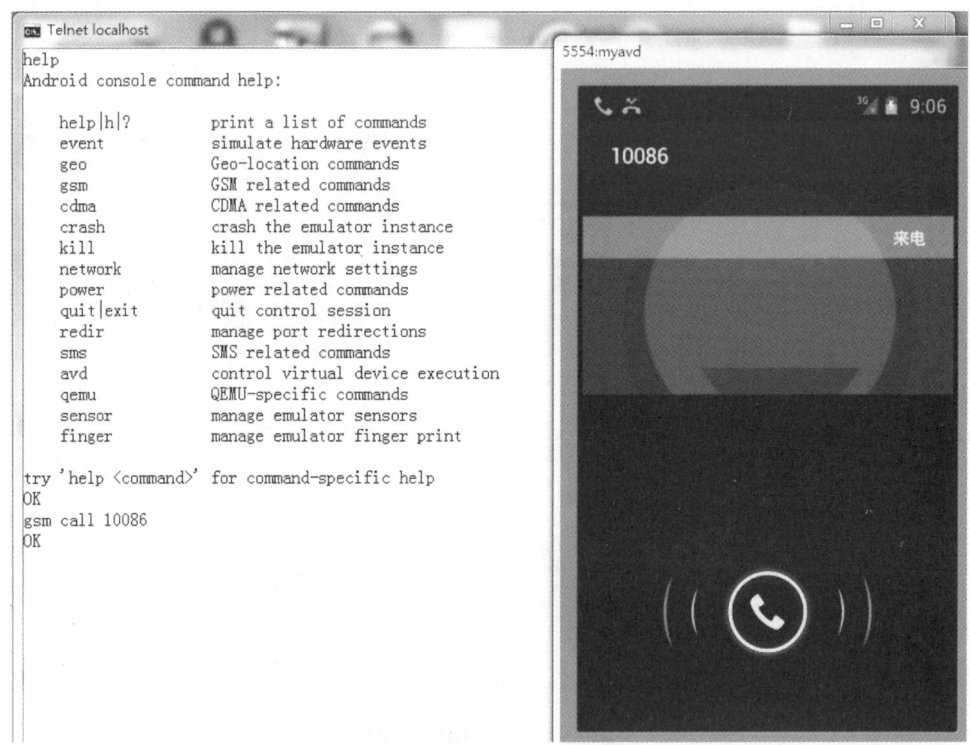

图 7-4　使用 Telnet 模拟拨打电话

7.1.2　前后台切换测试

移动 App 运行时用户可以按下 Home 键让其不可见,在 Android 系统上还有后退键。同时移动 App 运行时会遇到比如来电话之类的高优先级的操作,那么这种前后台的切换是否会对移动 App 的运行造成影响,都应该进行相应的测试。

这里主要描述 Android 系统下的移动 App 的各种状态,并使用 Instrumentation 进行相应的白盒测试。

Android 开发人员需要非常熟悉 App 的生存周期过程,图 7-5 是官方提供的生存周期图。

Activity 的三种状态如下所示。

(1)active:当 Activity 运行在屏幕前台(处于当前任务活动栈的最上面),此时它获取了焦点且能响应用户的操作,属于活动状态,同一个时刻只会有一个 Activity 处于活动状态。

(2)paused:当 Activity 失去焦点但仍对用户可见(如在它之上有另一个透明的 Activity 或 Toast、AlertDialog 等弹出窗口时),它处于暂停状态。暂停的 Activity 仍然是存活状态(它保留着所有的状态、成员信息,并保持和窗口管理器的连接),但是当系统内存极小时可以被系统杀掉。

(3)stoped:完全被另一个 Activity 遮挡时处于停止状态,它仍然在内存中保留着所有的状态和成员信息,只是对用户不可见,当其他地方需要内存时它往往被系统杀掉。

Activity 包括如下七个事件类方法。

(1)onCreate():当 Activity 第一次被实例化时系统会调用,整个生命周期只调用 1 次这个方法。通常用于初始化设置,为 Activity 设置所要使用的布局文件,为按钮绑定监听器等静态的设置操作。

(2)onStart():当 Activity 可见未获得用户焦点不能交互时系统会调用。

(3)onRestart():当 Activity 已经停止,重新被启动时系统会调用。

(4)onResume():当 Activity 可见且获得用户焦点能交互时系统会调用。

(5)onPause():用来存储持久数据。到这一步是可见但不可交互的,系统会停止动画等消耗 CPU 的行为。从上文的描述已经知道,应该在这里保存一些数据,因为这个时候应用程序的优先级降低,有可能被系统收回。

(6)onStop():当 Activity 被新的 Activity 完全覆盖不可见时被系统调用。

(7)onDestroy():当 Activity(用户调用 finish()或系统由于内存不足)被系统销毁杀掉时系统调用,(整个生命周期只调用 1 次)用来释放 onCreate()方法中创建的资源,如结束线程等。

移动 App 运行时,往往会在三种状态下进行切换,这种切换有可能是用户触发的,也可能是其他管理软件触发的。那么在切换过程中一些数据是否进行正确的存储,下次能否正确地再现,这就是前后台切换测试工作。就像 Web 页面一样,当用户交互了一堆数据,而切换到其他页面再返回来时,发现这些数据不能再现,会让用户有非常糟糕的体验。

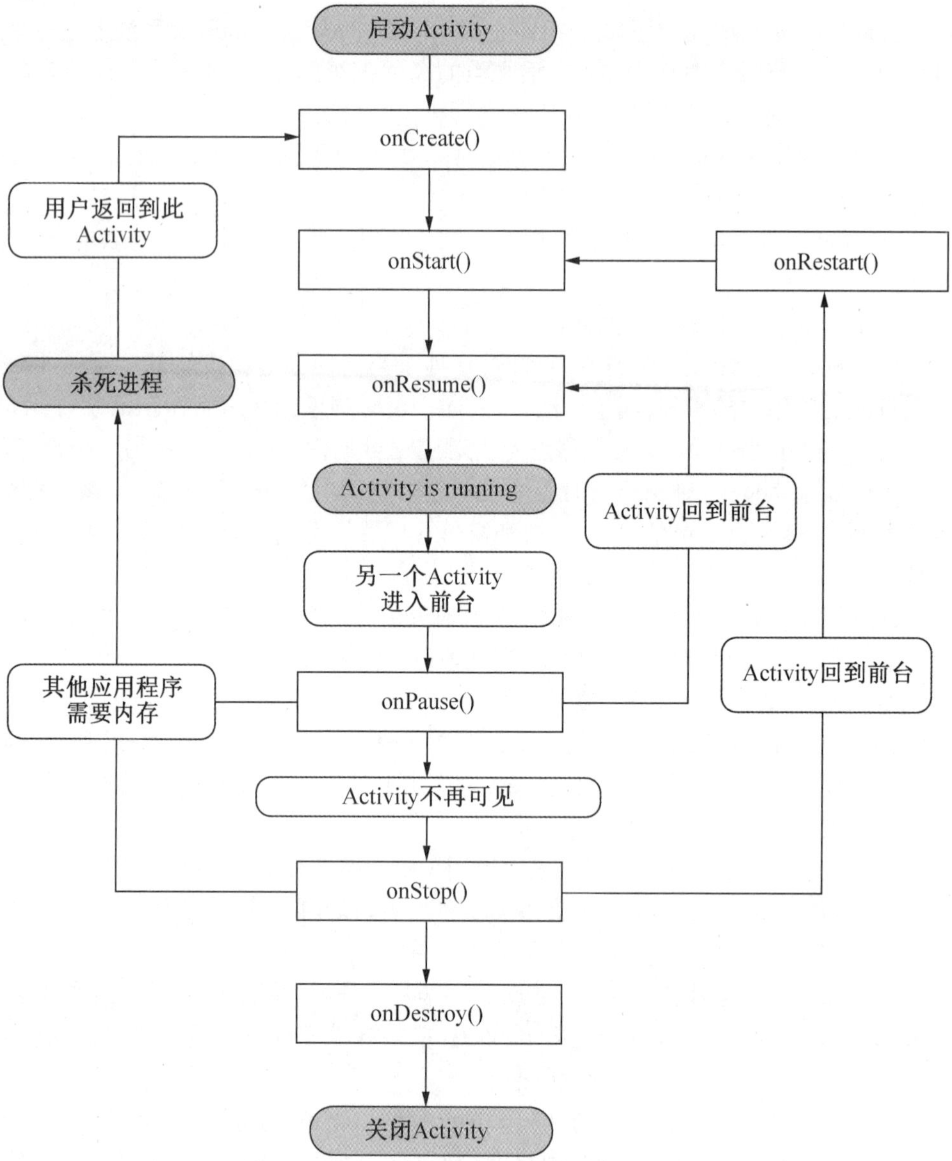

启动Activity
onCreate()
用户返回到此Activity
onStart()
onRestart()
杀死进程
onResume()
Activity is running
Activity回到前台
另一个Activity进入前台
其他应用程序需要内存
onPause()
Activity回到前台
Activity不再可见
onStop()
onDestroy()
关闭Activity

图 7-5　Activity 的生存周期

Android 系统没有提供相应的 API 来测试这些切换状态的方法，但可使用 Instrumentation 允许检测 Activity 生命周期的各个阶段。在 Google 的 Test 例子中（https://github.com/googlesamples/android-ActivityInstrumentation），就有如下测试代码。

```
public class SampleTests extends ActivityInstrumentationTestCase2<MainActivity>{
    public void testValuePersistedBetweenLaunches( ) {
final int TEST_SPINNER_POSITION_1 = MainActivity.WEATHER_PARTLY_CLOUDY;
```

```
        //加载被测试的 MainActivity
        Activity activity = getActivity();
        final Spinner spinner1 = (Spinner) activity.findViewById(R.id.spinner);
        //UI 操作需要在 UI 线程中进行
        activity.runOnUiThread(new Runnable() {
            @Override
            public void run(){
                spinner1.requestFocus();
                spinner1.setSelection(TEST_SPINNER_POSITION_1);
}
});
        //关闭 Activity
        activity.finish();
        setActivity(null);  //强制生成新的 Activity
        //再次加载被测试的 MainActivity
        activity = this.getActivity();
        //验证 Spinner 组件选择的数据的位置
        final Spinner spinner2 = (Spinner) activity.findViewById(R.id.spinner);
        int currentPosition = spinner2.getSelectedItemPosition();
        assertEquals(TEST_SPINNER_POSITION_1, currentPosition);

        //状态性测试,重新将 Spinner 下拉选中另一个值
        final int TEST_SPINNER_POSITION_2 = MainActivity.WEATHER_SNOW;
        activity.runOnUiThread(new Runnable() {
            @Override
            public void run(){
                spinner2.requestFocus();
                spinner2.setSelection(TEST_SPINNER_POSITION_2);
            }
        });
        //关闭测试的 MainActivity
        activity.finish();
        setActivity(null); // 强制生成新的 Activity
        //再次加载被测试的 MainActivity
        activity = this.getActivity();
        //验证 Spinner 组件选择的数据的位置
        final Spinner spinner3 = (Spinner) activity.findViewById(R.id.spinner);
        currentPosition = spinner3.getSelectedItemPosition();
```

```
            assertEquals(TEST_SPINNER_POSITION_2, currentPosition);
        }
    }
```

如上面代码,使用 Instrumentation 的测试方法可以触发 Activity 状态的切换及切换时调用的方法。除了上述代码,还可以通过 Instrumentation 的相应方法来触发各种切换方法,代码如下。

```
Instrumentation instr = this.getInstrumentation();
//各种 UI 操作,触发数据的变化
instr.callActivityOnPause(activity);
//重置 MainActivity 中的数据为初始值
instr.callActivityOnResume(activity);
//测试重新加载后的数据值是否还是之前 UI 操作后的数据值
```

从 Instrumentation 类的文档可以看出,Instrumentation 类拥有触发各种切换方法的方式,可以充分测试切换时的数据保存和再现,如 callActivityOnNewIntent、callActivityOnPause、callActivityOnRestart 等。

需要注意的是,在这个测试项目的 AndroidMainfest.xml 中,需要添加 instrumentation 标签及在 Application 标签中注明 uses-library,代码如下。

```
<Application>
        <uses-library android:name="android.test.runner"/>
</Application>
<instrumentation
    android:name="android.test.InstrumentationTestRunner"
    android:targetPackage="被测的应用包名"
        android:label="……" />
```

测试即可以通过命令行来运行,也可通过相应的 IDE 来运行。命令行的运行命令为:adb shell am instrument-w-e class 测试类完整类名 <测试用例信息>。其中测试用例信息格式一般为"测试用例包名/android.test.InstrumentationTestRunner"。

需要说明的是,谷歌推出 TestingSupportLibrary,需要在 SDKManager 中安装 Android Support Repository,如图 7-6。这个测试支持库中的 AndroidJUnitRunner 支持 JUnit3 和 JUnit4,会逐步替代仅支持 JUnit3 的 InstrumentationTestRunner。从 Android API 24 以后,ActivityInstrumentationTestCase2 这个类已经被遗弃,被 ActivityTestRule 所替代。测试类也无须继承自 ActivityInstrumentationTestCase2,具体代码如下。

Extras		
GPU Debugging tools	3.1	Not installed
GPU Debugging tools	1.0.3	Not installed
Android Support Repository	35	Installed
Android Support Library	23.2.1	Installed

图 7-6　添加 **Android Support Repository**

```
@ RunWith( AndroidJUnit4.class)
public class SampleTests{
@ Rule
public ActivityTestRule<MainActivity> mActivityRule = new ActivityTestRule<>(
MainActivity.class);
public void testValuePersistedBetweenLaunches( ) {
        //加载被测试的 MainActivity
        Activity activity =mActivityRule.getActivity( );
      ……
      //Instrumentation 可以这样获得
Instrumentation instr = InstrumentationRegistry.getInstrumentation( );
```

上述项目的 Android 插件和 Dependencies 插件在 App/build.gradle 文件中的描述代码如下。

```
android{
    ……
defaultConfig{
……
        testInstrumentationRunner "android.support.test.runner.AndroidJUnitRunner"
    }
dependencies{
……
androidTestCompile 'com.android.support:support-annotations:23.0.1'
androidTestCompile 'com.android.support.test:runner:0.4.1'
androidTestCompile 'com.android.support.test:rules:0.4.1'
}
```

7.2 容　错　性

在 GB/T 25000.10—2016 中，容错性是指存在硬件或软件故障时，系统、产品或组件的运行符合预期的程度。对于移动 App 的容错性测试可在两个场景下进行：弱网络的场景和存储不足的场景。

7.2.1 弱网络测试

网络问题直接影响一个应用的体验好坏，目前，各种移动 App 基本都需要连接到网络，比如获取交互数据、在线升级、用户注册登录等。但在使用数据流量的情况下，往往会遇到网络信号非常差的情况。那么在这种场景下，移动 App 的表现作为测试切入点往往是必须的。本节描述了在弱网络模拟的情形下对移动 App 的各项功能进行测试。

1.基于代理的弱网络的模拟

通过网络代理进行弱网络模拟的思路主要是：手机和电脑都连接到同一个 WiFi，在电脑上开启代理软件，然后修改手机上的网络设置，将代理指向电脑上对应的代理的 IP 和端口。这种情况下，由于手机流量经过电脑，电脑上的网络状况模拟就会影响到实际的手机网络。

在 Windows 系统下可以使用 netsim 软件来模拟弱网络，可在 https://network-delay-simulator.software.informer.com 下载免费使用。该软件可模拟网络丢包、延迟、低带宽等多种网络异常情况，其监听 Network Interface Card（NIC）和 TCP/IP stack 之间的网络流量，可以模拟延时、带宽甚至丢包率。

如图 7-7 所示，Flow Match Conditions 部分设定可以选择对哪些网络连接进行控制，包括本地和远程的 IP 段、协议类型和端口。其中 Simulated Bandwidth 可以分别设置限制本机访问外网和外网到本机的带宽。Simulated Delay 设置网络延迟时间，Simulated Packet Loss Rate 设置网络的丢包率。

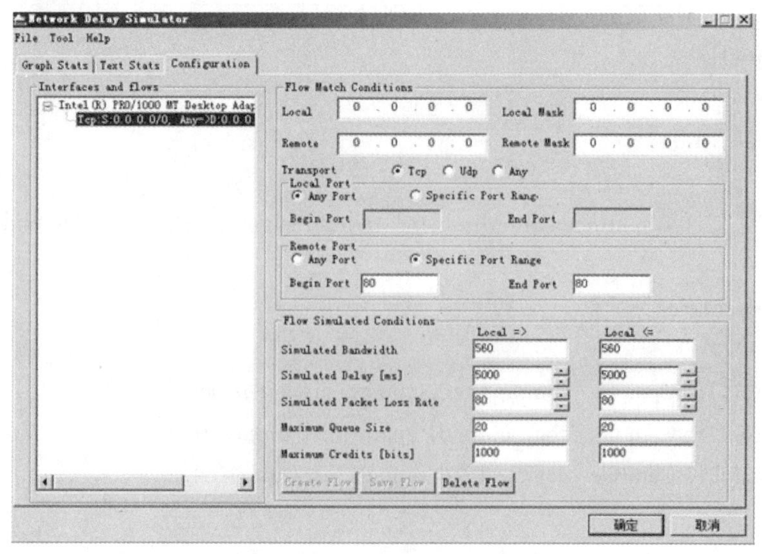

图 7-7　Network Delay Simulator 中的配置

Fiddler 是在电脑上运行的代理软件,可在 http://www.telerik.com/fiddler 下载免费使用。Fiddler 是一款非常流行并且实用的 HTTP 抓包工具,它的原理是在本机开启了一个 HTTP 的代理服务器,然后它会转发所有的 HTTP 请求和响应。

启动 Fiddler,打开菜单栏中的"Tools→Fiddler Options",打开"Fiddler Options"对话框,切换到"Connections"选项卡,填入端口号,然后勾选"Allow romote computers to connect"后面的复选框,然后点击"OK"按钮,如图 7-8 所示。

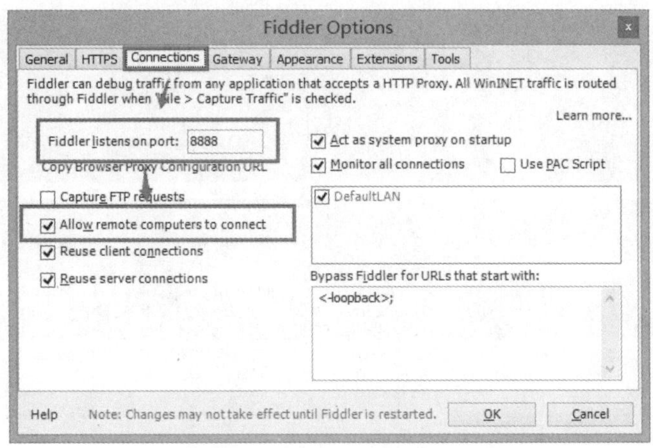

图 7-8　Fiddler 设置代理

设置完成代理后,一定要重启软件配置才生效,图 7-9 是手机端的设置:要在手机上找到 WiFi,电脑和手机必须处于同一个 WiFi 下。在"设置"中的"WLAN"内找到连接的 WiFi,长按 WiFi 热点,选择修改网络配置,代理设置为手动;代理主机名为电脑 IP,端口就是刚才 Fiddler 设置的端口。

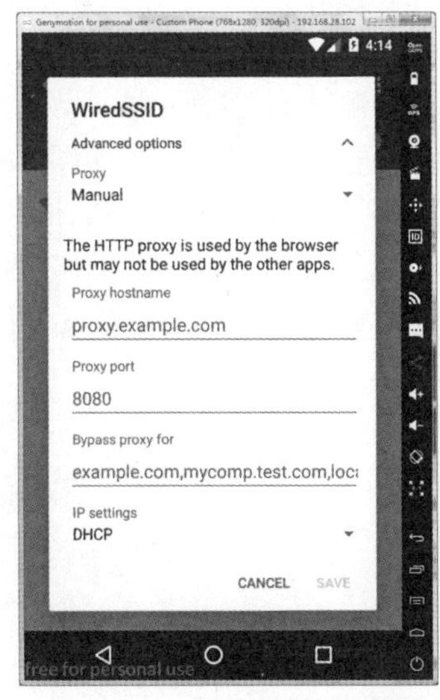

图 7-9　在手机上设置网络代理

数据包的抓包分析可以使用 Wireshark 软件(https://www.wireshark.org/download.html)进行抓包分析。从图 7-10 中的抓包结果可以看出,因为丢包产生了大量的 TCP 重传。对比网络状况模拟之前的情况,可以明显看到弱网络模拟确实生效了。

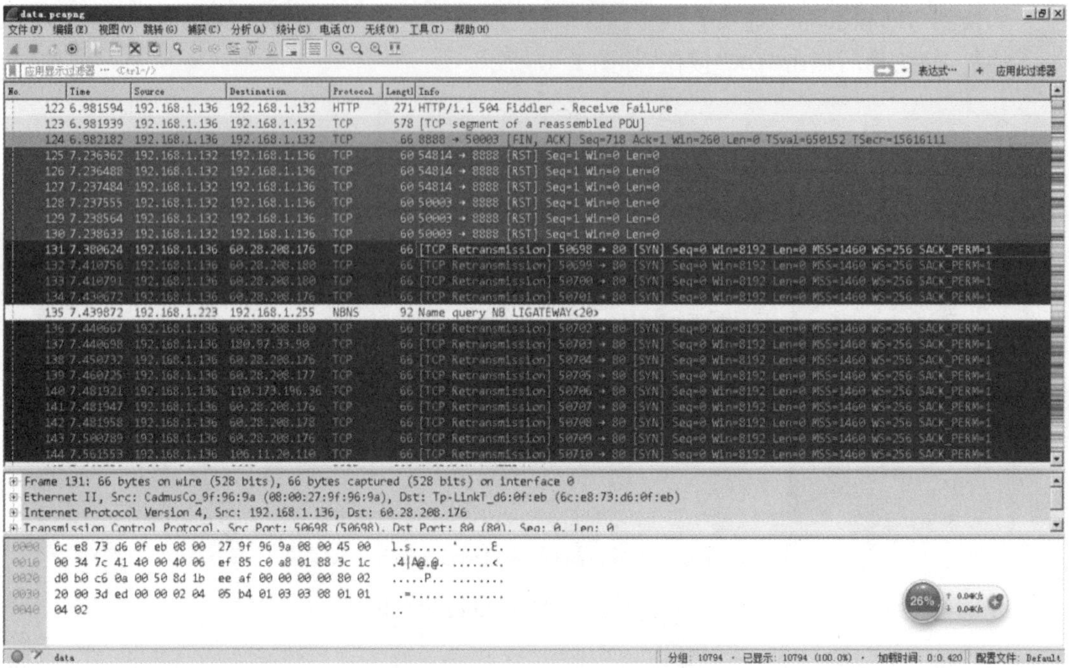

图 7-10 Wireshark 软件的抓包分析

在这种情况下,可以操作移动 App,观察移动 App 的各项功能的情况,也可以观察日志中是否有异常产生。

2.使用其他辅助 App 来模拟弱网络

国内的 IT 厂商推出了各自的移动 App 的测试平台,其中阿里云测中有一款基于自持机上的客户端测试解决方案,即易测 App,可通过在研发人员的自持机上提供各种辅助能力和标准化的专项测试服务来提升研发质量和效率,如图 7-11,其中就有一项功能是弱网络模拟的功能。当然该项功能需要手机 root 权限。其弱网络模拟有两种方式:一种是控制手机每秒的出包和入包速率,从而达到模拟手机在无网络、2G、3G 弱网的情况;另一种是设置丢包模式,设置丢包的概率。通过此功能可以轻易触发软件的隐蔽性缺陷,发现产品设计体验类问题。

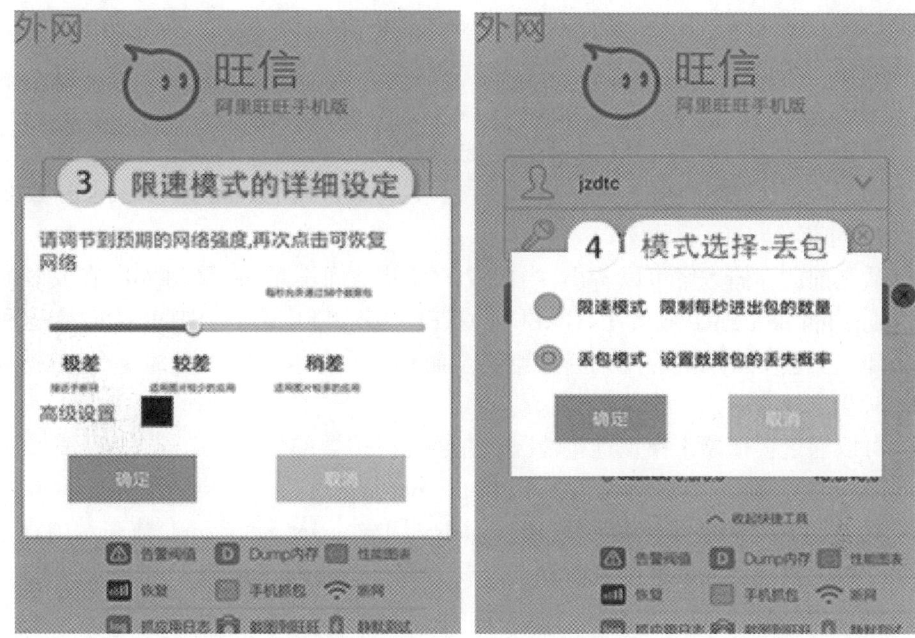

图 7-11　易测 App 的弱网模式

7.2.2　存储测试

移动 App 的数据存储涉及相应移动设备的存储空间。移动设备的存储空间主要包括内部存储空间和 SD 卡存储空间。在移动 App 产生大量数据存储需求时,比如数据缓存、离线数据等就应该进行相应的存储测试。这里的存储测试主要指的是边界性测试,即存储空间不足的情况。本节描述了 Android 系统中数据存储的方案,并给出了模拟存储空间不足的情形。

1.Android 数据存储

移动 App 在运行的过程中如果需要向手机上保存数据,一般是把数据保存在内存卡中的。当内存卡上的空间不够的时候,移动 App 的表现就需要进行相应的测试。

大部分移动 App 直接在内存卡的根目录下创建一个文件夹,然后把数据保存在该文件夹中。这种方法的最大问题在于当该应用被卸载后,这些数据还保留在内存卡中,留下了垃圾数据。

内存卡上的缓存目录及获取方法可通过如下方式获得。

通过 Context.getExternalFilesDir( ) 方法可以获取到 SDCard/Android/data/应用的包名/files 目录,一般放长时间保存的数据。

通过 Context.getExternalCacheDir( ) 方法可以获取到 SDCard/Android/data/应用包名/cache 目录,一般存放临时缓存数据。

如果使用上面的方法,当应用在被用户卸载后,SDCard/Android/data/应用的包名/ 这个目录下的所有文件都会被删除,不会留下垃圾信息。

除了外置的内存卡上的存储方案,应用还会在内部存储空间上存储数据。

通过 Context.getFilesDir( ) 方法可以获得/data/data/应用的包名/files 目录,存放小的文

件缓存。

通过 Context.getCacheDir( )方法可以获得/data/data/应用的包名/cache 目录,存放一些其他缓存。

/data/data/应用的包名/databases 目录,存放应用的 SQLite 数据库。

/data/data/应用的包名/lib 目录,存放应用的 so 目录。

/data/data/应用的包名/shared_prefs 目录,存放应用的 SharedPreferences 数据。

2.模拟存储空间不足

从之前的存储方案可以看出,当内置的存储空间不足时,移动 App 在安装时就会出现 No space left on device 或者 INSTALL_FAILED_INSUFFICIENT_STORAGE,在这种情况下只能是卸载一些不常用的应用来释放空间。而对于内存卡空间不足的情况,数据存储在内存卡上时会出现问题。

可以通过模拟器来模拟这些情况。在创建模拟器的命令行中输入以下命令:

android create avd-nmyavd-t 1-c 32M-p [avd path]

其中-t 参数中的 targetId 值可通过 android list target 获得,-c 参数表示内存卡的空间大小。生成的模拟器的硬件配置保存在/[用户名]/.android/avd/myavd.avd/下的 config.ini 文件中,可以用编辑软件打开该文件进行编辑。

使用命令行的方式运行模拟器,并且在命令行中设置模拟器的内部存储空间大小,如 emulator-avd myavd-partition-size 128。运行后打开“设置”,如图 7-12,可以看到内部存储空间的大小。向模拟器安装了应用之后,如图 7-13,通过 adb shell df 命令也可以看到/data 的存储空间为 124 MB,剩余空间只有 23 MB,如果再安装几个应用很快就要出现 No space left on device 或者 INSTALL_FAILED_INSUFFICIENT_STORAGE 的问题。而/mnt/sdcard 的存储空间为 31 MB,启动某个 App 就直接崩溃,查看 logcat 日志可以看出显示内存卡的空间不够,如图 7-14 所示。

图 7-12 手机的存储空间

```
D:\mobileTest>adb shell df
Filesystem               Size     Used     Free    Blksize
/dev                     250M      44K     250M    4096
/mnt/asec                250M       0K     250M    4096
/mnt/obb                 250M       0K     250M    4096
/system                  202M     202M       0K    4096
/data                    124M     100M      23M    4096
/cache                    64M       1M      62M    4096
/mnt/sdcard               31M     928K      30M    512
/mnt/secure/asec          31M     928K      30M    512
```

图 7-13　查看容量

```
I/SDKFiles( 2210): SD卡剩余空间为: 30
W/System.err( 2210): java.io.FileNotFoundException: SD卡存储空间不足100M, 请清空冗余数据
W/System.err( 2210):     at com.iqiyi.hcim.manager.SDKFiles.init(SourceFile:46)
W/System.err( 2210):     at com.iqiyi.hcim.core.im.HCSDK.init(SourceFile:42)
W/System.err( 2210):     at com.iqiyi.paopao.ui.app.PPApp.onCreate(SourceFile:184)
W/System.err( 2210):     at org.qiyi.plugin.manager.ProxyEnvironmentNew.launchIntent(Unknown Source)
W/System.err( 2210):     at org.qiyi.plugin.manager.ProxyEnvironmentNew$2$1.onLoadFinished(Unknown So
urce)
W/System.err( 2210):     at org.qiyi.plugin.manager.ProxyEnvironmentNew$InitHandler.handleMessage(Unk
nown Source)
W/System.err( 2210):     at android.os.Handler.dispatchMessage(Handler.java:99)
W/System.err( 2210):     at android.os.Looper.loop(Looper.java:137)
W/System.err( 2210):     at android.app.ActivityThread.main(ActivityThread.java:4424)
```

图 7-14　logcat 查看日志

7.3　易恢复性

在 GB/T 25000.10—2016 中,易恢复性是指在发生中断或失效时,产品或系统能够恢复直接受影响的数据并重建期望的系统状态的程度。移动 App 的易恢复性测试可利用 Monkey 工具或 ANR 工具进行测试。

7.3.1　Monkey 测试

Monkey 是 Android 中的一个命令行工具,可以运行在模拟器里或实际设备中。其测试的原理是利用 socket 通信的方式来模拟用户的按键输入、触摸屏输入、手势输入等,看设备多长时间会出异常。当 Monkey 在模拟器或设备运行的时候,如果用户触发了比如点击、触摸、手势或一些系统级别的事件时,它就会产生随机脉冲,所以 Monkey 可以用随机重复的方法去负荷测试开发的软件。

Monkey 测试要根据测试目的、应用的事件特性、使用者的使用习惯等多方面进行命令的组合,而且在应用的不同开发阶段其组合也是不一样的,这就是 Monkey 测试的策略。可以将这个命令的组合分解为:应用选取策略+随机种子策略+事件策略+异常策略+延时策略

+事件数量。

应用选取策略包括单应用、多应用组合、黑白名单组合和整机测试。随机种子策略包括固定种子、随机种子。

事件策略包括用户依据常见的用户场景划分各事件百分比的故事策略、依据应用策略对各事件进行划分百分比的应用特性策略、对某个事件提高到很高的百分比的专项测试策略。

异常策略包括全部异常都忽略的跑完策略、出现某个异常即停止测试的策略、出现错误则停止策略,以及验收不通过的验收策略。

延时策略包括低延时、高延时、随机延时和用户操作延时。

事件数量的标准为常规测试 10 万、压力型测试 30 万、稳定性测试 50 万、长时间执行 100 万。

1.Monkey 基本参数

运行 Monkey 的基本命令格式为 adb shell monkey [option] count。这里的 count 表示运行的随机用户事件次数。如果不指定 option,Monkey 将以无反馈模式启动,并把事件任意发送到安装在目标环境中的全部包。

运行的结果可以保存为文件,命令格式为 adb shell monkey [option] count > d:\monkey.txt。

如果是在移动设备 shell 上运行,则可以将结果保存在移动设备的内存卡上,代码为 monkey [option] count > /mnt/sdcard/monkey.txt

表 7-1 是 Monkey 命令的基本参数和约束条件。

表 7-1 Monkey 命令的基本参数和约束条件

分类	选项	说明
基本参数	-help	打印帮助
	-v	向命令行打印输出的 log 信息级别
约束条件	-p<包名>	启动指定包里的 Activity,如果允许启动多个包,可使用多个包名
	-c<Intent 的种类>	启动这些类别的 Intent 的 Activity。如果不指定任何类别,Monkey 将选择下列类别中列出的 Activity:Intent.CATEGORY_LAUNCHER,Intent.CATEGORY_MONKEY

举例说明几个常使用的参数:

(1)-p 参数:用于约束限制,此参数指定一个或多个包。

示例:adb shell monkey-p com.example.sellclientApp 100

还可指定多个包名,即测试多个 App。

示例:adb shell monkey-p com.htc.Weather-p com.htc.pdfreader-p com.htc.photo.widgets 100

这里要补充一点,可以通过 adb shell pm list package 命令来查看所有已安装的 App 的包名,如图 7-15 所示。

```
D:\mobiletest>adb shell pm list packages
package:android
package:bubei.tingshu
package:com.android.backupconfirm
package:com.android.browser
package:com.android.calculator2
package:com.android.calendar
package:com.android.camera
package:com.android.certinstaller
package:com.android.contacts
package:com.android.cts.monkey
package:com.android.cts.monkey2
package:com.android.customlocale2
package:com.android.defcontainer
package:com.android.deskclock
package:com.android.development
package:com.android.email
package:com.android.emulator.connectivity.test
package:com.android.emulator.gps.test
package:com.android.exchange
package:com.android.fallback
package:com.android.gallery
package:com.android.gesture.builder
package:com.android.htmlviewer
package:com.android.inputmethod.latin
package:com.android.inputmethod.pinyin
```

图 7-15　查看所有 App 的包名

(2)-v 参数:用于指定反馈信息级别(信息级别就是日志的详细程度),总共分 3 个级别,分别对应的参数如下:

①日志级别 Level0

示例:adb shell monkey-p com.htc.weather-v 100

说明:缺省值,仅提供启动提示、测试完成和最终结果等少量信息。

②日志级别 Level1

示例:adb shell monkey-p com.htc.weather-v-v 100

说明:提供较为详细的日志,包括每个发送到 Activity 的事件信息。

③日志级别 Level2

示例:adb shell monkey-p com.htc.weather-v -v-v 100

说明:最详细的日志,包括了测试中选中/未选中的 Activity 信息。

(3)-s 参数:用于指定伪随机数生成器的 seed 值,如果 seed 值相同,则两次 Monkey 测试所产生的事件序列也相同的。

示例:

Monkey 测试 1:adb shell monkey-p com.htc.weather-s 10 100

Monkey 测试 2:adb shell monkey-p com.htc.weather-s 10 100

两次测试的效果相同,则模拟的用户操作序列(每次操作按照一定的先后顺序所组成的一系列操作,即一个序列)是一样的。操作序列虽然是随机生成的,但是只要指定了相同的seed 值,就可以保证两次测试产生的随机操作序列是完全相同的。

如果没有指定-s 参数,从图 7-16 中可以看到,命令信息中包含了 seed 值,下次运行 Monkey 命令时可以再加上-s 参数来使用这个 seed 值重新运行这个测试。

```
D:\mobiletest>adb shell monkey -p com.android.calendar -v 100
:Monkey: seed=1470015835717 count=100
:AllowPackage: com.android.calendar
:IncludeCategory: android.intent.category.LAUNCHER
:IncludeCategory: android.intent.category.MONKEY
```

图 7-16　Monkey 命令使用的 seed

2.Monkey 测试的事件参数

表 7-2 是 Monkey 命令中事件相关的选项说明:

表 7-2　Monkey 命令的事件参数

分类	选项	说明
事件相关	-s<随机数种子>	伪随机数生成器的 seed 值。如果用相同的 seed 值再次运行 Monkey,它将生成相同的事件序列
	--throttle<毫秒>	在事件之间插入固定延迟。通过这个选项可以减缓 Monkey 的执行速度。如果不指定该选项,Monkey 执行速度将不会被延迟,事件将尽可能快地生成和发送消息
	--pct-touch <percent>	调整触摸事件的百分比(触摸事件是一个 down-up 事件,它发生在屏幕上的某单一位置)
	--pct-motion <percent>	调整动作事件的百分比(动作事件由屏幕上某处的一个 down 事件、一系列的伪随机事件和一个 up 事件组成)
	--pct-trackball <percent>	调整轨迹事件的百分比(轨迹事件由一个或几个随机的移动组成,有时还伴随有点击)
	--pct-nav <percent>	调整"基本"导航事件的百分比(导航事件由来自方向输入设备的 up/down/left/right 组成)
	--pct-majornav <percent>	调整"主要"导航事件的百分比(这些导航事件通常引发图形界面中的动作,如 5 个方向键盘的中间按键、回退按键、菜单按键)

表 7-2(续)

分类	选项	说明
事件相关	--pct-syskeys <percent>	调整“系统”按键事件的百分比(这些按键通常被保留,由系统使用,如 Home、Back、拨号、挂断及音量控制键)
	--pct-Appswitch <percent>	调整启动 Activity 的百分比。在随机间隔里,Monkey 将执行一个 startActivity ( ) 调用,作为最大程度覆盖包中全部 Activity 的一种方法
	--pct-anyevent <percent>	调整其他类型事件的百分比。它包括了所有其他类型的事件,如按键、其他不常用的设备按钮等
	--pct-rotation <percent>	调整旋转屏幕事件的百分比,屏幕的方向共有 0、1、2、3 共四个方向。
	--pct-flip <percent>	调整软键盘事件的百分比
	--pct-pinchzoom <percent>	调整缩放事件的百分比

运行时可以根据测试目的来调整事件的类型,如 adb shell monkey-p com.htc.weather-v-v-throttle 2000 --pct-rotation 100 3000 可用来测试应用在横屏和竖屏下的表现。

这些事件的百分比总和设定不能超过 100。如果不设定,从运行的信息中可以看到各种事件的百分比,如图 7-17。

```
D:\mobiletest>adb shell monkey -p com.android.calendar -v 100
:Monkey: seed=1470015835717 count=100
:AllowPackage: com.android.calendar
:IncludeCategory: android.intent.category.LAUNCHER
:IncludeCategory: android.intent.category.MONKEY
// Event percentages:
//   0: 15.0%
//   1: 10.0%
//   2: 2.0%
//   3: 15.0%
//   4: -0.0%
//   5: -0.0%
//   6: 25.0%
//   7: 15.0%
//   8: 2.0%
//   9: 2.0%
//   10: 1.0%
//   11: 13.0%
:Switch: #Intent;action=android.intent.action.MAIN;category=android.intent.category.LAUNCHER;launchFlags=0x10200000;component=com.android.calendar/.AllInOneActivity;end
    // Allowing start of Intent { act=android.intent.action.MAIN cat=[android.intent.category.LAUNCHER] cmp=com.android.calendar/.AllInOneActivity } in package com.android.calendar
:Sending Touch (ACTION_DOWN): 0:(1361.0,1373.0)
    // Injection Failed
:Sending Touch (ACTION_UP): 0:(1349.5046,1384.7942)
    // Injection Failed
:Sending Touch (ACTION_DOWN): 0:(1240.0,846.0)
```

图 7-17 日志中的事件类型百分比

日志中 0~10 对应的关系如下。

(1)事件 0:--pct-touch。

(2)事件 1:--pct-motion。

(3)事件 2:--pct-pinchzoom。

(4)事件 3:--pct-trackball。

(5)事件 4:--pct-rotation。

(6)事件 5:--pct-nav。

(7)事件 6:--pct-majornav。

(8)事件 7:--pct-syskeys。

(9)事件 8:--pct-Appswitch。

(10)事件 9:--pct-flip。

(11)事件 10:--pct-anyevent。

3.Monkey 命令的调试参数

表 7-3 是 Monkey 命令中事件相关的选项说明。

表 7-3　Monkey 命令的调试参数

分类	选项	说明
调试选项	--dbg-no-events	设置此选项,Monkey 将执行初始启动,进入到一个测试 Activity,然后不会再进一步生成事件。最好将它与-v、一个或几个包约束,以及一个保持 Monkey 运行 30 s 或更长时间的非零值联合起来,从而提供一个环境,可以监视应用程序所调用的包之间的转换
	--hprof	设置此选项,将在 Monkey 事件序列之前和之后立即生成 profiling 报告。这将会在 data/misc 中生成大文件,所以要小心使用它
	--ignore-crashes	通常,当应用程序崩溃或发生任何失控异常时,Monkey 将停止运行。如果设置此选项,Monkey 将继续向系统发送事件,直到完成计数
	--ignore-timeouts	应用程序发生任何超时错误(如"Application Not Responding"对话框)时,Monkey 将停止运行。如果设置此选项,Monkey 将继续向系统发送事件,直到计数完成
	--ignore-security-exceptions	当应用程序发生权限许可错误时,Monkey 将停止运行。如果设置了此选项,Monkey 将继续向系统发送事件,直到计数完成
	--ignore-native-crashes	当应用发生底层 C/C++代码引起的崩溃事件时,Monkey 将停止运行。如果设置了此项,Monkey 将继续向系统发送事件,直到计数完成
	--monitor-native-crashes	监视并报告 Android 系统中 Android C/C++引起的崩溃事件。如果设置了--kill-process-after-error,系统将停止运行

表 7-3(续)

分类	选项	说明
调试选项	--kill-process-after -error	当 Monkey 由于一个错误而停止时,出错的应用程序将继续处于运行状态。当设置了此选项时,将会通知系统停止发生错误的进程。注意,当 Monkey 正常执行完毕,它不会关闭所有启动的应用,设备依然保留 Monkey 结束时的状态
	--wait-dbg	启动 Monkey 后,先中断其运行,等待调试器附加上来

Monkey 测试执行过程中在下列三种情况下会自动停止。

(1)如果限定了 Monkey 运行在一个或几个特定的包上,那么它会监测试图转到其他包的操作,并对其进行阻止。

(2)如果应用程序崩溃或接收到任何失控异常,Monkey 将停止并报错。

(3)如果应用程序产生了应用程序不响应(Application not responding)的错误,Monkey 将会停止并报错。

从上面表格可以看出,如果加上--ignore-crashes 可以避免崩溃或者异常导致的测试停止;加上--ignore-timeouts 可以避免应用程序不响应而导致的测试停止。通常在 Monkey 测试上会加上这些调试参数,让 Monkey 测试完成运行,然后再通过查看 Monkey 测试结果来进行分析。

4.Monkey 测试的黑白名单

表 7-4 是 Monkey 命令中的黑名单、白名单选项。

表 7-4　Monkey 命令的黑名单、白名单选项

分类	选项	说明
限制参数	--pkg-blacklist-file PACKAGE_BLACKLIST _FILE	APK 黑名单,屏蔽掉黑名单中的 APK
	[--pkg-whitelist-file PACKAGE _ WHITELIST _ FILE]	APK 白名单,只测试包含在白名单中的 APK

以白名单为例,编辑 whitelist.txt 文件,加入要测试的包名。代码如下。

```
com.android.providers.calendar
com.android.providers.downloads
com.android.messaging
com.android.browser
com.android.soundrecorder
com.example.administrator.mydemo
```

通过代码 adb push whitelist.txt /data/local/tmp 将白名单文件推送到移动设备上,然后运行 Monkey 测试:adb shell monkey-pkg-whitelist-file /data/local/tmp/whitelist.txt-v 100。

要注意的是,白名单和黑名单不能同时使用。

以下举例说明如何模拟对移动 App 产生不同类型负载。

例 1:整机测试,而不测试拨号盘应用,忽略所有错误,次数 100 万次。

adb shell monkey--ignore-crashes--ignore-timeouts--pkg-blacklist-file /data/local/tmp/blacklist.txt -v -v 1000000

例 2:测试计算器 30 万次,随机种子为 100,随机延迟 0~1 s,忽略所有错误。

adb shell monkey -p com. android. calculator2-s 100--throttle 1000--randomize-throttle --ignore-crashes --ignore-timeouts-v-v 300000

例 3:测试计算器,触摸事件 30%,其他按键 50%,错误停止,延时 200

adb shell monkey-p com.android.calculator2--throttle 200--pct-touch 30--pct-anyevent 50-v-v 100000

例 4:对计算器进行旋转压力测试,事件延时 2 s,10 万次。

adb shell monkey -p com.android.calculator2--pct-rotation 100--throttle 2000 100000

例 5:仅对整机的应用开启测试,事件延时 5 s,10 万次

adb shell monkey--pct-Appswitch 100--throttle 5000 100000

5.Monkey 测试的结果解读

Monkey 测试的日志输出由以下几部分构成。

(1)测试命令信息,包括随机种子、运行次数、可运行的应用列表、各事件百分比,其代码如下。

```
:monkey: seed=1435740661667 count=5000                →随机种子与运行次数
:AllowPackage: com.android.settings                   →允许测试的包
: IncludeCategory: android. intent. category. LAUNCHER        → Category 包 含
LAUNCHER
:IncludeCategory: android.intent.category.MONKEY  →Category 包含  MONKEY
// Selecting main activities from category android.intent.category.LAUNCHER
                                                                  →查询结果列表
// - NOT USING main activity com. android. contacts. activities. PeopleActivity (from
package com.android.contacts)                     →减号表示符合查询条件但不测试的包
// + Using main activity com.android.settings.Settings (from package com.android.settings)
……                                                →加号表示符合查询条件且测试的包
// -NOT USING main activity com.lenovo.timertest.Timertest (from package com.lenovo.
timertest)
// Selecting main activities from category android.intent.category.MONKEY
// + Using main activity com. android. settings. Settings $ RunningServicesActivity (from
package com.android.settings)
// + Using main activity com.android.settings.Settings $ StorageUseActivity (from package
com.android.settings)
```

(2)伪随机事件流,11 种事件流,如表 7.2 所示。

(3)异常信息,如果有异常,显示 Application Not Responding(ANR)、崩溃等异常信息。可在日志中搜索“ANR”,如果有,就会出现类似如下代码的信息。

```
// NOT RESPONDING: com.android.quicksearchbox (pid 6333)
ANR in com.android.quicksearchbox (com.android.quicksearchbox/.SearchActivity)
PID: 6333
Reason: Input dispatching timed out (Waiting to send key event because the focused window has not finished processing all of the input events that were previously delivered to it. Outbound queue length: 0. Wait queue length: 1.)
Load: 0.65 / 0.26 / 0.18
CPU usage from 8381ms to 2276ms ago:
  0.8% 78/mediaserver: 0% user + 0.8% kernel
  ......
// CRASH: com.android.voicedialer (pid 1156)
// Short Msg: java.util.concurrent.TimeoutException
// Long Msg: java.util.concurrent.TimeoutException: android.view.ThreadedRenderer.finalize() timed out after 10 seconds
// Build Label: generic/vbox86p/vbox86p:5.0/LRX21M/buildbot12160004:userdebug/test-keys
// Build Changelist: eng.buildbot.20141216.000103
// Build Time: 1418684697000
// java.util.concurrent.TimeoutException: android.view.ThreadedRenderer.finalize() timed out after 10 seconds
//at android.view.ThreadedRenderer.nDeleteProxy(Native Method)
//at android.view.ThreadedRenderer.finalize(ThreadedRenderer.java:398)
//at java.lang.Daemons $ FinalizerDaemon.doFinalize(Daemons.java:190)
//at java.lang.Daemons $ FinalizerDaemon.run(Daemons.java:173)
//at java.lang.Thread.run(Thread.java:818)
```

在日志中搜索“CRASH”,如果出现崩溃,会出现类似如下代码中的信息:

```
// CRASH: com.android.quicksearchbox (pid 1699)
// Short Msg: java.lang.NullPointerException
// Long Msg: java.lang.NullPointerException: Attempt to invoke virtual method 'com.android.quicksearchbox.SourceResult com.android.quicksearchbox.Suggestions.getResult()'on a null object reference
// Build Label: generic/vbox86p/vbox86p:5.0/LRX21M/buildbot12160004:userdebug/test-keys
```

```
// Build Changelist: eng.buildbot.20141216.000103
// Build Time: 1418684697000
// java.lang.RuntimeException: Unable to stop activity {com.android.quicksearchbox/com.android.quicksearchbox.SearchActivity}: java.lang.NullPointerException: Attempt to invoke virtual method' com.android.quicksearchbox.SourceResult com.android.quicksearchbox.Suggestions.getResult()'on a null object reference
//at android.App.ActivityThread.performStopActivityInner(ActivityThread.java:3344)
//at android.App.ActivityThread.handleStopActivity(ActivityThread.java:3390)
//at android.App.ActivityThread.access $ 1100(ActivityThread.java:144)
//……
)

// Caused by: java.lang.NullPointerException: Attempt to invoke virtual method' com.android.quicksearchbox.SourceResult com.android.quicksearchbox.Suggestions.getResult()'on a null object reference
//at com.android.quicksearchbox.SearchActivity.getCurrentSuggestions(SearchActivity.java:370)
//at com.android.quicksearchbox.SearchActivity.onStop(SearchActivity.java:267)
//at android.App.Instrumentation.callActivityOnStop(Instrumentation.java:1261)
//at android.App.Activity.performStop(Activity.java:6085)
//at android.App.ActivityThread.performStopActivityInner(ActivityThread.java:3341)
//... 10 more
```

(4)测试结果信息,完成事件、旋转情况、按键情况、网络状态。如果顺利完成测试,会出现类似如下代码中的信息。

```
Events injected: 100
:Sending rotation degree=0, persist=false
:Dropped: keys=0 pointers=2 trackballs=0 flips=0 rotations=0
## Network stats: elapsed time=10230ms (0ms mobile, 0mswifi, 10230ms not connected)
//monkey finished
```

如果由于异常而导致没有完成测试,会出现类似如下代码中的信息:

```
* * monkey aborted due to error.
Events injected: 1668
:Sending rotation degree=0, persist=false
```

```
:Dropped: keys=1 pointers=36 trackballs=0 flips=0 rotations=0
## Network stats: elapsed time=27101ms (0ms mobile, 0mswifi, 27101ms not connected)
* * System Appears to have crashed at event 1668 of 5000 using seed 1435740465149
```

总结来说:Monkey 测试出现错误后,一般的查错步骤为以下几步。

(1)找到 Monkey 测试出错的 Activity。查看 log 中每一个 Switch,主要是查看 Monkey 执行的是哪一个 Activity,譬如如下代码中的 log 中,执行的是 com.tencent.smtt.SplashActivity,在下一个 swtich 之间,如果出现了崩溃或其他异常,可以在该 Activity 中查找问题。

```
:Switch: #Intent; action = android. intent. action. MAIN; category = android. intent. category.
LAUNCHER;launchFlags=0x10000000;component=com.tencent.smtt/.SplashActivity;end
// Allowing start of Intent{ act=android.intent.action.MAIN
cat=[android. intent. category. LAUNCHER] cmp=com. tencent. smtt/. SplashActivity} in
package com.tencent.smtt
```

(2)查看 Monkey 里面出错前的一些事件动作,并手动执行该动作。在下列代码的 log 中,Sending Pointer ACTION_DOWN 和 Sending Pointer ACTION_UP 代表当前执行了一个单击的操作;Sleeping for 500 milliseconds 这句 log 是执行 Monkey 测试时 throttle 设定的间隔时间,每出现一次,就代表一个事件。

```
SendKey(ACTION_DOWN)→KEYCODE_DPAD_DOWN→代表当前执行了点击下导航
                                      键的操作
Sending Pointer ACTION_MOVE→代表当前执行了一个滑动界面的操作
:Sending Pointer ACTION_DOWN x=47.0 y=438.0
:Sending Pointer ACTION_UP x=47.0 y=438.0
Sleeping for 500 milliseconds
:SendKey (ACTION_DOWN): 20
:SendKey (ACTION_UP): 20
Sleeping for 500 milliseconds
:Sending Pointer ACTION_MOVE x=-2.0 y=3.0
:Sending Pointer ACTION_MOVE x=4.0 y=-3.0
:Sending Pointer ACTION_MOVE x=-5.0 y=-3.0
:Sending Pointer ACTION_MOVE x=3.0 y=4.0
:Sending Pointer ACTION_MOVE x=-4.0 y=1.0
:Sending Pointer ACTION_MOVE x=-1.0 y=-1.0
:Sending Pointer ACTION_MOVE x=-2.0 y=-4.0
```

(3)若以上步骤还不能找出问题,可以使用之前执行的 Monkey 命令再执行一遍,注意 seed 值要一样。

6.测试脚本

通过组成测试脚本分析不同移动终端设备、版本对于这些策略的响应情况。

可以通过编写脚本来控制 Monkey 测试,从而实现简单自动化测试。这个脚本的优势是简单、快捷、不需要借助任何工具,只要一个记事本文件。脚本只能实现坐标、按键等基本操作的相应步骤,无法实现逻辑性操作。

脚本的格式如以下代码的描述:

```
#头文件、控制 Monkey 发送消息的参数
type= raw events
count= 10
speed= 1.0
#以下为 Monkey 的脚本 api 调用
start data >>
DispatchPress(KEYCODE_HOME)
DispatchPress(KEYCODE_MENU)
……
```

Monkey 脚本的主要 API 函数如表 7-5。

表 7-5　Monkey 脚本主要的 API 函数

API	说明
LaunchActivity(Pkg_name,cl_name)	启动应用的 Activity
Tap(x,y,tapDuration)	模拟一次手指单击事件
DispatchPress(keyName)	按键
RotateScreen(rotationDegree,peresist)	选择屏幕
DispatchFlip(true/false)	打开或者关闭软键盘
LongPress()	长按 2 s
PressAndHold(x,y,pressDuration)	模拟长按事件
DispatchString(input)	输入字符串
Drag(xStart,yStart,xEnd,yEnd,stepCount)	用于模拟一个拖拽操作
PinchZoom(pt1xStart,pt1yStart,pt1xEnd,pt1yEnd pt2xStart,pt2yStart,pt2xEnd,pt2yEnd,stepCount)	模拟缩放手势
UserWait(sleepTime)	让脚步中断一段时间
DeviceWakeUp()	唤醒屏幕
ProfileWait()	等待 5 s

其中 DispatchPress(keyName)的 keyName 的键值列表参见 http://developer.android.com/reference/android/view/KeyEvent.html。

以下代码的脚本文件 example.txt 代码含义为:打开浏览器,在地址栏点击,清空原有网址,填入新的网址,然后确定。

```
#头文件、控制 Monkey 发送消息的参数
type= raw events
count= 10
speed= 1.0
#以下为 Monkey 的脚本 api 调用
start data >>
DispatchPress(KEYCODE_HOME)
UserWait(500)
#打开浏览器
LaunchActivity(com.android.browser, com.android.browser.BrowserActivity)
UserWait(500)
#清空地址栏
Tap(500,150)
DispatchPress(KEYCODE_DEL)
UserWait(500)
#输入网址
DispatchString(www.baidu.com)
UserWait(500)
#按下确认键
DispatchPress(KEYCODE_ENTER)
UserWait(500)
#按 Home 键
DispatchPress(KEYCODE_HOME)
UserWait(500)
```

编写好脚本文件后,使用 adb push example.txt /data/local/tmp,然后使用 adb shell monkey-f /data/local/tmp/example.txt-v 2 来运行脚本 2 次。

7.3.2　Android 的 ANR

在 Android 系统中,经常会遇到应用程序无响应的情况,这称为 ANR(Application Not Responding),如图 7-18 所示。ANR 的出现主要有以下三种情况:按键或触摸事件 5 s 内无响应、BroadcastReceiver 在 10 s 内无法处理完成、Service 在 20 s 内无法处理完成。其中事件超时是最主要产生 ANR 的类型。

1.如何避免 ANR

Android 应用程序通常是运行在一个单独的线程里。这意味着应用程序所做的事情如果在主线程里占用了太长的时间的话,就会引发 ANR 对话框,因为应用程序并没有给自己机会来处理输入事件或者 Intent 广播。因此,运行在主线程里的任何方法都尽可能少做事情。特别是,Activity 应该在它的关键生命周期方法(如 onCreate()和onResume())里尽可能少地去做创建操作。潜在的耗时操作,例如网络或数据库操作,或者高耗时的计算,如改变位图尺寸,应该在子线程里(或者以数据库操作为例,通过异步请求的方式)来完成。然而,主线程如果调用 Thread.wait()或 Thread.sleep()来等待子线程的完成,也会导致主线程的阻塞。替代的方法是,主线程应该为子线程提供一个 Handler,以便完成时能够提交给主线程。以这种方式设计应用程序,将能保证主线程保持对输入的响应性并能避免由于 5 s 输入事件的超时引发的 ANR 对话框。这种做法应该在其他显示 UI 的线程里效仿,因为它们都受相同的超时影响。

IntentReceiver 执行时间的特殊限制意味着它应该在后台里做小的、琐碎的工作,如保存设定或者注册一个 Notification。和在主线程里调用的其他方法一样,应用程序应该避免在 BroadcastReceiver 里做耗时的操作或计算。不应在子线程里做这些任务(因为 BroadcastReceiver 的生命周期短),替代的是,如果响应 Intent 广播需要执行一个耗时的动作的话,应用程序应该启动一个 Service。应该避免在 IntentReceiver 里启动一个 Activity,因为它会创建一个新的画面,并从当前用户正在运行的程序上抢夺焦点。如果应用程序在响应 Intent 广播时需要向用户展示什么,应该使用 Notification Manager 来实现。

图 7-18　出现 ANR

总结来说,避免 ANR 出现的主要做法如下。

(1)UI 线程尽量只做跟 UI 相关的工作。

(2)耗时的工作(比如数据库操作、I/O、连接网络或者别的有可能阻碍 UI 线程的操作)应被放在单独的线程处理。

(3)尽量用 Handler 来处理 UI 线程和其他线程之间的交互。

这里说的 UI 相关工作主要包括 Activity 的 onCreate( )、onResume( )、onDestroy( )、onKeyDown( )、onClick( )方法;AsyncTask 的 onPreExecute( )、onProgressUpdate( )、onPostExecute( )、onCancel( )方法;Mainthread handler 的 handleMessage( )、post(runnable r)方法。

2.如何检查并解决 ANR

出现 ANR 后,关键在于找到引发 ANR 的原因和地方。查找的主要步骤如下。

(1)首先分析日志,通过 CPU 使用情况大致判断产生 ANR 的原因,是主线程输入输出等待还是内存泄漏等。

(2)从/data/anr/traces.txt 文件查看调用 Stack,进一步确认产生 ANR 的原因和代码的大致位置。

(3)审查代码,找到 ANR 的成因,并进行修改。

下面通过举例来说明:

例 1:

```
04-01 13:12:11.572 I/InputDispatcher( 220):Application is not
responding: Window {2b263310com. Android. email/com. android. email. activity. SplitScreenActivitypaused=false}. 5009.8ms since event, 5009.5ms since waitstarted
04-0113:12:11.572 I/WindowManager( 220):Input event dispatching timedout sending tocom.android.email/com.android.email.activity.SplitScreenActivity
04-01 13:12:14.123 I/Process(220): Sending signal. PID: 21404 SIG: 3
04-01 13:12:14.123 I/dalvikvm(21404):threadid=4: reacting to signal 3
……
04-0113:12:15.872 E/ActivityManager(220):ANR in com.android.email(com.android.email/.activity.SplitScreenActivity)
04-0113:12:15.872 E/ActivityManager(220):Reason:keyDispatchingTimedOut
04-0113:12:15.872 E/ActivityManager(220): Load: 8.68 / 8.37 / 8.53
04-0113:12:15.872 E/ActivityManager(220): CPUusage from 4361ms to 699ms ago
04-0113:12:15.872 E/ActivityManager(220): 5.5%21404/com.android.email: 1.3% user + 4.1% kernel / faults: 10 minor
……
04-0113:12:15.872 E/ActivityManager(220):100%TOTAL: 4.8% user + 7.6% kernel + 87% iowait
04-0113:12:15.872 E/ActivityManager(220): CPUusage from 3697ms to 4223ms later
……
```

从以上代码中的日志可以看出，ANR 是在运行到 com. android. email. activity. SplitScreenActivity 代码中产生的，且 iowait 的百分比高达 87%，应该是由于主线程在进行输入输出操作时超时导致的 ANR。再看例 1 中的 trace.txt 文件：

```
    -----pid 21404 at 2011-04-01 13:12:14 -----
Cmdline: com.android.email
DALVIK THREADS:
(mutexes: tll=0tsl=0 tscl=0 ghl=0 hwl=0 hwll=0)
"main" prio=5 tid=1NATIVE
  | group="main" sCount=1 dsCount=0obj=0x2aad2248 self=0xcf70
  | sysTid=21404 nice=0 sched=0/0cgrp=[fopen-error:2] handle=1876218976
  at android.os.MessageQueue.nativePollOnce(Native Method)
  at android.os.MessageQueue.next(MessageQueue.java:119)
  at android.os.Looper.loop(Looper.java:110)
at android.App.ActivityThread.main(ActivityThread.java:3688)
at java.lang.reflect.Method.invokeNative(Native Method)
  atjava.lang.reflect.Method.invoke(Method.java:507)
  atcom.android.internal.os.ZygoteInit $ MethodAndArgsCaller.run(ZygoteInit.java:866)
at com.android.internal.os.ZygoteInit.main(ZygoteInit.java:624)
    at dalvik.system.NativeStart.main(Native Method)……
```

从以上代码可以进一步确认主线程在等待下条消息进入消息队列。

例 2：

```
11-1621:41:42.560 I/ActivityManager( 1190):ANR in process:android.process.acore (last in android.process.acore)
11-1621:41:42.560 I/ActivityManager( 1190): Annotation:keyDispatchingTimedOut
11-16 21:41:42.560 I/ActivityManager(1190): CPU usage:
11-16 21:41:42.560 I/ActivityManager( 1190):Load: 11.5 / 11.1 / 11.09
11-16 21:41:42.560 I/ActivityManager(1190): CPU usage from 9046ms to 4018ms ago:
11-16 21:41:42.560I/ActivityManager( 1190): d.process.acore:98% = 97% user + 0% kernel / faults: 1134 minor
11-16 21:41:42.560I/ActivityManager( 1190): system_server: 0% = 0% user + 0% kernel / faults: 1 minor
11-16 21:41:42.560 I/ActivityManager( 1190): adbd:0% = 0% user + 0% kernel
11-16 21:41:42.560 I/ActivityManager(1190): logcat: 0% = 0% user + 0% kernel
11-16 21:41:42.560I/ActivityManager( 1190):TOTAL:100% = 98% user + 1% kernel
```

例 2 中的 trace.txt 文件：

```
    Cmdline：android.process.acore
DALVIK THREADS:"main"prio=5 tid=3 VMWAIT
  |group="main" sCount=1 dsCount=0 s=N obj=0x40026240self=0xbda8
  | sysTid=1815 nice=0 sched=0/0 cgrp=unknownhandle=-1344001376
  at dalvik.system.VMRuntime.trackExternalAllocation(NativeMethod)
  at android.graphics.Bitmap.nativeCreate(Native Method)
  at android.graphics.Bitmap.createBitmap(Bitmap.java:468)
  at android.view.View.buildDrawingCache(View.java:6324)
  at android.view.View.getDrawingCache(View.java:6178)
  at android.view.ViewGroup.drawChild(ViewGroup.java:1541)
……
```

从例 2 的代码可以看出内存不足导致阻塞在创建 Bitmap 上，需要复查代码，看看是否 Bitmap 在不被使用的时候没有被回收，这是一个典型的内存泄漏问题。

第8章　移动App信息安全性测试

在GB/T 25000.10—2016中,信息安全性是指产品或系统保护信息和数据的程度,以使用户、其他产品或系统具有与其授权类型和授权级别一致的数据访问度。针对移动App安全,本书特指的是移动App的信息安全,无论对于Android系统还是iOS等其他操作系统,信息安全已经成为移动互联网的第一焦点。随着移动互联网的安全问题日益严峻,恶意软件层出不穷,不仅严重威胁到用户的个人隐私,还可能给用户造成财产损失。正是因为移动App数量火爆增长且移动App市场无法辨别恶意软件,才导致恶意软件泛滥。Android手机应用数量增长迅猛,各类应用大量出现在应用商店和网站上,其中充斥着很多山寨应用,用户在分不清真假的情况下很可能下载到被植入恶意代码的App。

8.1　保　密　性

在GB/T 25000.10—2016中,保密性是指产品或系统确保数据只有在被授权时才能被访问的程度。移动App保密性测试中需要关注的重点是权限管理、明文传输问题,以及无须授权的访问问题。

8.1.1　权限管理

目前移动App应用往往需要向系统申请各种权限,比如通过短信验证的应用需要有短信的使用权限,智能拨号联系人需要有系统联系人的权限,拍照软件需要有照相机的使用权限等。现在各种安全管理软件往往都提供了告知用户自己安装的软件到底使用了哪些权限的功能,这使得应用偷偷使用权限之事对所有用户都变得透明了。

由于权限获得与否是由用户决定的,因此具有不确定性。App如果处理不当,就可能出现UI不友好、进程崩溃等情况。需要考虑每个功能是否用到了这些用户可控制的权限,如果用到,就应该增加相应的测试用例。但在实际测试过程中,测试人员可能并不清楚具体功能需要的权限。比较可行的办法是让开发者提供一个需要的权限列表,测试人员可以进行针对性的测试。

本节首先将描述Android系统下权限的机制和查看的命令,然后描述使用Lint工具检测权限是否必要,并在UI测试中使用UIAutomator模拟权限申请的测试。

1.Android权限

Android操作系统是一个多用户的Linux操作系统,每个应用都是不同的用户。在默认情况下,系统为每个应用分配一个用户——这个用户只被系统使用,对应用是透明的。系统为应用的所有文件设置权限,这样一来只有同一个用户的应用可以访问它们。每个应用都有自己单独的虚拟机,应用的代码在运行时是隔离的,即一个应用的代码不能访问或意外修改其他应用的内部数据。在默认情况下,每个应用都运行在单独的Linux进程中,当应用的任意一部分要被执行时(由用户显式启动或由其他应用发送的Intent启动),Android都会为其启动一个Java虚拟机,即一个新的进程,因此不同的应用运行在相互隔离的环境中。当应用退出或系统在内存不足要回收内存时,才会将这个进程关闭。

从上面的命令可以看出,列在前面的进程都属于 root 用户,这些进程对整个系统拥有绝对的访问权。而一般的应用的用户名是以 u0_a 开头,如图 8-1 显示的 u0_a40 就是系统用户界面进程。

```
C:\Windows\system32\cmd.exe
radio     182   1     11152  1588  ffffffff b75c09c1 S /system/bin/rild
root      183   1     483408 43148 ffffffff b751df80 S zygote
drm       184   1     16660  3872  ffffffff b75d1dbe S /system/bin/drmserver
media     185   1     49076  9196  ffffffff b75dddbe S /system/bin/mediaserver
bluetooth 186   1     7176   1764  c01c0a90 b74ea5ba S /system/bin/dbus-daemon
root      187   1     6304   1200  c04d1048 b75e3a0e S /system/bin/installd
keystore  188   1     8044   1720  c044881c b752fe53 S /system/bin/keystore
root      343   2     0      0     c01cfbd5 00000000 S flush-8:16
root      356   57    6396   1380  c02f4452 b7534a0e S /system/bin/sh
root      370   57    6608   1440  c01c0a90 b7549f80 S logcat
system    378   1     82988  6804  ffffffff b75c9dbe S /system/bin/surfaceflinge
r
system    405   183   588208 45944 ffffffff b751ddbe S system_server
wifi      483   1     9364   2248  c01c0a90 b7462f80 S /system/bin/wpa_supplican
t
u0_a40    489   183   524960 50460 ffffffff b751f507 S com.android.systemui
u0_a20    535   183   492776 30592 ffffffff b751f507 S com.android.inputmethod.l
atin
radio     551   183   511004 31132 ffffffff b751f507 S com.android.phone
system    564   183   492368 25116 ffffffff b751f507 S com.genymotion.systempatc
her
system    578   183   491348 25180 ffffffff b751f507 S com.genymotion.genyd
u0_a21    592   183   529356 46372 ffffffff b751f507 S com.android.launcher
system    616   183   496396 26248 ffffffff b751f507 S com.android.settings
u0_a0     636   183   517676 37832 ffffffff b751f507 S android.process.acore
```

图 8-1 ps 命令查看进程

而对应于这些应用,其数据往往存放在/data/data/{packageName}路径下,如图 8-2 所示,通过 ls 命令查看可以看出,对应的文件夹的所有者为 u0_a40,其拥有 r-w-x 权限。

```
C:\Program Files\Genymobile\Genymotion\tools>adb shell "ls -l /data/data |grep s
ystemui"
drwxr-x--x u0_a40   u0_a40            2019-03-26 03:04 com.android.systemui
```

图 8-2 查看 App 所在的目录

但是不同的应用程序也可以运行在相同的进程中。要实现这个功能,首先必须使用相同的密钥签名这些应用程序,然后必须在 AndroidManifest.xml 文件中为这些应用分配相同的 Linux 用户 ID,这要通过用相同的值/名定义 AndroidManifest.xml 属性 android:sharedUserId 才能做到。比如在某些特殊情况下调用一些 API 是需要系统权限的,如设置系统的时间,就需要应用程序获取系统权限,需要加入 android:sharedUserId = "android.uid.system"这个属性。

Android 通过在每台设备上实施基于权限的安全策略来处理安全问题,采用权限来限制安装应用程序的能力。每个权限被定义成一个字符串,用来传达权限以执行某个特殊的操作。所有权限可以分为以下两个类别。

一种是执行程序时被应用程序所请求的权限。应用程序列出所有需要用来完成任务的权限,在 AndroidManifest.xml 文件中用<use-permission>元素标识这些权限。在程序安装时被请求,列表会显示在屏幕上。

另一种是应用程序的组件之间通信时被其他组件请求的权限。在 AndroidManifest.xml 文件中用<permission>元素来设置访问权限,其形式为:

<permission android:description = " string resource" android:icon = " drawable resource" android:label = " string resource" android:name = " string" android:permissionGroup = " string" android:protectionLevel = [" normal" | " dangerous" | " signature" | " signatureOrSystem"]/>

而权限保护级别主要有:正常权限(normal),这类权限不涉及用户隐私,是不需要用户进行授权的,比如访问网络、手机振动等;危险权限(dangerous),一般是涉及用户隐私的,需要用户进行授权,比如操作 SD 卡的写入、相机、录音等。当然还有其他类别权限,如签名权限(signature)、签名系统权限(signature Or System)、系统权限(system)、自定义权限。

adb shell pm 中有一些和权限有关的命令:

adb shell pm list permission-groups:打印所有的权限组。

adb shell pm list permissions [options]:打印权限,其中 options 参数-g 可按组打印权限、-d可打印危险级别权限(Dangerous),-f 可打印所有权限信息,-u 可将未分组的权限打印出来,如图 8-3 所示。

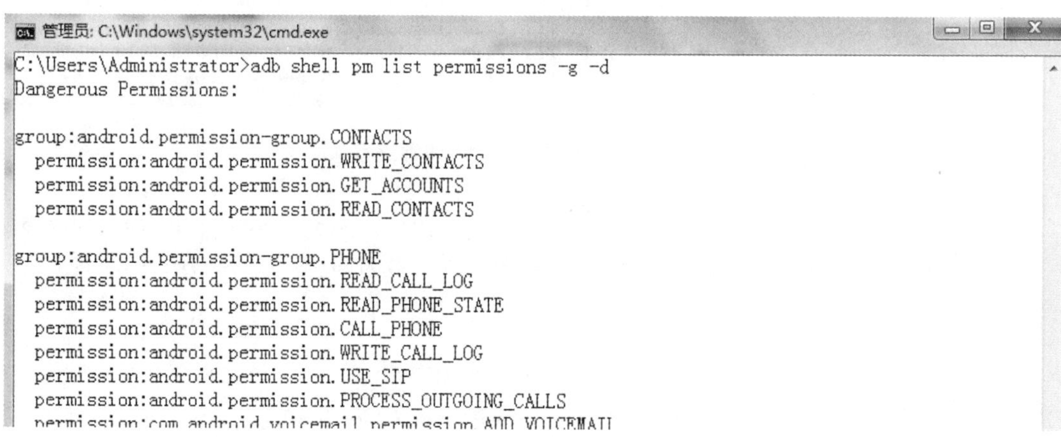

图 8-3 pm list 命令列出权限

表 8-1 列出了危险级别的权限的分组和含义。

表 8-1　危险权限的分组及含义

权限组	权限	含义
android.permission-group.CONTACTS	android.permission.WRITE_CONTACTS	写入联系人
	android.permission.GET_ACCOUNTS	访问 GMail 账户列表
	android.permission.READ_CONTACTS	访问联系人通讯录信息
android.permission-group.PHONE	android.permission.READ_CALL_LOG	访问电话日志
	android.permission.READ_PHONE_STATE	访问电话状态
	android.permission.CALL_PHONE	从非系统拨号器里输入电话号码
	android.permission.WRITE_CALL_LOG	写入电话日志
	android.permission.USE_SIP	使用 SIP 视频服务
	android.permission.PROCESS_OUTGOING_CALLS	监视、修改或放弃拨出电话
	com.android.voicemail.permission.ADD_VOICEMAIL	添加系统中的语音邮件
android.permission-group.CALENDAR	android.permission.READ_CALENDAR	读取用户的日程信息
	android.permission.WRITE_CALENDAR	写入日程信息
android.permission-group.CAMERA	android.permission.CAMERA	访问摄像头进行拍照
android.permission-group.SENSORS	android.permission.BODY_SENSORS	读取传感器数据
android.permission-group.LOCATION	android.permission.ACCESS_FINE_LOCATION	通过 GPS 芯片接收卫星的定位信息，获取精确位置
	android.permission.ACCESS_COARSE_LOCATION	通过 WiFi 或移动基站的方式获取用户粗略的经纬度信息，获取粗略位置
android.permission-group.STORAGE	android.permission.READ_EXTERNAL_STORAGE	读取外部存储，如从 SD 卡上读取文件
	android.permission.WRITE_EXTERNAL_STORAGE	写入外部存储，如在 SD 卡上写文件
android.permission-group.MICROPHONE	android.permission.RECORD_AUDIO	通过手机或耳机的麦克录制声音

表 8-1(续)

权限组	权限	含义
android.permission-group.SMS	android.permission.READ_SMS	读取短信内容
	android.permission.RECEIVE_WAP_PUSH	接收 WAP PUSH 信息
	android.permission.RECEIVE_MMS	接收彩信
	android.permission.RECEIVE_SMS	接收短信
	android.permission.SEND_SMS	发送短信
	android.permission.READ_CELL_BROADCASTS	读取蜂窝广播

adb shell dumpsys package<包名>命令可以查看指定包名的应用的所有信息,也包括权限信息,adb shell dumpsys package com.android.browser 可查看浏览器 App 的所有信息,包括权限信息,如图 8-4 所示。

```
管理员: C:\Windows\system32\cmd.exe
C:\Users\Administrator>adb shell dumpsys package com.android.browser
Activity Resolver Table:
  Full MIME Types:
      application/vnd.wap.xhtml+xml:
        88f08d9 com.android.browser/.BrowserActivity
      text/html:
        88f08d9 com.android.browser/.BrowserActivity
      application/xhtml+xml:
        88f08d9 com.android.browser/.BrowserActivity
      vnd.android.cursor.dir/bookmark:
        a6f129e com.android.browser/.AddBookmarkPage
      text/plain:
        88f08d9 com.android.browser/.BrowserActivity
  declared permissions:
    com.android.browser.permission.PRELOAD: prot=signature|privileged, INSTALLED
  requested permissions:
    android.permission.ACCESS_COARSE_LOCATION
    android.permission.ACCESS_DOWNLOAD_MANAGER
    android.permission.ACCESS_FINE_LOCATION
    android.permission.ACCESS_NETWORK_STATE
    android.permission.ACCESS_WIFI_STATE
    android.permission.GET_ACCOUNTS
    android.permission.USE_CREDENTIALS
    android.permission.INTERNET
    android.permission.NFC
    android.permission.SEND_DOWNLOAD_COMPLETED_INTENTS
    android.permission.SET_WALLPAPER
    android.permission.WAKE_LOCK
    android.permission.WRITE_EXTERNAL_STORAGE
    android.permission.WRITE_SETTINGS
    android.permission.READ_SYNC_SETTINGS
    android.permission.WRITE_SYNC_SETTINGS
    android.permission.MANAGE_ACCOUNTS
    android.permission.READ_PROFILE
    android.permission.READ_CONTACTS
    com.android.browser.permission.READ_HISTORY_BOOKMARKS
```

图 8-4 查看应用的信息

2.Android 动态权限

在 Android 6.0 的 UI 测试中需要考虑动态权限,在原有的 AndroidManifest.xml 声明权限的基础上,新增了运行时权限动态检测,这些权限都需要在运行时判断,主要针对的是那些危险级别的权限,如运传感器、日历、摄像头、通讯录、地理位置、麦克风、电话、短信、存储空间等。所以,可以利用 UIAutomator 提供的 UIDevice 类与授权对话框互动,进行授权或拒绝访问。可通过如下代码完成授权或者拒绝。

```
    mDevice = UiDevice.getInstance(InstrumentationRegistry.getInstrumentation())
    ……
    if(Build.VERSION.SDK_INT>=23){
    UiObject forbidBtn = mDevice.findObject(new UiSelector().text("拒绝"));
if(forbidBtn.exists()){
        try {
            forbidBtn.click();
        }catch (UiObjectNotFoundException e) {
            e.printStackTrace();
        }
    }
```

使用上面的方法,在 Android 6.0 以上的设备上都能按需测试,查看在权限授予与拒绝时 UI 的相应反应。如果系统中的“允许”“拒绝”文本修改后,测试会做相应的修改。

3.Android 权限检测

(1)静态权限检测模型

Android 系统中为保护系统资源不会被随意访问,设计了权限机制。开发者使用某些权限时,必须在配置文件中对运行所需的相关权限进行声明,用户必须给软件授权才能正常运行。针对权限的不同危害程度,开发者将其分为 4 个等级,即普通(normal)、危险(dangerous)、签名(signature)和系统签名(signature or system)。

如果某个应用软件申请了高危权限,则该软件具有高危险性。根据统计学分析发现,申请该类权限的应用程序一般具有某些特殊功能,因此应该首先筛选出申请该类权限的应用程序。当需要使用 SET_DEBUG_APP 权限时,当得到授权后,程序便能够配置一个用于调试的程序,恶意软件开发者可以通过下载包含隐藏 API 的 Android 程序源码,并进行修改后生成应用程序,再通过申请 SET_DEBUG_APP 权限,便有可能阻止一些反恶意软件的运行。

Android 应用程序被打包为 APK 文件,该文件类似于 Java 的 jar 文件。每个 APK 必须包含一个 Manifest 文件,请求获得访问 Android 操作系统某些限定内容的权限。这些内容包括访问各种硬件设备、操作系统的敏感信息及访问其他应用程序的某些部分。

静态权限检测主要通过反编译得到的配置文件 AndroidManfest.xml 进行权限分析。该文件中的请求安全授权标签<users-permission>中描述了待检测软件在运行时需要申请的所有权限。静态权限检测模块中包括危险权限库,库中包含了已知恶意软件的全部组合,如图 8-5 所示。

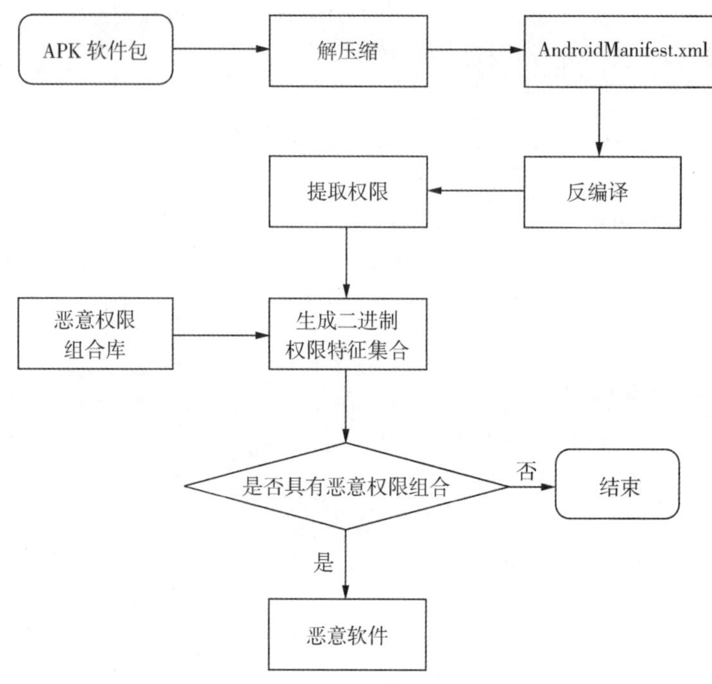

图 8-5 静态权限检测

执行流程如下所示。

①对反编译后的 AndroidManifest.xml 文件进行权限分析。

②将 Android 中常用的权限进行随机排列,并标序号,构成权限集合。

$$P=\{P_1,P_2,\cdots,P_n\}$$

数组中每一个表示一类权限,1 表示有该权限,0 表示没有该权限。

③提取待检测软件所使用的权限,并表示为二进制权限集合。

④将待检测软件的二进制特征集合同库中已知恶意权限组合的二进制特征子集进行比对。

(2)使用 Lint 工具

Android 项目有时需要优化,包括从 AndroidManifest.xml 删除不必要的权限,但往往很难确定哪些权限对于移动 App 是必要的。虽然可以每删除一个权限就运行移动 App,看每项功能是否正常,但这个方法需要尝试所有功能,效率不高,此时就可以使用 Lint 工具。Lint 用来标记原始码中某些可疑的、不具结构性的段落。

从 ADT 16 开始,Lint 就集成到了 ADT 中。在 Eclipse 中,可以通过两种方式手动进行 Lint 的扫描:一种方式是通过工具栏,点击工具栏 Lint 按钮的下拉箭头,然后在下拉框中选择要进行 Lint 扫描的工程;另一种方式是选中一个 Android 工程,单击右键,在下拉菜单中选择“Android Tools->Run lint:Check for Common Errors”,如图 8-6 所示。

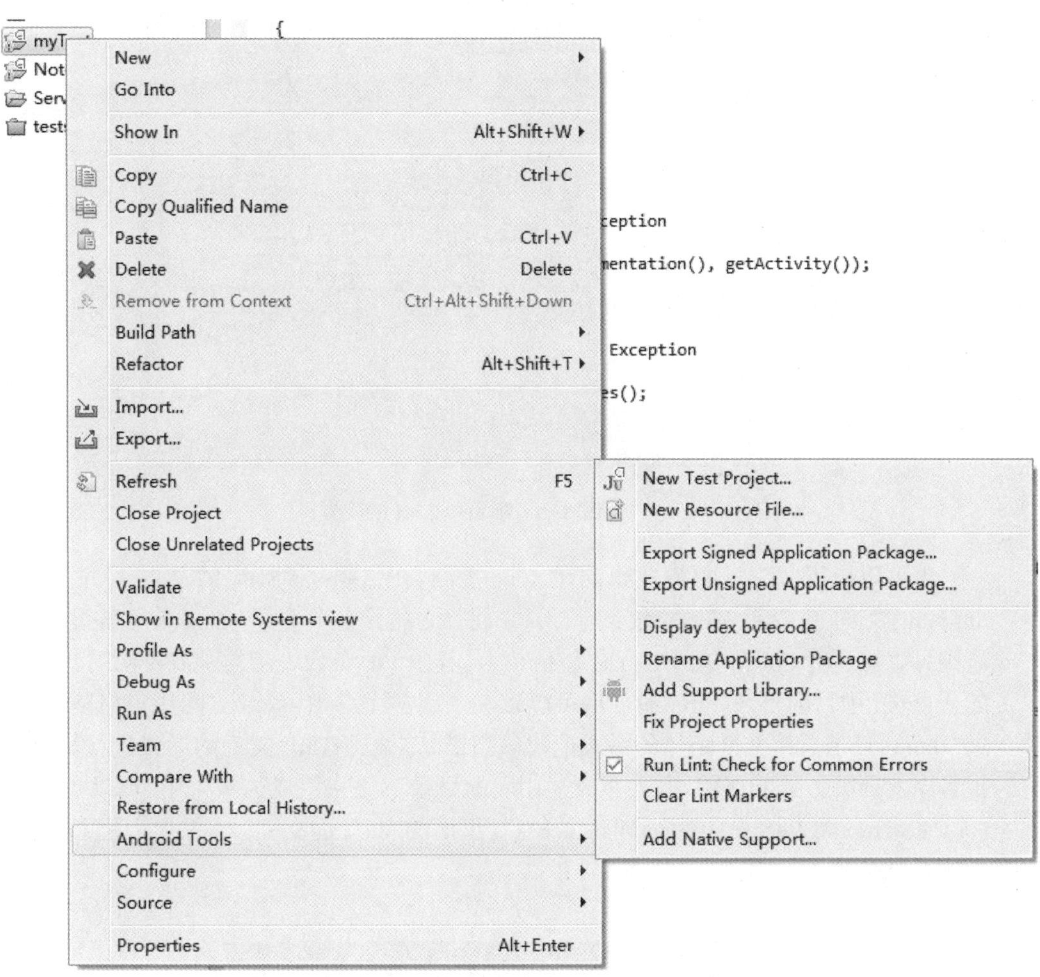

图 8-6　在 Eclipse 中使用 Lint

运行后就会在下方的窗口显示结果，如图 8-7 所示。

Markers　Properties　Servers　Data Source Explorer　Snippets　Console　Progress　LogCat　JUnit　Lint Warnings

1 errors, 3 warnings

Description	Category	Location
Windows file separators (\) must be escaped (\\); use D:\\android-sdks	Correctness	myTest
<uses-sdk> tag should specify a target API level (the highest verified version; whi	Correctness	AndroidManifest.xml:7 (myTest)
Should explicitly set android:allowBackup to true or false (it's true by default, and	Security	AndroidManifest.xml:13 (myTest)
Missing density variation folders in res: drawable-xxhdpi	Usability:Icons	myTest

图 8-7　Lint 运行结果

也可以对 Lint 检查的内容做设定。在 Eclipse 中右击项目，选择“Property”，在左侧栏中选择“Android Lint Preferences”，如图 8-8 所示。

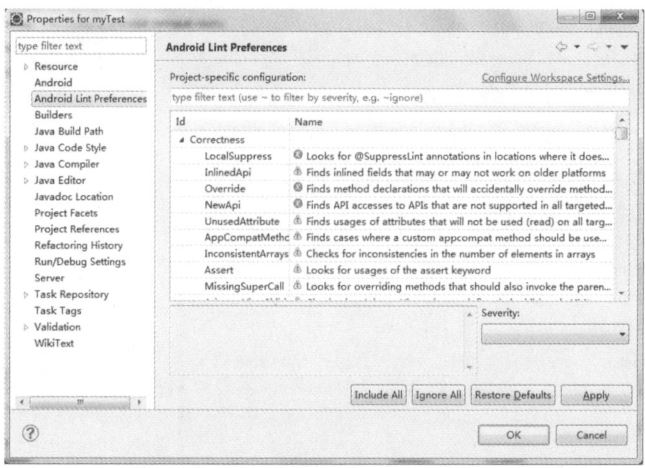

图 8-8　项目中 Lint 的配置

也可以使用命令行的模式来启动 Lint 检测:在 Android SDK 的 tools 目录下有个名为 lint.bat的文件,它就是 Lint 的命令行工具。将命令行定位到目录 sdk/tools(若设置了环境变量则可直接运行 lint 命令),运行命令 lint xxx,其中 xxx 参数表示的是需要使用 lint 进行扫描的 Android 项目的目录。lint 命令后可以带一个或多个参数,参数之间用空格隔开。可以通过"-html"选项后接文件路径的形式把代码扫描结果以 HTML 文件的形式进行输出,相应的报告以 HTML 方式和 XML 方式存放在相应的目录下。在生成的报告中,可以查看"Android -> Constant and Resource Type Mismatches",里面的 Missing permission 表明项目缺失的权限,如图 8-9 所示。

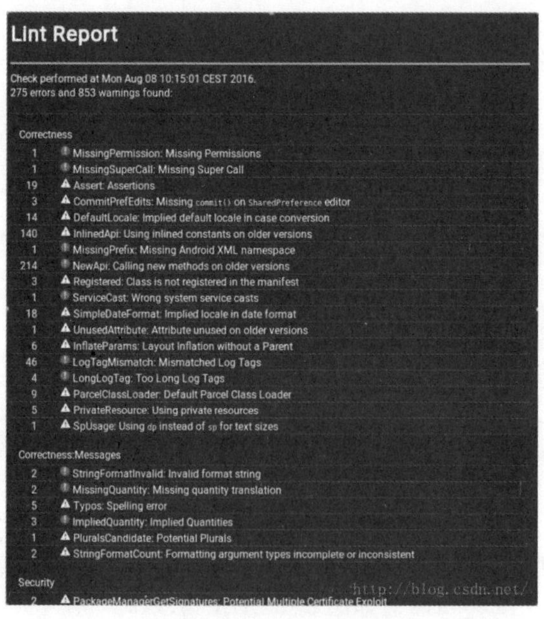

图 8-9　Lint 生成的 HTML 报告

8.1.2 明文传输和存储

明文传输一般常指计算机与计算机之间进行数据传输时的方式。在移动 App 中,明文传输主要指移动 App 与服务器之间的数据传输采用明文方式进行传输。

1.数据泄露

许多移动 App 在用户登录过程中,与服务器端交互采用明文传输用户名、密码或验证码等信息,且没有对登录过程中的密码传输进行加密,容易被攻击者抓包或者截获,从而导致用户敏感数据泄露。在移动 App 登录操作中账号、登录凭证为不安全传输。密码虽然是 MD5 散列后的数值,但是传输使用的是 HTTP 协议,存在被嗅探窃取的可能性,一旦泄漏,黑客能够直接通过该用户名和密码登录。

2.中间人攻击

服务器交互过程中使用明文传输还有可能会受到中间人攻击,攻击者通过抓包、嗅探、SMB 会话劫持、ARP 欺骗或 DNS 欺骗等攻击手段拦截正常的网络通信数据来进行数据窃取、数据篡改以达到他们获取经济利益的目的。

腾讯云安全团队发布的《移动 App 安全行业报告》显示,移动金融 App 市场中有 23%的应用存在数据传输不安全导致用户钱财被盗取的问题。以中间人攻击为例,在 Android 的 HTTPS 协议中,若自定义的 X509TrustManager 不校验证书或实现的自定义 HostnameVerifier 不校验域名或接受任意域名,就会触发中间人攻击漏洞。黑客利用网络协议的漏洞,可进行数据监听、数据窃取及数据篡改等违法行为。

移动 App 在针对不涉及敏感信息的地理位置信息、设备信息等普遍存在采用明文传输或加密等级不够等问题。某浏览器 A 的地图第三方 SDK 使用的是 B 地图的网络定位服务,但是 B 地图并没有采用安全级别更高的 HTTPS 加密方式,只是在本地利用一个.so 文件进行加密。此外,某些应用针对非敏感类信息基本未使用非对称加密算法(HTTPS),而是使用对称加密算法进行数据传输,当 SDK 被逆向分析就会导致密钥泄漏。

明文存储是指移动 App 将敏感数据(如登录密码、手势密码等)以明文存储在本地,或加密存储但通过逆向分析程序可以破解该数据,该风险可导致用户存储在手机上的敏感信息和密码口令等秘密数据完全暴露在攻击者面前。若用户手机遗失,则黑客可以了解用户的相关信息,甚至可以冒充用户登录。例如,安卓 Shared Preferences 本地存储方式是开发者常用的存储本地信息的方式,但在 Root 登录过的手机上,黑客可以轻松查阅这些明文保存的信息。而安卓自带的 SQLite 数据库,也是以明文的形式存储在本地文件中的。黑客同样可以在 Root 登录过的手机中查看这些信息。

避免数据泄露和中间人攻击的解决方案如下。

(1)采用 HTTPS 传输数据

传统的 HTTP 是超文本传输协议,信息是明文传输的。而 HTTPS 则是在 HTTP 下加上 SSL 进行加密后进行数据传输,它是 HTTP 的安全版。HTTPS 为用户客户端和服务器之间建立了一个信息安全通道,来保证数据传输的安全。防止数据在中途被窃取,维护数据的完整性,确保数据在传输过程中不被改变。使用 HTTPS 进行传输的数据最终需要解密才能使用,但这个加密方法及密码被服务器证书的公钥加密过,而用于解密的私钥是不对外公开的,所以只有服务器才能把数据包解密后得到加密方法及密码。

(2)使用更安全的加密算法

常见的加密算法分为三大类:非对称加密算法(RSA、DSA、ECC、DH 等)、对称加密算法(DES、AES、3DES、RC2、RC4 等)、哈希加密算法(MD4、MD5、SHA 等)。哈希加密算法是不可逆算法,但是存在碰撞可能,速度较快;对称加密算法使用一个密钥进行加解密;非对称加密算法使用公钥和私钥进行加解密,速度比对称加密要慢,但较安全。由于非对称加密算法本身的复杂性,使得其对大数据加解密的适用性不强,所以非对称加密算法常与对称加密算法结合使用,可以利用非对称加密算法对对称加密算法的密钥进行加密传输。

8.1.3 无须授权的访问

根据用户使用过程体验,可以将 Android 涉及的权限大致分为以下三类。

(1)Android 手机所有者权限:用户购买 Android 手机后,不需要输入任何密码,就具有安装一般应用软件、使用应用程序等的权限。

(2)Android Root 权限:该权限为 Android 系统的最高权限,可以对系统中所有文件、数据进行任意操作。

(3)Android 应用程序权限:Android 提供了丰富的 SDK,开发人员可以根据其开发 Android 中的应用程序。而应用程序对 Android 系统资源的访问需要有相应的访问权限,这个权限就称为 Android 应用程序权限。它在应用程序设计时设定,在 Android 系统中初次安装时即生效。

每个应用程序的 APK 包里面都包含有一个 AndroidMainifest.xml 文件,该文件除了罗列应用程序运行时库、运行依赖关系等之外,还会详细地罗列出该应用程序所需的系统访问权限。程序员在进行应用软件开发时,需要通过设置该文件的 uses-permission 字段来显式地向 Android 系统申请访问权限。一个 Android 应用程序,如果试图在没有适当的安全措施的情况下通过客户端检测进行用户验证或者授权,是存在风险的。应当指出的是,手机 Root 后大多数客户端的保护都是可以绕过的。这意味着一个应用程序可以无须授权就能轻松访问系统的资源和数据,这对于系统来说是极具风险的。下面举一个例子来说明手机 Root 后的风险。

常用的获取 Root 权限的工具很多,在网上搜索“一键 Root”可以找到很多手机 Root 工具。下载一键 Root 工具并安装到安卓模拟器上,安装命令如下:

```
$ adb install "baiduyijianroot_2806.apk"
```

打开一键 Root 软件,系统会弹出权限授予提示框,点击 Allow 允许授权,然后点击应用左下方的 Root 来获取 Root 权限,如图 8-10。

经过 Root 之后,无须授权就可以访问、修改、删除系统文件。

图 8-10　获取 Root 权限

8.2　完　整　性

在 GB/T 25000.10—2016 中，完整性是指系统、产品或组件防止未授权访问、篡改计算机程序或数据的程度。针对移动 App，其完整性的测试主要重点关注 App 有无恶意软件、植入广告，以及 App 是否被篡改、二次打包。这里涉及移动 App 应用管理安全的问题。应用管理安全主要是指应用在下载、安装、升级、卸载过程中的安全问题。它主要包括应用的下载渠道安全、应用的安装包管理安全、应用卸载安全、版本升级安全。移动 App 在应用管理过程中的安全问题主要有以下几点。

(1) 二次打包的恶意应用

一些不法分子对移动 App 进行破解、篡改或插入恶意代码，最后生成新的应用。一旦安装了这些二次打包的恶意应用，手机用户就会遭到频繁的广告骚扰和流量损失。

(2) 残留数据

残留数据主要是指应用在卸载之后没有被完全清除的那部分数据，残留数据中可能会包含应用的一些敏感信息，被攻击者获取后可能会造成信息的无意泄露。

(3) 第三方劫持、欺骗

第三方劫持就是得到资源域的服务器权限，然后替换相关资源，它主要发生在应用的版本升级过程中，它会欺骗手机用户安装另一个恶意应用，从而达到非法目的。

可从以下几方面来测试移动 APP 的完整性。

(1) 下载安装：检测是否有安全的应用发布渠道供用户下载。检测各应用市场是否存在二次打包的恶意应用。

(2) 应用卸载：检测应用卸载是否清除完全，是否残留数据。

(3)版本升级:检测是否具备在线版本检测、升级功能。检测升级过程是否存在被第三方劫持、欺骗等漏洞。

对于恶意应用等问题,也可以使用手机安全软件检测(如腾讯手机管家、360卫士等)。下面分别介绍针对恶意软件、植入广告、二次打包的测试技术。

8.2.1 恶意软件

恶意软件是指为了恶意的目的而故意植入系统的软件或程序。它通过破坏软件进程实施控制,主要有病毒、蠕虫、木马、陷门、逻辑和时间炸弹几种类型。其中病毒是指一组能够自我复制的损坏硬件、软件和数据的指令或者程序代码;蠕虫是指能自行传播的消耗网络和本地系统资源从而受到拒绝服务攻击的恶意代码;木马是指一些看上去有用或无害却利用或损害该程序的系统的隐藏代码;陷门是进入程序的一些秘密入口,它们往往会被黑客设计以便以特殊的、不经授权的方式进入系统;逻辑和时间炸弹是嵌入某些合法程序的一段代码,它会在某些条件下执行一个有害程序对系统造成破坏。恶意软件具备强制安装、难以卸载的特征,它会产生浏览器劫持、广告弹出、恶意收集用户信息、恶意扣费、恶意卸载、恶意捆绑,以及其他侵犯用户知情权、选择权的恶意行为。

1.智能终端恶意代码样本收集和特征提取技术

恶意代码样本的采集主要以移动终端的安全软件上报,以及位于网络中的搜索引擎蜘蛛集群主动抓取。获取恶意代码样本之后,首先通过静态特征匹配检测进行筛选,若是已知恶意代码则丢弃,对于未知恶意代码样本和客户端上传的可疑程序则进行基于虚拟机分析的自动检测。最后,通过人工辅助干预和分析,提取恶意代码特征,并对恶意代码特征库进行更新。

2.静态恶意代码识别技术

恶意代码的识别技术主要分为两类:基于静态特征的恶意代码识别技术和基于动态分析的恶意代码识别技术。本书研究将采取静态分析和动态分析相结合的技术路线。

基于静态特征的恶意代码识别技术是基于样本来分析软件的生产者、软件唯一ID、签名证书信息、版本、安装包文件特征(每个文件大小、数量、时间)、可执行文件特征、权限等静态特征信息,对可疑程序进行分析和特征匹配,从而判断是否为恶意代码。

其实现方式是通过反编译软件包的源代码并对源代码进行扫描,找出具有恶意代码特征的片段,并对其进行分析。关键分析涉及吸费行为、个人隐私窃取、联网行为等可能出现安全问题的行为等。

3.动态恶意代码识别技术

基于动态分析的恶意代码识别技术是通过对程序运行状态的动态监控,分析其是否包含恶意代码的行为特征来进行识别。智能终端恶意代码常见的动态行为特征包括软件安装恶意插件、未经用户确认强制开机自启、未经用户确认强制联网、卸载不干净、发送恶意扣费短信、读取用户隐私信息、诱导扣费操作、恶意群发短信、阻碍卸载或卸载时有恶意行为。

基于动态分析的恶意代码识别技术的实现主要有两种方法:一种是建立系统底层检测模块,使其能够检测、拦截、记录恶意的行为;另一种方法是使用钩子技术(Hook)来检测对敏感API的调用行为。建立系统底层模块是指对现有的Android系统源代码进行改造,加入安全检测模块。检测工具可以对软件运行过程中发送扣费信息、非法链接、非法内容、盗取用户隐私数据的行为进行检测、记录和处理。

8.2.2　植入广告

Android 最大的特点就是开放性，正是因为它的开放性使得市场上的 App 层出不穷，但也存在一些问题，如许多开发者在正版 App 中植入广告然后欺骗用户下载，从中获利，这种植入广告非常影响用户体验。

App 中常见的植入广告的方式有三种：加载应用时段植入广告；运行应用时穿插广告；运行主界面中显示商家广告。

可以通过安全软件检测、设置联网权限和反编译三种方法测试和处理植入广告。

方法一：利用安全软件屏蔽广告。安全软件有很多，比较知名的有 LBE 安全大师、360 手机卫士、腾讯手机管家等，大都具有屏蔽 App 广告的功能。下面就以 LBE 安全大师为例。首先在网上下载 LBE 安全大师并安装到安卓模拟器上：

```
$ adb install "LBEanquandashi_311.apk"
[100%] /data/local/tmp/LBEanquandashi_311.apk
        pkg: /data/local/tmp/LBEanquandashi_311.apk
Success
```

打开 LBE 安全大师，并授予它权限，然后在主界面中点击“安全与隐私”，点击“广告拦截”，点击“一键拦截”按钮就可以屏蔽所有软件中的广告了，如图 8-11 所示。

图 8-11　一键拦截广告

图 8-12、图 8-13 是 re 文件管理器广告拦截前后的对比图。

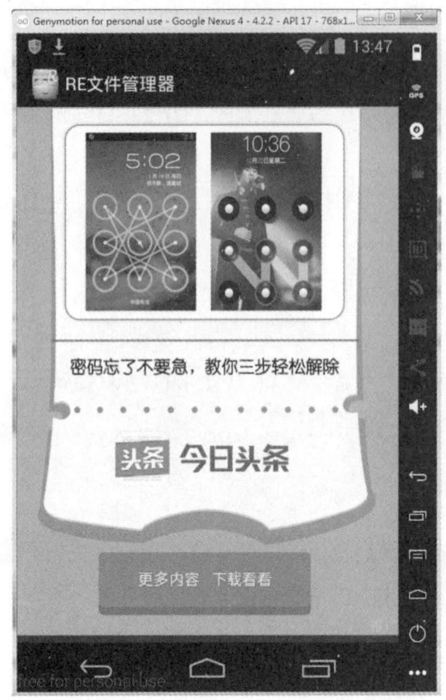

图 8-12　re 文件管理器广告拦截前

图 8-13　re 文件管理器广告拦截后

方法二：设置联网权限屏蔽广告。大部分广告都需要访问网络，可以限制其权限，让它无法联网，从而达到屏蔽广告的目的，可以通过安全软件提供的功能来实现。打开 LBE 安全大师，点击“流量监控”，然后点击“联网防火墙”，如图 8-14 所示。

图 8-14　流量防火墙

将有广告插件的应用的联网权限禁止，如图 8-15 所示，就能达到屏蔽广告的目的了。

图 8-15　禁止 App 流量权限

图 8-16、图 8-17 就是 re 文件管理器广告拦截前后的对比图。

图 8-16　re 文件管理器广告拦截前

图 8-17　re 文件管理器广告拦截后

方法三：自己打造干净的 APK 文件。可以通过反编译（使用 apktool，dex2jar 和 jd-gui 等工具）APK 文件，将 XML 文件中的广告信息去掉，最后重新编译为新的 APK 文件。

使用 apktool 工具反编译带有广告插件应用的 APK 文件，如图 8-18 所示。

```
$ apktool d "pconline1467981085643.apk"
I: Using Apktool 2.0.3 on pconline1467981085643.apk
I: Loading resource table...
I: Decoding AndroidManifest.xml with resources...
I: Loading resource table from file: C:\Users\Lifei\apktool\framework\1.apk
I: Regular manifest package...
I: Decoding file-resources...
I: Decoding values */* XMLs...
I: Baksmaling classes.dex...
I: Copying assets and libs...
I: Copying unknown files...
I: Copying original files...
```

图 8-18　反编译 APK 文件

打开生成的文件夹，在其中的 res 文件夹中的 layout 文件夹下找到 main.xml，用记事本打开该文件，按下"Ctrl+F"找到 fill_parent 和 wrap_content，并将它们都替换为 0.0dip，保存退出，再输入如图 8-19 所示命令重新编译。

```
$ apktool b pconline1467981085643
I: Using Apktool 2.0.3
I: Checking whether sources has changed...
I: Smaling smali folder into classes.dex...
I: Checking whether resources has changed...
I: Building resources...
I: Building apk file...
I: Copying unknown files/dir...
```

图 8-19　重新编译 APK 文件

接下来就可以在生成的文件夹目录下的 dist 文件夹中找到重新生成的 APK 文件，最后用 APKsign 等工具为 APK 文件签名即可使用，具体流程如下：首先在网上下载 APKsign，然后在命令行中生成 Android 的 keystore 文件，最后对 APK 文件进行签名，如图 8-20、图 8-21 所示。

```
管理员: C:\Windows\system32\cmd.exe

D:\mobiletest>keytool -genkey -alias android.keystore -keyalg RSA -validity 2000
0 -keystore android.keystore
输入密钥库口令:
再次输入新口令:
您的名字与姓氏是什么?
  [Unknown]:  lf
您的组织单位名称是什么?
  [Unknown]:  sstl
您的组织名称是什么?
  [Unknown]:  sstl
您所在的城市或区域名称是什么?
  [Unknown]:  sh
您所在的省/市/自治区名称是什么?
  [Unknown]:  sh
该单位的双字母国家/地区代码是什么?
  [Unknown]:  86
CN=lf, OU=sstl, O=sstl, L=sh, ST=sh, C=86是否正确?
  [否]:  y

输入 <android.keystore> 的密钥口令
        (如果和密钥库口令相同, 按回车):
再次输入新口令:
```

图 8-20　生成密钥

APKSign

◉ 中文　○ English　使用帮助

选择要签名的APK:

APK:　est\pconline1467981085643\dist\pconline1467981085643.apk　浏览...

选择签名文件:

位置:　D:\mobiletest\android.keystore　浏览...

密码:　••••••

别名:　android.keystore

密码:　••••••

签名后APK存放路径:

签名后位置:　D:\mobiletest\pconline1467981085643\dist\pconline146798108　浏览...

开始签名　查看日志

图 8-21　对 APK 文件签名

最后通过新的 APK 文件安装该应用,再次打开应用可以发现广告插件已经被清除了,如图8-22 所示。

```
$ adb install "pconline1467981085643_signed.apk"
[100%] /data/local/tmp/pconline1467981085643_signed.apk
        pkg: /data/local/tmp/pconline1467981085643_signed.apk
Success
```

图 8-22　去广告后的 re 文件管理器

8.2.3 篡改、破解、二次打包

篡改、破解、二次打包主要指对移动 App 进行破解、再篡改或插入恶意代码,最后生成一个新应用的过程。

通常不法分子会选取市场上用户下载量高的移动 App 进行二次打包,这些移动 App 拥有大量的用户集群,通过插入广告、木马、病毒的方式窃取用户隐私、吸资扣费、耗费流量成功的可能性更大。二次打包后的盗版移动 App 与正版移动 App 从外观上看完全相同,一般用户无法识别,所以一旦出现无可挽回的损失,用户会将问题扣在正版移动 App 及其开发者头上。而通常开发者和运营人员对此也是毫不知情,严重侵害了开发者的权益。

因此,需要对移动 App 进行加固保护,采用加密或混淆技术能有效避免应用被恶意破解、反编译、二次打包、内存抓取等,同时给应用提供数据加密、签名校验、防内存修改、完整性校验、盗版监测等保护功能,可以从源头消灭恶意盗版应用。

Android 代码混淆是一种 Android App 保护技术,用于保护移动 App 免于被破解和被逆向分析。Android 是一种基于 Linux 的自由而开源的操作系统,Android 上的 App 绝大部分是 Java 语言开发的,编译时会产生 Dalvik 字节码(即 dex 文件),运行时则由 Android 上自带的 Davik 虚拟机解释执行。而使用 Java 开发的 App 很容易被逆向破解,目前比较流行的 Java 程序反编译工具有 baksmali、dex2jar、jd-gui、apktool 等。为了防止 App 被逆向破解,对抗反编译的工具成了重要的手段。常见的方法为使反编译工具无法正常运行、代码混淆等。代码混淆技术的基本原理是对程序进行重新组织和处理,使得处理后的代码与处理前的代码完成相同的功能,而混淆后的代码很难被反编译,即使被反编译成功也让人很难得出程序的真正语义且难以阅读和理解,从而以此来达到防止被逆向分析破解的目的。

目前已知的 Android 代码混淆技术有:

(1)Java 类名、方法名混淆:在 Android SDK 中自带 proguard 代码混淆器,它会删除一些调试信息,并使用一些无意义的字符序列来替换类名、方法名等,使得使用反编译出来的代码难以阅读和理解,从而提升逆向难度。

(2)Java 代码混淆:通过对功能代码流程进行乱序混淆,实际运行时乱序混淆后的代码流程却和原始代码流程是一样的,但反编译出来的代码流程静态阅读时与原始流程有很大差异,使破解者很难通过静态分析理解代码功能,从而保护代码不被逆向分析。

(3)Dalvik 字节码加密:将 dex 文件中的部分或全部 Dalvik 字节码加密,每次需要执行时由专门的 Native 代码负责动态解密和回填,静态反编译出来的代码会变得无法阅读甚至无法反编译,而动态调试也难以逆向分析。

8.3 抗抵赖性

在 GB/T25000.10—2016 中,抗抵赖性是指活动或事件发生后可以被证实且不可被否认的程度。程序在运行过程中访问资源、产生事件的行为可以表现为一组特征。某些特征应该表征一种恶意行为的出现,如消耗电量、修改系统文件等破坏设备的运行环境的行为,安装木马后门的行为,偷发短信的行为。如果只靠单独的一个过程中的一个事件就归类为恶意,是不合理的。事实上,对于恶意软件大多数情况是单独分析其过程中的一步是没有恶意的,但是,随着运行所有的步骤组合在一起构成逻辑序列,就能表征出其恶意性。对于单个

行为特征可以通过简单的向量表示,然而对于复杂的行为组合,难以突出行为组合的特征,可以利用支持向量机分类器提取其行为的字符串特征,生成字符串特征集合,作为动态行为的特征向量。

该方法主要功能是利用 DroidBox 对 Android 虚拟机中运行的软件的行为进行动态监测,并提取行为特征,通过训练成熟的 SVM 分类器对行为特征分类,检测该软件是否为恶意软件。动态行为分类模块包括行为监测和行为特征分类。

该方法的执行流程如图 8-23 所示。

(1)启动 Android 虚拟机,运行待检测软件。

(2)利用 DroidBox 工具动态地检测运行软件的行为,包括系统调用、CPU 和内存的资源消耗、电量消耗、短信、网络流量等行为。

(3)分析监控日志,并与危险行为库中的行为进行比较,判断是否存在危险行为。

(4)将最终记录的行为生成行为组合,并提取该行为组合的字符串特征向量。

(5)分析样本软件中正常软件和恶意软件的行为特征,提取字符串特征向量,构成训练数据,对 SVM 分类器进行训练,建立分类模型。

(6)利用建立的分类模型对提取的行为特征向量进行分类,根据分类结果判定是否为恶意软件。

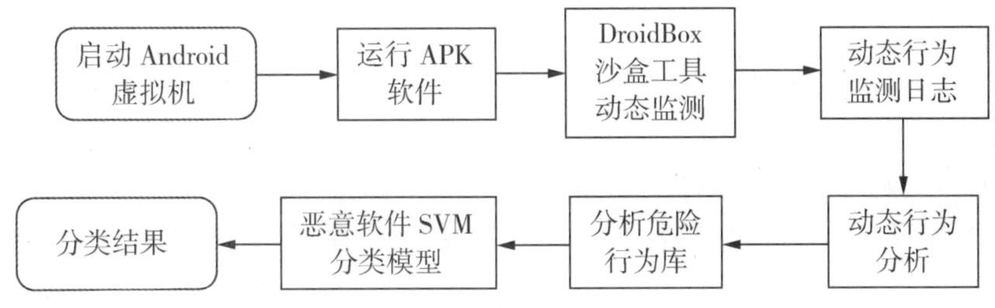

图 8-23　动态检测恶意软件

8.4　可 核 查 性

在 GB/T 25000.10—2016 中,可核查性是指实体的活动可以被唯一地追溯到该实体的程度。可从系统日志检查和配置检查两方面来测试可核查性。

8.4.1　系统日志检查

Android 提供的 Logger 日志系统是基于内核的 Logger 日志驱动程序实现的,它将日志记录保存在内核空间内。为了内存空间能够被合理地利用,Logger 日志驱动程序会在内部使用一个环形的缓冲区对日志进行保存,所以当缓冲区满了之后,新的日志就会覆盖掉旧的日志。

由于旧的日志会被新的日志覆盖,所以 Logger 日志驱动程序会根据日志的类型和日志的输出量对日志记录进行分类。其主要分成四类:main、system、radio 及 events。这四种类型的日志分别通过/dev/log/main、/dev/log/system、/dev/log/radio、/dev/log/events 四个设备文件来进行访问。

main 的日志是应用程序级别;system 的日志是系统级别,这个类型的日志相较于程序级别的日志更重要,所以与 main 类型的日志记录分开;events 类型的日志是用来诊断系统问题的记录;radio 的日志记录是与无线设备相关的,日志记录量比较大,所以单独记录,这样可以防止覆盖掉其他类型的日志记录。

系统还提供了一个名为 Logcat 的工具来读取和显示 Logger 日志。Logcat 是内置在 Android 系统中的一个实用的工具,可以通过 adb 使用 Logcat 工具。其具体步骤是连接设备,打开设备的调试功能,然后可使用 adb logcat 命令来查看目标设备上的日志记录。

8.4.2 配置检查

所有 Android 的移动 App 都需要有一个配置文件,这个配置文件被命名为 AndroidManifest.xml,并放置于每个 Android 的移动 App 的根目录下。AndroidManifest.xml 是一个定义了以下信息的至关重要的控制文件。

(1)哪些权限是可提供给应用程序的。

(2)哪些应用程序能获得这些权限。

(3)一个程序跨特权障碍可调用的接口。

(4)这些调用所需的权限。

(5)用户应用程序的运行。

(6)组件运行的进程。

(7)组件的可见性和访问规则。

(8)各种库与功能。

(9)应用程序运行的最小 Android 版本。

这个配置文件是用户安装的每个应用程序的一部分,以及 Android 平台本身构建的一部分。

这个配置文件中定义了应用和组件的访问控制策略,同时还定义了 Android 系统与应用进行交互的应用程序和组件层次的细节信息。在配置文件中,可以执行一些诸如声明权限、与其他应用共享一个进程、外部存储、管理组件的能见度等的操作。AndroidManifest.xml 文件是整个应用程序中最重要的文件,它对应用程序的安全至关重要。配置文件是不可扩展的,因此应用程序不能添加自己的属性或标签。配置文件中标签及其嵌套标签的完整列表如下所示。

```
<uses-sdk><?xml version="1.0" encoding="utf-8"? >
<manifest>
    <uses-permission />
    <permission />
    <permission-tree />
    <permission-group />
    <instrumentation />
    <uses-sdk />
    <uses-configuration />
```

```
        <uses-feature />
        <supports-screens />
        <compatible-screens />
        <supports-gl-texture />
        <application>
          <activity>
            <intent-filter />
            <action />
            <category />
            <data />
            </intent-filter>
            <meta-data />
        </activity>
        <activity-alias>
            <intent-filter> </intent-filter>
            <meta-data />
        </activity-alias>
        <service>
            <intent-filter> </intent-filter>
            <meta-data/>
        </service>
        <receiver>
            <intent-filter> </intent-filter>
            <meta-data />
        </receiver>
        <provider>
            <grant-uri-permission />
            <meta-data />
            <path-permission />
        </provider>
        <uses-library />
      </application>
    </manifest>
```

其中,有两个最重要的标签,即<manifest>标签和<application>标签,同时也是配置文件中必需的两个标签。其中<manifest>标签用于声明应用程序的特定属性,它的声明如下:

```
<manifest xmlns:android="http://schemas.android.com/apk/res/android"
        package="string"
        android:sharedUserId="string"
        android:sharedUserLabel="string resource"
        android:versionCode="integer"
        android:versionName="string"
        android:installLocation=["auto" | "internalOnly"|"preferExternal"] >
</manifest>
```

<manifest>标签中的属性的描述如下所示。

(1) xmlns:android:这个属性用于定义 android 的命名空间,一般为 http://schemas.android.com/apk/res/android,使得 Android 中各种标准属性能在文件中使用,提供了大部分元素中的数据。

(2) package:这是应用包的名称。它是移动 App 程序以 Java 风格命名的名字空间,例如,com.android.example,它是移动 App 程序的唯一 ID。如果修改一个已发布应用程序的名称,系统会将它认为是一个新的移动 App 程序,这会导致自动更新将无法工作。

(3) android:sharedUserId:这个属性用于表明共享同一个 Linux ID 的两个或多个应用程序的数据权限。默认情况下,Android 会给每个 APK 分配一个唯一的 UserID,所以系统会默认禁止不同的 APK 共享数据。若要共享数据,第一种方式是采用 sharePreference 方法,第二种方式则是采用 sharedUserId,将不同 APK 的 sharedUserId 都设为一样,则这些 APK 之间就可以共享数据了。

(4) android:sharedUserLabel:这是一个共享的用户名,它只有在设置了 sharedUserId 属性的前提下才会有意义,它必须是一个字符串资源。

(5) android:versionCode:这是用于应用内部跟踪修订的版本代码。这段代码会作为将应用程序更新到最新版本的参考。

(6) android:versionName:这个版本名称是显示给用户看的,可以被设置为原始字符串或作为参考,并且仅用于展示给用户。

(7) android:installLocation:这个属性定义了一个 APK 将被安装的位置。

<application>标签声明了每一个应用程序的组件及其属性,它的声明如下:

```
<application android:allowClearUserData=["true" |"false"]
        android:allowTaskReparenting=["true"|"false"]
        android:backupAgent="string"
        android:debuggable=["true"|"false"]
        android:description="string resource"
        android:enabled=["true"|"false"]
        android:hasCode=["true"|"false"]
        android:hardwareAccelerated=["true"|"false"]
        android:icon="drawable resource"
```

```
android:killAfterRestore=["true"|"false"]
android:largeHeap=["true"|"false"]
android:label="string resource"
android:logo="drawable resource"
android:manageSpaceActivity="string"
android:name="string"
android:permission="string"
android:persistent=["true"|"false"]
android:process="string"
android:restoreAnyVersion=["true"|"false"]
android:supportsRtl=["true"|"false"]
android:taskAffinity="string"
android:theme="resource or theme"
android:uiOptions=["none"|"splitActionBarWhenNarrow"]>
</application>
```

<application>标签中的许多属性都是作为应用程序中声明的组件的默认值而存在的，这些属性包括 permission、process、icon 和 label。而其他诸如 debuggable 属性和 enabled 属性则是为整个应用程序而设置的属性。<application>标签中的属性的描述如下所示。

(1) android:allowClearUserData：这个属性决定用户能否选择自行清除数据，默认为 true，程序管理器会包含一个允许用户清除数据的选择。

(2) android:allowTaskReparenting：这个属性的值可以被<activity>元素覆盖。它可以决定是否允许 activity 更换从属的任务，比如从短信息任务切换到浏览器任务。

(3) android:backupAgent：此属性包含了这个应用程序备份代理的名称，它的属性值应该是一个完整的类名。

(4) android:debuggable：当设置为 true 时此属性允许应用程序调试。此属性值应在应用被发布到应用市场之前始终被设置为 false。

(5) android:description：这是将一个字符串资源设置为引用的用户可读的说明。

(6) android:enabled：这个属性如果设置为 true，Android 系统能实例化应用程序的组件。该属性可以被组件覆盖。

(7) android:hasCode：如果这个属性设置为 true，应用程序将在启动组件时尝试加载一些代码。

(8) android:hardwareAccelerated：当设置为 true 时此属性允许应用程序支持硬件加速。它是在 API 11 中推出的属性。

(9) android:icon：这个属性声明了整个应用程序的图标，图片一般放在 drawable 文件夹下。

(10) android:killAfterRestore：如果这个属性设置为 true，一旦在一个完整的系统恢复过程中还原其设置，应用程序将被终止。

(11)android:largeHeap:这个属性可以让 Android 系统为这个应用程序创建一个大型的 Dalvik 堆并增加应用程序的内存占用,所以这个属性应该尽量少用。

(12)android:label:这是应用程序的用户可读标签。

(13)android:logo:这是应用程序的标志。

(14)android:manageSpaceActivity:这个属性的值是管理应用程序内存的 Activity 组件的名称。

(15)android:name:该属性是应用程序中所实现的 Application 子类的全名。当应用程序进程开始时,该类在所有应用程序组件之前被实例化。

(16)android:permission:这个属性可以被组件覆盖,它用于设置一个客户端应该有的与应用程序交互的权限。

(17)android:persistent:这个属性决定了该应用程序是否应该在任何时候都保持运行状态,默认为 false。应用程序通常不应该设置本标识,该模式仅仅应该设置给某些系统应用程序才是有意义的。

(18)android:process:这是应用程序进程的名称,它的默认值为<manifest>元素里设置的包名,当然每个组件都可以通过设置该属性来覆盖默认值。

(19)android:restoreAnyVersion:这个属性用来表明应用是否准备尝试恢复所有的备份,甚至该备份是比当前设备上更要新的版本,默认是 false。

(20)android:supportsRtl:当设置为 true 时,此属性支持从右到左的布局。它是在 API 17 中加入的属性。

(21)android:taskAffinity:这个属性让所有的 Activity 组件都有带有包名的 Affinity,除非它是显式的 Activity。

(22)android:theme:这是应用程序样式资源的一个引用。

(23)android:uiOptions:如果此属性被设置为 none,则没有多余的 UI 选择;如果设置为 splitActionBarWhenNarrow,受限于屏幕则状态栏会被设置到底部。

配置检查一般指的是查看移动设备安装的应用的 Manifest 配置,可以利用的工具有 Manifest Explorer、Manifest Analyzer、drozer、apktool 等,其主要功能是查看应用 AndroidManifestxml.xml 中的信息,可用于查看应用组件信息、申请的权限、可导出的组件、allowbackup 与 debuggable 配置,而这些信息也是配置检查中的主要检查点。以下介绍这些配置检查工具的基本使用方法。

1.Manifest Explorer

在网上下载 Manifest Explorer(下载地址:https://github.com/AndroidSecurityTools/manifest-explorer),下载完成后解压到本地目录下。

打开 Eclipse,点击菜单栏中的"File→Import…",选择 manifest-explorer-master 项目导入,创建一个模拟器,然后运行程序,如图 8-24 所示。。

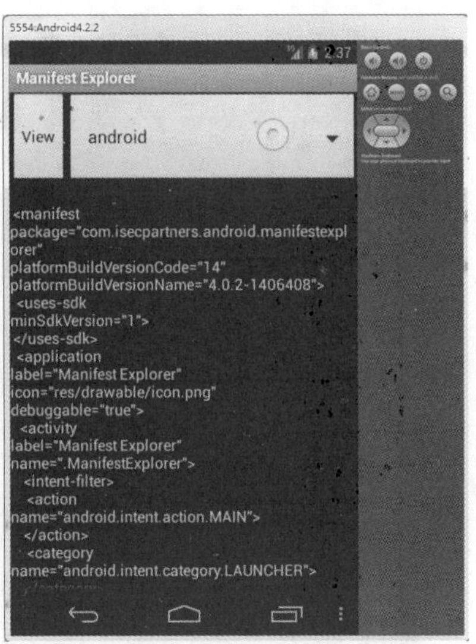

图 8-24　Manifest Explorer 界面

选择一个应用,然后点击 View 按钮就可以查看这个应用的配置文件了,如图 8-25 所示。

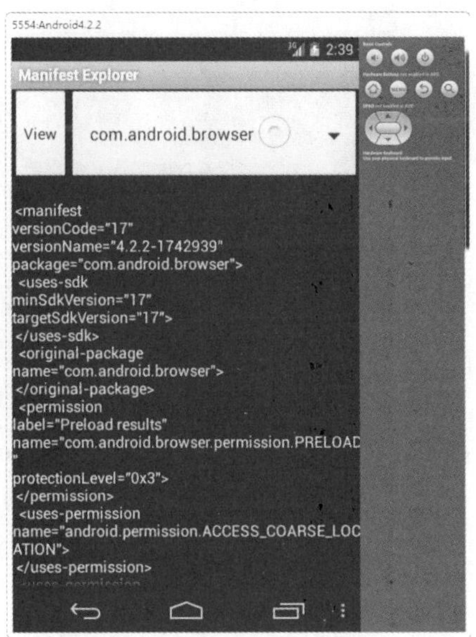

图 8-25　查看 App 的配置文件

2.Manifest Analyzer

在网上下载 Manifest Analyzer(下载地址:https://github.com/AndroidSecurityTools/ManifestAnalyzer),下载完成后解压到本地目录下。

打开 Eclipse,点击菜单栏中的"File→Import…",选择 ManifestAnalyzer-master 项目导入,创建一个模拟器,然后运行程序,如图 8-26 所示。

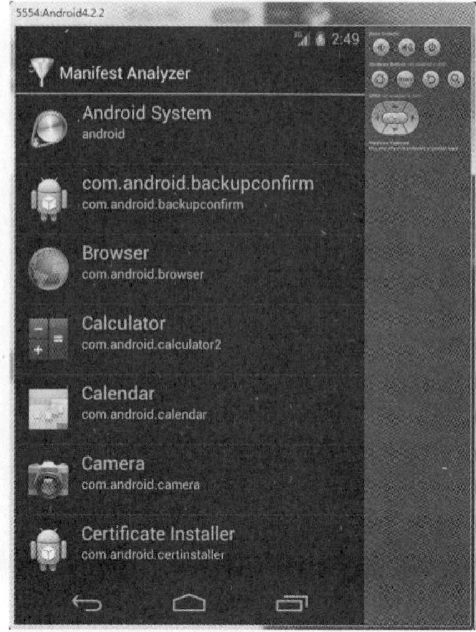

图 8-26　Manifest Analyzer 界面

选择一个应用,点击就能查看配置文件,如图 8-27 所示。

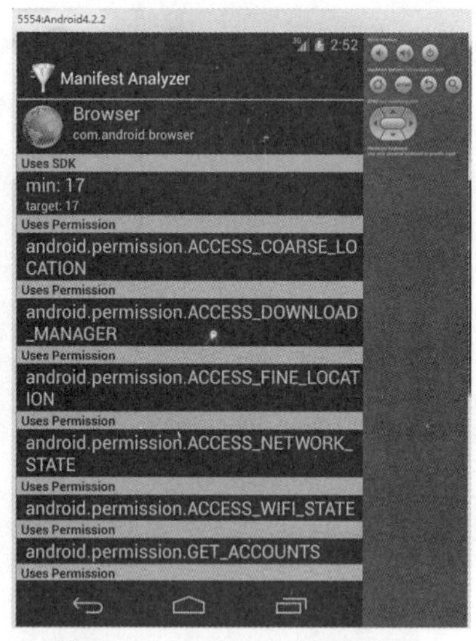

图 8-27　分析 App 的配置文件

3.drozer

drozer 有一个称为 app.package.manifest 的模块,可以在 drozer 控制台上展示某个应用的 AndroidManifest.xml 文件。

首先从 https://labs.f-secure.com/tools/drozer 下载 drozer PC 版及其对应的 Android 端代理 agent.apk。在 Android 设备中安装 agent.apk 后,在 Android 设备上开启 drozer Agent,选择 Embedded Server,如图 8-28 所示。

图 8-28　在 Android 端启动 drozer Agent

然后在计算机上使用 adb 连接 Android 设备,设置端口转发,转发到 drozer 使用的端口 31415,命令如下:

adb forward tcp:31415 tcp:31415

之后在计算机端开启 drozer console,命令为

drozer console connect

之后就可以对 Android 设备中的 App 进行分析了。在 drozer console 中运行命令"run app.package.manifest com.wandoujia.phoenix2"就可以在控制台展示豌豆荚应用的配置文件,如图 8-29 所示。

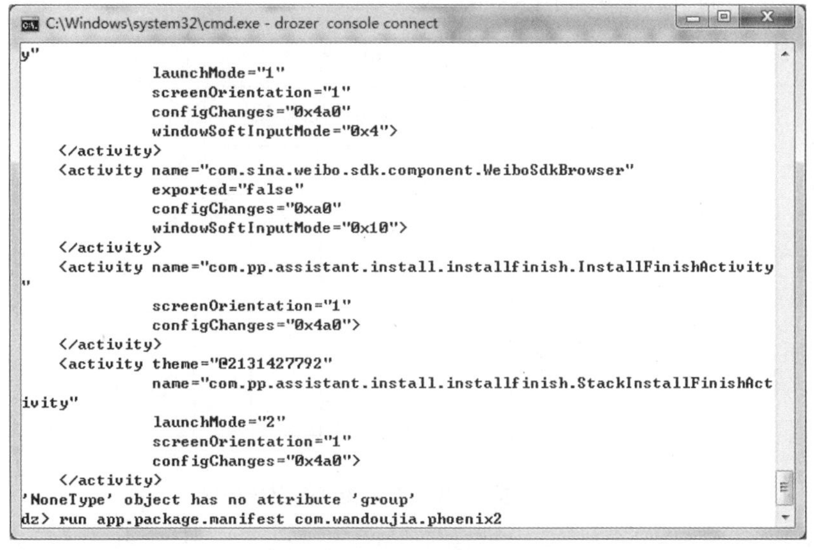

图 8-29　drozer 查看 App 的配置文件

8.5　整体安全检测

除以上信息安全性的测试方法外，移动 App 也可以利用综合安全检测工具进行安全测试。移动 App 客户端软件的安全检测工具设计主要由静态分析和动态分析两部分构成。

静态分析是指对应用软件包进行静态分析，例如通过特征码匹配的方式，或者通过对软件包进行反汇编获得的源代码，利用智能模式识别的方式，识别应用软件的恶意行为指令。

动态分析方法是指，通过监控并记录应用软件的行为来判定其是否具有恶意行为，这与计算机上的安全软件的主动防御技术有类似的思路。针对 Android 兼容操作系统，有两种方式来实现应用软件的行为监控。一种是利用 Android 系统的开源性，修改操作系统，增加一个特定的行为监控层。对于无法修改操作系统软件的情形，则可以利用 Hook 技术，挂钩系统关键敏感 API 的执行来实现。动态分析可以在智能终端的真机上运行检测，但为了提高自动化检测的效率，也可以在计算机的模拟器环境中运行检测。此外，可通过 adb 获得测试用例的运行结果。

对于待检测应用软件包，将综合静态分析和动态分析的结果，根据移动 App 恶意代码特征及恶意行为的知识库，最终判定应用的安全性。

安全测试包括应用安全、数据安全、操作系统安全，具体包括：

(1)软件权限：运行 App 时，要考虑是否会有扣费风险、泄露隐私风险、非法授权访问等方面因素。

(2)安装与卸载的安全性：在安装此应用时，是否包括数字签名、是否捆绑了其他软件、是否自启动、卸载时是否影响其他数据的使用等。

(3)数据安全性：当 App 处理一些敏感数据时，不应以明文形式将数据存储到其他单独的文件或临时文件中，对于临时文件要及时删除，以免这些数据遭受入侵袭击、盗用，引起不必要的损失等。

安全测试的组成模块如图 8-30。

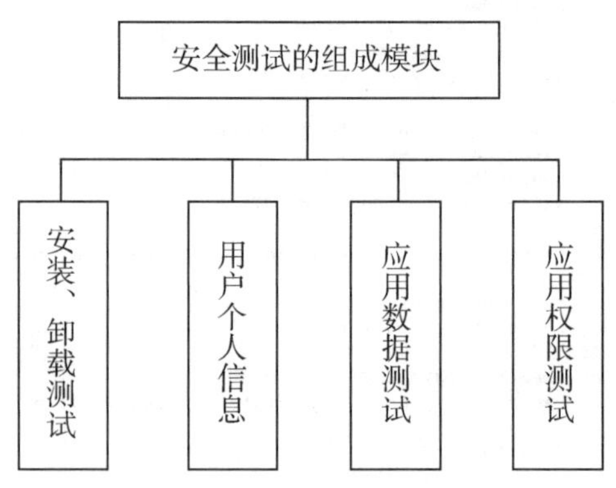

图 8-30　安全测试的组成模块

下面以梆梆安全移动 App 安全测评云平台为例介绍移动 App 的整体安全检测。梆梆安全的移动 App 测评云平台，为开发者提供了一种简易、智能、全面的测评方式，其测评表项针对 App 的应用程序本身，只需要将开发的 APK 或 IPA 文件提交至测评平台，测评平台将会自动开始对 APK 或 IPA 主要的安全指标进行测评。测评的结果包括每个测评项目的检测目的、测评项目可能产生的危害、测评项目的详细内容及相应的解决方案。

梆梆安全的移动 App 测评平台为开发者提供的测评主要分为三类，分别是安全检测、风险评估和漏洞扫描。

安全检测：查看 APK 应用内部行为是否符合安全规范，这些内部行为可能导致信息泄露、权限混乱、带有敏感内容、带有病毒或者广告等。

风险评估：检测 APK 当前的实现可能面临的外部攻击风险，此类风险是目前 APK 应用环境中常见的安全隐患，可以利用其进行二次打包及盗取敏感数据等非法操作。

漏洞扫描：分析 APK 在业务实现中可被利用的技术漏洞，黑客可以通过这些漏洞直接对应用进行攻击、越权操作、破坏应用等。

首先登录梆梆安全移动 App 安全测评云平台，点击“选择文件”，选择需要测评的 APK 或 IPA 文件，点击确定，上传 APK 或 IPA 文件，等待上传完成，如图 8-31 所示。

图 8-31　选择上传 APK 或 IPA 文件

点击“开始测评”进行评测。测评队列中包括序号、应用名称、文件名称、版本、大小、提交日期和测评状态等，如图 8-32 所示。

上传apk

程序安装文件　选择文件

程序名称

程序版本

开始测评

apk测评队列

序号	应用名称	文件名称	版本	大小	提交日期	状态		
1	交通银行	com.bankcomm.Ba...	3.2.8	86.93M	2018-09-05 15:38:12	1/72	详细进度	取消

图 8-32　开始测评

测评完成后点击“测评结果”，显示测评结果列表，可以看到测评对象的基本信息及测评结果，可以点击“预览”查看测评结果，也可以下载 WORD、PDF 版本报告，如图 8-33 所示。

图 8-33　测评结果列表

点击每一个安全问题，可以详细显示具体安全问题细节，包括测评目的、危险等级、危害、测评结果、测评结果描述、测评详细信息、解决方案等，如图 8-34 所示。

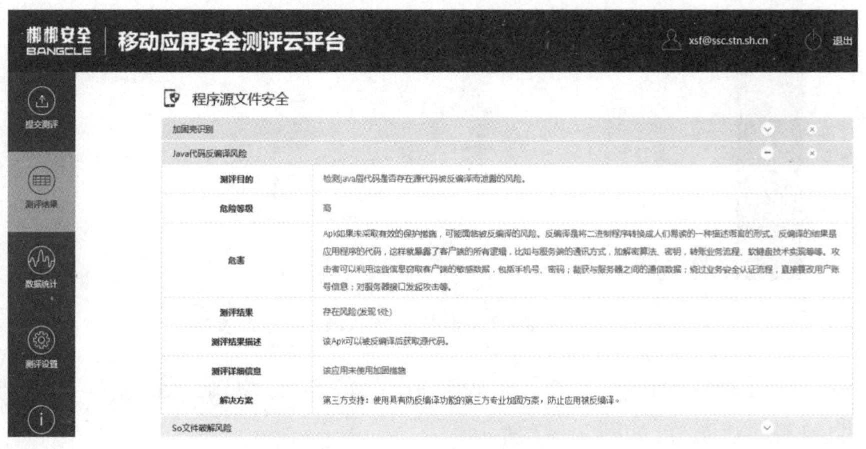

图 8-34　详细测评结果

第 9 章　移动 App 维护性测试

维护性是指产品或系统能够被预期的维护人员修改的有效性和效率的程度，即是否可以通过修改软件来实现软件修改的功能。维护性主要从易分析性、易修改性和易测试性进行测试。

9.1　易 分 析 性

易分析性是指可以评估预期变更（变更产品或系统的一个或多个部分）对产品或系统的影响、诊断产品的缺陷或失效原因、识别待修改部分的有效性和效率的程度。易分析性测试内容主要包括以下几部分。

（1）识别软件的版本号/名称。

（2）软件运行过程中（异常、失效时）有明确的提示信息。

（3）用户可标识引起失效的是哪个具体操作。

（4）对诊断功能的支持。

（5）状态监视的能力。

（6）系统应具备错误日志记录功能。

（7）错误日志应具备良好的可读性，应包含报错时间、错误描述、异常模块、出错时用户操作等信息。

接下来，对每一个测试内容进行说明：

（1）识别软件的版本号和软件名称。不同移动 App 的版本是跟踪错误、分析缺陷的首先需要明确的信息，尤其是移动 App 发展速度快、功能迭代版本多，不同版本中存在的问题也不完全相同。

从图 9-1 中，可以看到微信的版本号为 6.6.7。由于移动 App 的界面显示有限，进入版本号的界面需要一定的步骤，而且不同移动 App 的界面组成不同，因此，测试前需要获得版本号。

图 9-1　关于微信

软件名称也是重要的内容，在移动 App 中，多语言的支持对于名称来说，可能会出现多种名称，如常见的微信：中文版的名称为微信，英文版的名称为 WeChat。在开发过程中，如 iOS 可通过 InfoPlist.strings 文件进行设置，在英文中写入 CFBundleDisplayName = "WeChat"，中文的写入 CFBundleDisplayName = "微信"。

（2）软件运行过程中（异常、失效时）有明确的提示信息。移动 App 中，应用运行过程中出现的应用异常，应给出明确的提示。出现的提示信息主要包括系统或应用故障、用户执行的多个操作产生了冲突等。

（3）应给出引起失效的操作。用户可标识引起失效的是哪个具体操作。

(4)对诊断功能的支持。检查错误诊断功能能否正确工作。

(5)状态监视的能力。检查是否具有状态监视的功能。

(6)系统应具备错误日志记录功能。系统应记录所有操作及其日志信息。

(7)错误日志应具备良好的可读性。可以通过检查系统自带的日志系统来给出具体日志,系统日志应包含报错时间、错误描述、异常模块、出错时用户操作等信息。

错误发生后,最有效的修复错误办法就是知道错误发生时的上下文,这里的上下文就是未按预期执行时出现的场景。

首先,应给出用户提出错误出现的场景,常见提示有:

(1)用户输入了错误信息(格式、敏感词、字数不符等),比如错误的邮箱、输入字符数量过多等问题,如图 9-2 所示。

在用户输入错误信息时及时出现提示信息帮助用户修正错误,不仅需要提示用户哪个输入错误,发生错误的原因,而且需要告诉用户如何修改从而使错误不再发生。

在用户输入时便检测,即在前端便判断用户的输入错误。

在检测到用户输入错误时,可禁用相关按钮,直到用户输入正确,或帮助用户规避错误。

Airbnb 用户输入错误格式的邮箱地址

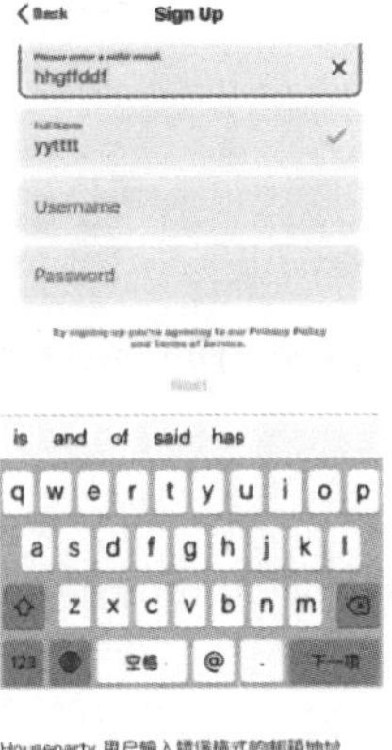

Houseparty 用户输入错误格式的邮箱地址

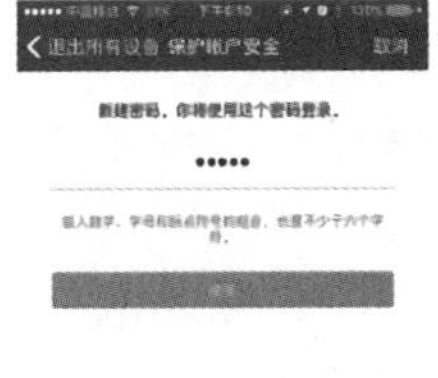

Facebook 用户输入错误格式的密码，禁用提交按钮

Twitter 用户输入字数超过限制，在剩余20个字数时开始提示

图 9-2　常见输入错误提示

(2)用户输入的内容不完整,如图 9-3 所示。

用户输入内容不完整时,及时出现提示信息提醒用户填写必填项。在用户未完成信息输入时,可禁用提交按钮,或在用户提交时检测未完成必填项。

(3)用户提交的信息不匹配,如图 9-4 所示。

用户提交的信息与后台数据不匹配,提示用户修正信息。

在移动 App 中,用户提交到后台进行处理的信息,会受到很多因素的影响,最终会导致数据处理失败,移动 App 都会出现相关的提示。在这里,应该关注提示信息是否能对易分析性给出足够的帮助,而不是被提示信息所误导。

提示信息的准确程度对移动 App 的维护分析至关重要。如果这些移动 App 给出的信息不准确,那么这些信息在某种程度上会对分析产生不利影响。

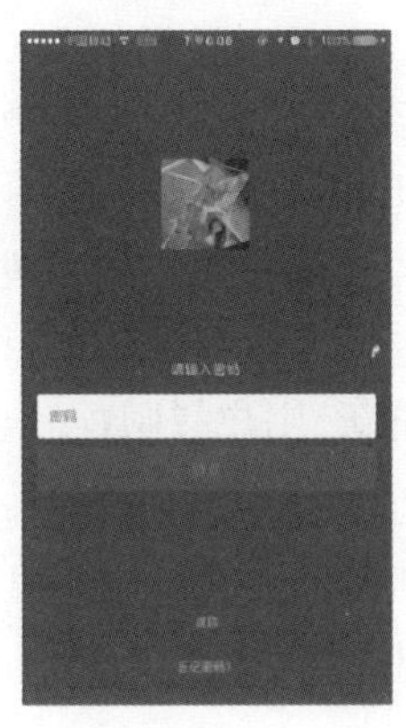

Twitter / Instagram / Facebook 在用户完成必填项前禁用提交按钮　　Nike+ 用户在未完成必填项，提交后出现错误信息提示

图 9-3　输入不完整提示

Twitter 验证账号安全输入错误用户名的错误提示　Twitter 登录账号密码错误提示　Facebook 登录密码错误提示　Google 登录账号错误提示

图 9-4　信息不匹配提示

出现问题原因很多,主要有以下几个方面。

(1)移动 App 终端的数据连接是否被打开?

(2)移动 App 终端是否处于弱网络中?

(3)移动 App 终端是否可以连接特定的服务器?

(4)移动 App 终端是否可以确保以合适的速度连接服务器?如某些移动 App 需要达到一定连接速度才能满足应用使用,如视频、游戏等。

如果给出的信息都是无法连接数据库,那可能对进一步分析问题的原因带来难度,如果移动 App 能够给出具体问题的发生原因或者可能的问题定位,则可以较好地提升问题定位能力,从而提升维护性的易分析性。

9.2 易修改性

易修改性是指产品或系统可以被有效地、有效率地修改，且不会引入缺陷或降低现有产品质量的程度。在移动 App 中，易修改性主要测试是否可以通过参数配置，用户、流程、权限的定制化，以一种简单、易操作的方式完成系统的修改。

具体的测试内容包括多语言的切换、可扩充应用、配置可修改。检查修改后的软件的稳定性、版本更新、数据更新、用户权限配置、软件变更控制的能力。

1.多语言切换

通过 App 的相关配置来修改所采用的显示语言。常见的显示语言有中文、英文。中文字符必须符合国家标准 GB 18030—2005《信息技术 中文编码字符集》。

2.可扩充应用

可扩充应用指易增加新的功能模块，也就是说，移动 App 可以通过各种模块的静态、动态安装、卸载来增加或移除相关的功能。可扩充应用可以根据用户需求添加相关应用。可扩充应用包括以下三种典型模式。

(1)多版本。在移动 App 中，很多移动 App 软件提供多种版本，不同版本根据提供的功能不同来提供不同的服务。这个模式中，应用程序 App 的名称都类似，唯一不同的差别是名称后面可能有表示其差异的符号，如 Pro、Lite 等。由于移动 App 有不同的运营模式，不同版本的移动 App 软件有可能采用收费下载或其他模式来区别其差别。

(2)按需扩充。根据用户需要扩充相关模块，这些模块一般是根据用户需要，其开发一般是由开发方提供。

(3)第三方扩充。提供支持第三方开发的可扩充应用，也就是说，任何开发方只要遵循移动 App 软件的需求，都可以开发相关应用来完成可扩充的应用。

当前，微信小程序可以认为是一种动态的第三方可扩充应用。这种动态可扩充应用每次根据微信用户的申请来获得最新的小程序，加载在微信主界面中。

3.配置可修改

配置可修改是指是否可以通过移动 App 的配置来修改该移动 App 的行为。

9.3 易测试性

在 GB/T 25000.10—2016 中，易测试性被定义为能够为系统、产品或组件建立测试准则，并通过测试执行来确定测试准则是否被满足的有效性和效率的程度。在移动 App 的测试中，易测试性是指是否可以通过一些信息获得测试信息，这些信息可以进一步为开发者提供修复或优化软件的功能。

Android 本身提供的错误信息日志是评估 App 易测试性的一种方法，可通过读取 Logger 日志系统实现日志的读取。其中 main 的日志是应用程序级别；system 的日志是系统级别，这个类型的日志相较于程序级别的日志会更重要；events 类型是用来诊断系统问题的记录；radio 的日志记录是与无线设备相关的，日志记录量比较大。

可以通过 adb 使用 logcat 工具读取日志。其具体步骤为连接设备，打开设备的调试功能，然后使用 adb logcat 命令查看目标设备上的日志记录。

第 10 章　移动 App 可移植性测试

在兼容性测试一章中,对软件质量模型中的兼容性和可移植性进行了对比分析。本章将对在开发移动 App 时,进行可行有效的可移植性测试进行描述。可移植性是指系统、产品或组件能够从一种硬件、软件或者其他运行(或使用)环境迁移到另一种环境的有效性和效率的程度。目前,仅国内移动终端设备就超过了一万种,想要全面覆盖所有设备不是一个经济可行的方式。首先,一般而言开发测试人员没有条件获得所有种类的移动终端设备;其次,即使是同一个设备也会有不同版本的操作系统;最后,对每个设备进行应用的测试将会非常花费时间。这些都是可移植性测试的难点所在,所以可移植性测试方法的关键就是选择一套具有代表性的设备进行测试,达到高覆盖率的效果,从而节省时间和经济消耗。

基于 Android 的该类移动终端数量多、最终用户广泛,对于面向 Android 的移动终端设备商来说,舍弃任何一类型号移动终端设备的适配,这个移动终端的最终用户若遇到各种问题时会毫不犹豫地抛弃移动终端,并可能产生连锁效应,这对移动终端这类硬件厂商是不利的。

移动 App 的可移植性测试主要关心以下三个方面的问题,即平台、设备特征和 API(应用程序接口)。

平台是指移动 App 是否能在不同移动操作系统的众多不同版本中正常运行,比如 iOS、Android 和 Windows Phone。这些操作系统的更新速度较传统终端设备来说更为频繁,并仍处于完善阶段,在最新的版本中都会提供与以前不同的编程接口和语句方法,这就导致了后期开发的程序在早期的系统版本中会产生错误,甚至无法运行。其中,由于 Android 系统是开源系统,其版本更为复杂,大部分生产商都会在开源版本上修改和定制,使得平台兼容问题更为复杂。

设备特征是指验证被测移动 App 是否能在不同的移动设备的硬件特征正常运行。移动设备与传统的设备相比,有许多不同的内置硬件特征,包括 CPU、内存、屏幕尺寸、屏幕分辨率、网络连接方式、摄像头、GPS、陀螺仪等。举例来说,网络有 2G、3G、4G、5G 及 WiFi,屏幕尺寸有 4 寸、5 寸等。不同的硬件特征可能会产生许多兼容性问题。

API 是指移动 App 需要兼容不同版本的 API,比如硬件驱动、其他软件的编程接口等。

目前,可移植性测试主要有以下几方面问题。

1.移动 App 可移植性测试耗费更高

移动设备在近几年里换代速度非常快,大部分厂商都保持着一年推出一款新的机型,移动 App 的操作系统和 API 更新也相对频繁,因此,移动 App 升级也有着非常短的更新周期,移动 App 需要不停更新才能保持用户的黏性。这些都对可移植性测试有着很高的要求。

2.复杂的用户交互

移动 App 有更复杂的用户交互情况,比如密码、手势、语音、指纹,以及各类传感器,这些复杂的交互会产生意外的兼容性错误。

3.缺乏系统的模型和方法

在移动 App 可移植性测试领域,大多是测试工程师依靠经验来选择设备进行测试,这是不完善且低效的。移动 App 兼容性测试缺乏系统性的模型和方法进行低成本高效益的测试。

10.1 适 应 性

在 GB/T 25000.10—2016 中,适应性是指产品或系统能够有效地、有效率地适应不同的或演变的硬件、软件或者其他运行(或使用)环境的程度。这里主要是指移动 App 在不同版本的系统下、在不同定制的 ROM 系统下(不同机型)、在不同的平台下(ARM、X86、32 位或者 64 位)的表现情况。其缺陷主要体现在无法安装、点击后闪退、启动时间超长、UI 布局错位、运行不稳定、与其他应用程序冲突等问题。所以进行可移植性测试也是移动 App 测试的一个环节。

10.1.1 不同版本的系统

1.不同的版本 API 的关系

有时用户使用某些移动 App 时会遇到这样的情况:移动 App 在软件升级过程中出现了问题,下载后安装时出现“解析包时出现错误”的错误后停止。但这个问题并不是所有的手机都会出现。首先怀疑下载 APK 包的时候出现了问题,或许是在数据流传输的过程中丢包了,造成 APK 文件不完整。查看下载方法,发现移动 App 是用 File.createTempFile 的方法进行下载的,而使用该方法下载的文件,在不同 Android 系统下文件的存储位置不同。在 Android 1.6、Android 2.2、Android 2.3 系统下,用该方法创建的文件会存放到 SD 卡上;在 Android 4.1 系统下,则会将临时文件存放到/data/data/应用包名/cache 目录下,而这个目录仅对本应用程序有读写权限,所以当程序下载成功后发送 Intent 给系统安装时,系统安装程序没有访问该文件的权限,于是系统就会出现“Permission denied”的提示,弹出“解析包时出现错误”。这个问题就是典型的不同的系统版本引起的应用错误。

图 10-1 是在 SDKManager 中的截图,可以清楚地看出 Android 版本与 API 版本的对应关系。

在构建开发工具中,需要指定 SDK 的版本号,也就是 API Level,例如 API-19、API-20、API-21 等。在 Eclipse 的 project.properties 文件中使用“target = android-20”来描述。而在 Android Studio 中是必须在 app 目录下的 build.gradle 中通过 compileSdkVersion 来设置,一般来说应该设置为最新的 SDK 版本。

buildeToolVersion 是构建工具的版本,其中包括了打包工具 aapt、dx 等。这个工具的目录位于 sdk/build-tools/XX.X.X。版本号一般是 API LEVEL XX.X.X。例如 API-24 对应的 build-tool 的版本就是 24.0.0,在这之间可能有小版本,例如 24.0.1 等。在 Ecplise 的 project.properties 中可以设置 sdk.buildtools = 24.0.0,也可以不设置,如果不设置就是指定最新版本。而在 android studio 中是必须在 app 目录下的 build.gradle 中进行设置,代码如下。

```
android{


compileSdkVersion 24
buildToolsVersion"24.0.0"
defaultConfig {
```

```
……
minSdkVersion 8
        targetSdkVersion 21
}
……
}
```

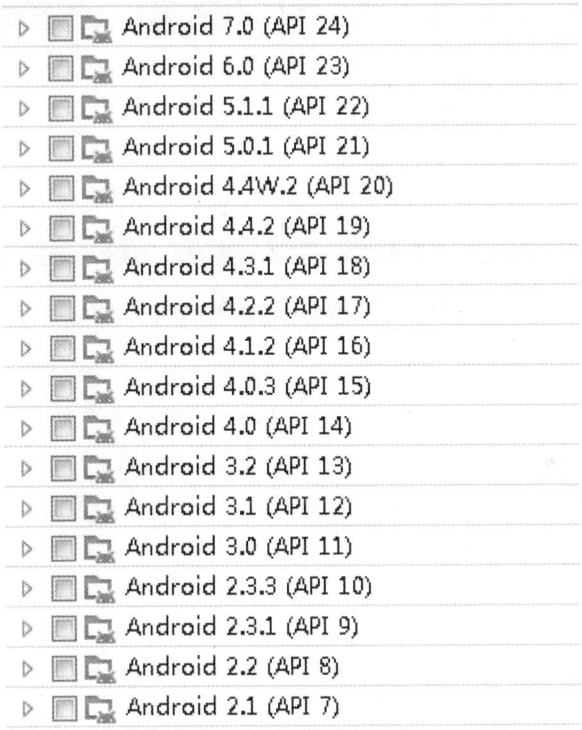

Android 7.0 (API 24)
Android 6.0 (API 23)
Android 5.1.1 (API 22)
Android 5.0.1 (API 21)
Android 4.4W.2 (API 20)
Android 4.4.2 (API 19)
Android 4.3.1 (API 18)
Android 4.2.2 (API 17)
Android 4.1.2 (API 16)
Android 4.0.3 (API 15)
Android 4.0 (API 14)
Android 3.2 (API 13)
Android 3.1 (API 12)
Android 3.0 (API 11)
Android 2.3.3 (API 10)
Android 2.3.1 (API 9)
Android 2.2 (API 8)
Android 2.1 (API 7)

图 10-1　Android 版本与 API 对应的关系

Android 都是向下兼容的，可以用高版本的 build-tool 构建一个低版本的 SDK 工程，例如 build-tool 的版本为 20，去构建一个 SDK 版本为 18 的工程，代码如下。

```
android{
compileSdkVersion 18
buildToolsVersion"20.0.0"
……
}
```

除了上述两个版本号，还经常要配置 minSdkVersion 和 targetSdkVersion。

minSdkVersion 指明应用程序运行所需的最小 API level。如果系统的 API level 低于 minSdkVersion 设定的值，那么 Android 系统会阻止用户安装这个应用，安装时会出现 INSTALL_FAILED_OLDER_SDK 错误。

minSdkVersion 不仅在程序安装时起作用，也会在项目构建时起作用。如果在项目中使用了高于 minSdkVersion 的 API，那么会在编译时报错，如图 10-2 中指定的 minSdkVersion 为 8，在代码中调用 Activity.getActionBar( ) 和 ActionBar.getHeight( ) 方法编译时就会报错，因为需要 API level 11。

```
ActionBar bar = getActionBar();
bar.getHeight();
```

```
Multiple markers at this line
  - Call requires API level 11 (current min is 8):
   android.app.ActionBar#getHeight
  - Call requires API level 11 (current min is 8):
   android.app.Activity#getActionBar
```

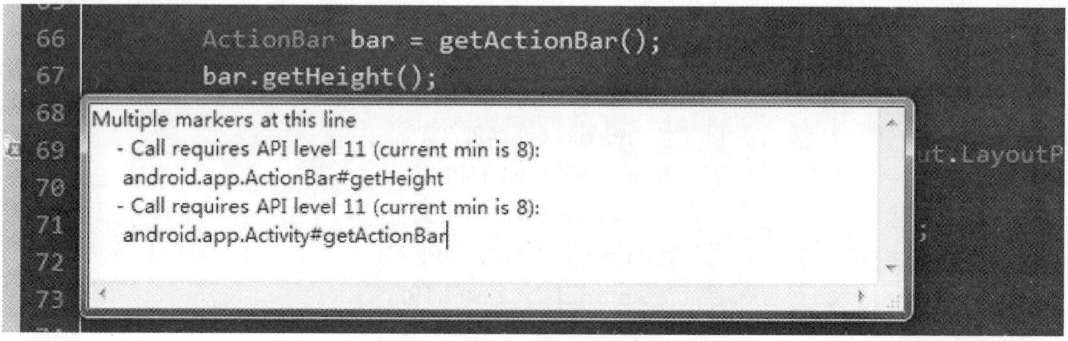

图 10-2　minSdkVersion 过低而无法编译

targetSdkVersion 这个属性通知系统，已经针对这个指定的目标版本测试过程序，系统不必使用兼容模式来运行应用程序。由于 Android 不断向着更新的版本进化，一些行为甚至外观都可能会改变。如果系统的 API Level 高于应用程序中的 targetSdkVersion 的值，系统会开启兼容行为来确保应用程序继续以期望的形式运行。在前面讨论过，在 Android 6.0 下对于 targetSdkVersion 小于 23 的应用，默认授予了所申请的所有权限，这就是一种兼容行为，以保证应用的顺利运行。一般情况下，应该将这个属性的值设置为较新的 API level 值，就可以利用新版本系统上的新特性。

这两个版本号在 Eclipse 项目中是在 AndroidManifest.xml 文件指定。在 AndroidStudio 项目中，无须在 AndroidManifest.xml 指定，而是在项目下的 build.gradle 中指定，代码如下。

```
<uses-sdk
        android:minSdkVersion="8"
        android:targetSdkVersion="21" />
```

一般来说，minSdkVersion≤targetSdkVersion≤compileSdkVersion≤buildToolsVersion。

2.版本兼容性 SupportLibrary 的使用

从上一节分析可以看出，如果开发者希望应用覆盖到更广泛的系统，那么需要将 minSdkVersion 设置得比较小，但这样一来在代码中就无法使用一些新版本里面的 API 类和函数了。这时就要用到 Google 提供的 AndroidSupportLibrary 系列的包，以保证高版本 SDK 开发的向下兼容性，图 10-3 为在 SDKManager 中安装 AndroidSupportLibrary。

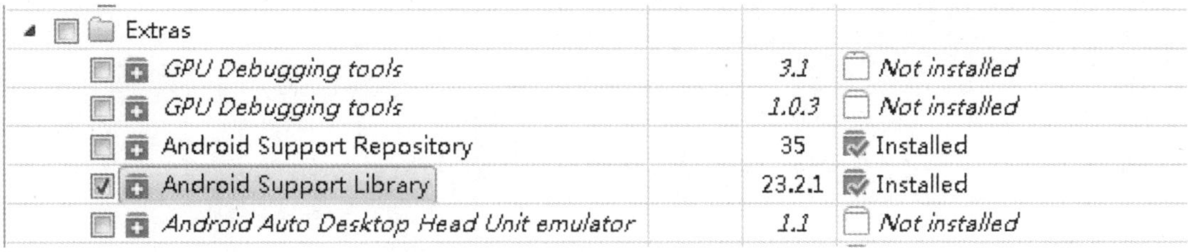

Extras		
GPU Debugging tools	3.1	Not installed
GPU Debugging tools	1.0.3	Not installed
Android Support Repository	35	Installed
Android Support Library	23.2.1	Installed
Android Auto Desktop Head Unit emulator	1.1	Not installed

图 10-3　添加 AndroidSupportLibrary

经常看到包各中含有 v4、v7、v13 这些数字,这里介绍下它们之间的含义和区别。

(1)v4 Support Library:用在 API lever 4(即 Android 1.6)或者更高版本之上。它包含了相对更多的内容,而且用得更为广泛,例如:Fragment、NotificationCompat、LoadBroadcastManager、ViewPager、PageTabStrip、Loader、FileProvider 等。

(2)v7 Support Library:这个包是为了考虑 API level 7(即 Android 2.1)及以上版本而设计的,但是 v7 是要依赖 v4 这个包的,v7 支持 ActionBar 及一些 Theme 的兼容。

(3)v7 appcompat library:它是包含在 v7 Support Libraries 里面的一个包,正是此包增加了 Action Bar 用户界面的设计模式,并加入了对 material design 的支持,是使用最多的一个兼容包。

(4)v13 Support Library:这个包的设计是为了 API level 13(即 Android 3.2)及更高版本的,一般手机开发上不常用,平板开发中能用到。

(5)v17 Preference Support Library for TV:看名字就知道了,此包主要是为了 TV 设备而设计的。

在 Android Studio 的构建过程中,这些兼容包是通过项目下的 build.gradle 进行依赖描述,代码如下。

```
dependencies{
    ……
    compile 'com.android.support:appcompat-v7:23.1.0'
}
```

兼容包 v7 会被 Google 公司不断升级,比如 appcompat-v7-21.0 表示升级到向 API 21 兼容,appcompat-v7-23.1 表示升级到向 API 23 兼容。

在项目的 AndroidManifest.xml 文件中有 <application android:theme = "@style/AppTheme">,其中的@style/AppTheme 是引用的 res/values/styles.xml 中的主题样式,也可以在 res/values-v11/styles.xml 或者 res/values-v14/styles.xml 中设定在 API 11 或 API 14 上的特殊样式。在 res/values/styles.xml 中 AppTheme 的主题样式继承自 AppBaseTheme,而 AppBaseTheme 的父主题就各有不同了,也可以从这个位置修改主题,如图 10-4 所示。

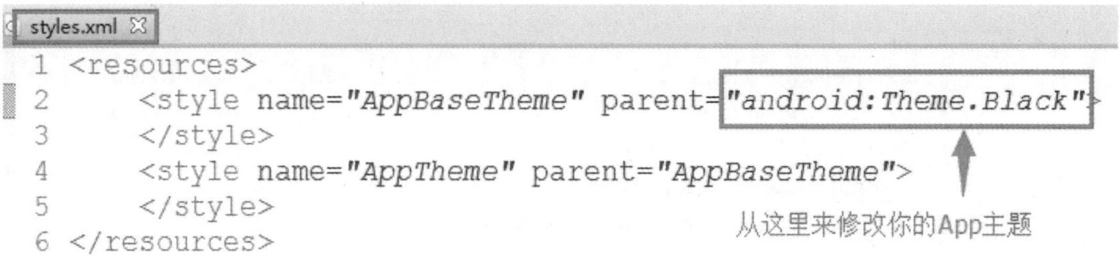

```
styles.xml
<resources>
    <style name="AppBaseTheme" parent="android:Theme.Black">
    </style>
    <style name="AppTheme" parent="AppBaseTheme">
    </style>
</resources>
```

从这里来修改你的App主题

图 10-4　style.xml 文件中的主题

主题的来源有三个:来自 Android 系统自带的主题、来自兼容包的(比如 v7 兼容包)主题、自定义主题。使用 Android 系统中自带的主题要加上“android:”,如 android:Theme.Black。使用 v7 兼容包中的主题不需要前缀,如 Theme.AppCompat。表 10-1 是 Android 中的各种主题。

表 10-1　Android 中的各种主题

API	主题	含义
API 1(Android 1.0)以上	android:Theme	根主题
	android:Theme.Black	背景黑色
	android:Theme.Light	背景白色
	android:Theme.Wallpaper	以桌面墙纸为背景
	android:Theme.Translucent	透明背景
	android:Theme.Panel	平板风格
	android:Theme.Dialog	对话框风格
API 11(Android 3.0)以上	android:Theme.Holo	Holo 根主题
	android:Theme.Holo.Black	Holo 黑主题
	android:Theme.Holo.Light	Holo 白主题
API 14(Android 4.0)以上	Theme.DeviceDefault	设备默认根主题
	Theme.DeviceDefault.Black	设备默认黑主题
	Theme.DeviceDefault.Light	设备默认白主题
API 21(Android 5.0)以上	Theme.Material	Materia Design 根主题
	Theme.Material.Light	Materia Design 白主题
appcompat-v7	Theme.AppCompat	兼容主题的根主题
	Theme.AppCompat.Black	兼容主题的黑色主题
	Theme.AppCompat.Light	兼容主题的白色主题

兼容包 v7 的主题到底是什么主题,取决于运行的移动设备的系统 API。也就是说设备的 Android 4.0 以下,那就是 Holo 风格的主题,如果是 Android 5.0 及以上,那就是 Materia Design 的主题。

3.权限动态检查

在安装应用的时候，Package Installer 会检测该应用请求的权限，提示用户分配相应的权限，即向 Android 系统申请权限。Android 的权限与 Android 的 API 对应，应用如果获得了某项权限，这就意味着它在运行时可以调用 Android 的 Java API，从而实现对 Android 受限资源进行访问的目的。

但在 Android 6.0 以后，这个机制发生了一些变化。Android 6.0 在原有的AndroidManifest.xml 声明权限的基础上，又新增了运行时权限动态检测，这些权限都需要在运行时判断，主要针对的是那些危险级别的权限，如传感器、日历、摄像头、通讯录、地理位置、麦克风、电话、短信、存储空间等。

Android 6.0 系统默认为 targetSdkVersion 小于 23 的应用授予了所申请的所有权限，如图 10-5 为 Android 6.0 下 targetSdkVersion<23 的微信应用安装后的初始权限情况。支付宝从 9.3.1.120312 版开始适配 Android 6.0，其 targetSdkVersion 为 23。图 10-6 为 Android 6.0 下 targetSdkVersion = 23 的支付宝应用安装后的初始权限情况，其中每个权限的获取都需要用户明确允许，如图 10-7。

图 10-5　targetSdkVersion<23 的微信应用安装后的权限

图 10-6　targetSdkVersion = 23 的支付宝应用安装后的权限

图 10-7　支付宝运行时授权

尽管每次适配新 Andorid 版本的应用还不太多,但开发者迟早要适应这种权限机制的变化。官方指南指出,对于 targetSdkVersion≥23 的应用,应在代码中需要权限的地方加上如下代码(以下以打电话的权限为例):

```
    final int resultCode = 1;
    if(ContextCompat.checkSelfPermission(this, Manifest.permission.CALL_PHONE)
    != PackageManager.PERMISSION_GRANTED)
{
    //申请权限
    ActivityCompat.requestPermissions(this, new String[]{Manifest.permission.CALL_PHONE}, resultCode);
}
else{
        call();
    }
    @Override public void onRequestPermissionsResult(int requestCode,String[] permissions,int[] grantResults){
        if (requestCode == resultCode) {
```

```
            if (grantResults[0] == PackageManager.PERMISSION_GRANTED) {
                call();
            } else {
                Toast.makeText(this,"没有权限!",Toast.LENGTH_SHORT).show();
            }
        }
        super.onRequestPermissionsResult(requestCode, permissions, grantResults);
    }
```

ActivityCompat.requestPermissions 函数会弹出授权对话框,用户点击“允许”或者“拒绝”时,会运行 onRequestPermissionsResult 回调函数。

另外可通过如下代码来告知用户不进行授权时的问题,如图 10-8。

```
    if(ActivityCompat.shouldShowRequestPermissionRationale(this,Manifest.permission.CALL_
PHONE)){
        //可显示不进行授权的行为的解释
    }
```

以上关于动态权限的申请和回调代码具体可参见安卓官方的代码示例 https://github.com/googlesamples/android-RuntimePermissions。不过需要注意的是,对于利用 Intent 组件调用系统应用界面这种情况,大多数时候是不需要授权,甚至权限都不需要,如是到拨号界面而不是直接拨打电话就不需要去申请权限,打开系统图库选择照片和调用系统相机 App 拍照等也是类似的情况。

图 10-8　支付宝中拒绝权限后的解释

也可以通过 adb shell pm grant<package> <permission>命令进行授权,对应上面的例子,假设其包名为 com.example.administrator.mydemo,其希望获得的是 android.permission.CALL_PHONE 权限,那么可以通过 adb shell pm grant com.example.administrator.mydemo android.permission.CALL_PHONE 来进行授权。与之相反的是可以通过 adb shell pm revoke<package> <permission>来撤销授权。当然这两条命令仅仅针对 targetSdkVersion≥23 的应用。图 10-9 是通过上述命令授权后,在“设置”的“权限”里面看到的情况。

图 10-9　在“设置”中查看应用的权限

10.1.2　不同系统差异

国内厂商纷纷推出各种深度定制的 Android 系统,比如小米的 MIUI、华为的 EMUI、魅族的 Flyme 等。在各种定制系统下的可移植性测试需要注意以下几方面。

1.不同的系统管理机制

一些定制的系统会集成一些系统管理软件,比如 360、LBE 等,这些系统管理机制可能会熄屏强行关闭网络,这可能导致熄屏网络交互受限;熄屏时降低 CPU 频率,这可能导致事件间隔加长,导致产品体验不佳;熄屏开启强制杀进程,这可能导致程序被误杀;卸载时清理应用相关文件,这可能导致清空用户下载的离线数据;控制软件使用权限,比如在打开应用时,管理软件提示该软件需要使用某权限,如果禁止,会导致应用原来的很多功能不能正常使用。

2.不同的通知栏及 ActionBar 的修改

很多厂商会对通知栏进行定制,造成有些 App 在适配时出现问题,比如“网易云音乐”在适配时就遇到了问题:在三星 S5、OPPO、Moto X 等机型中,在通知栏点击上一首、下一首进行歌曲切换时,可能出现显示错误或无法响应的问题。另外在通知栏上的文字颜色和某些 rom 的通知栏颜色相近的情况,会影响通知栏的使用。有些厂商还会对原生的 ActionBar 做一些修改,可能导致某些应用在 ActionBar 上的返回键无法使用。

3.文件系统权限

多数移动产品都需要使用本地文件的读写权限,然而有很多厂商对文件系统有各自的定制,导致应用程序会有一些水土不服的情况。比如在三星 S4 上发现 SD 卡为"sdcardfs"的文件格式无法扫描里面的歌曲,Moto X 升级到 4.4 版本后,本地音乐扫描时会扫描出很多多余的音乐文件(legacy 文件夹下)。

4.其他特定系统组件的兼容问题

比如 Flyme 的 Smartbar 的兼容问题,MIUI 旧版本 Menu 键的兼容问题等。

10.1.3　不同的平台

在开发 Android JNI 的时候,不同 CPU 架构的设备在运行时加载 so 文件有相应的策略。不同 CPU 架构的设备会在 libs 下找自己对应的目录,从对应的目录下寻找需要的 so 文件;如果没有对应的目录,就会去 armeabi 目录下寻找,如果已经有对应的目录,但是没有找到对应的 so 文件,也不会去 armeabi 目录下寻找了。

以 armeabi-v7a 设备为例,该设备优先寻找 libs 目录下的 armeabi-v7a 文件夹,同样,如果只有 armeabi-v7a 文件夹而没有 so 程序运行也会出现"find library returned null"的错误的;如果找不到 armeabi-v7a 文件夹,则寻找 armeabi 文件夹,兼容运行该文件夹下的 so 文件,但是不能兼容运行 x86 的 so 文件。所以项目中如果只含有 x86 的 so 文件,在 armeabi 和 armeabi-v7a 也是无法运行的。

以 x86 设备为例,设备会在项目中的 libs 文件夹寻找是否含有 x86 文件夹,如果含有 x86 文件夹,则默认为该项目有 x86 对应的 so 可运行文件,只有 x86 文件夹而文件夹下没有 so 文件,程序运行也是会报错的;如果工程本身不含有 x86 文件夹,则会寻找 armeabi 或者 armeabi-v7a 文件夹,兼容运行。

目前主流的 Android 设备是 armeabi-v7a 架构的,然后就是 x86 和 armeabi 了。如果同时包含了 armeabi、armeabi-v7a 和 x86,则所有设备都可以运行,程序在运行的时候去加载不同平台对应的 so 文件,这是较为完美的一种解决方案,但是同时也会导致包变大。armeabi-v7a 可以兼容 armeabi,且 CPU 支持硬件浮点运算,目前绝大多数设备已经是 armeabi-v7a 了,所以为了性能上的更优,就不要为了兼容放到 armeabi 下了。x86 也是可以兼容 armeabi 平台运行的,另外需要指出的是,在 x86 平台打包得到的 so 文件,总会比 armeabi 平台的体积更小,建议在打包 so 文件时支持 x86。

例如在项目集成测试中遇到了华为 Mate8 手机在 Android 6.0 系统运行时,出现闪退的问题,而小米 4 手机 Android 6.0 系统却没有出现任何问题,运行良好。反复查找发现项目加入了一个 arm64-v7a 文件夹,里面包含 arm64-v7a 的动态运行库文件。而其他的动态运行库文件却没有 arm64-v7a 对应的版本。小米 4 手机 Android 6.0 系统是 32 位操作系统,运行时不会去加载 arm64-v7a 文件夹里面的动态运行文件,而华为 Mate8 手机 Android 6.0 系统是 64 位操作系统,运行时加载 arm64-v7a 文件夹里面的动态运行文件,而其他动态运行库文件没有在该文件夹下,所以出错。

10.1.4 不同 Android 版本

对于终端厂商和开发者来说,版本升级与适配测试工作是十分烦琐、复杂的,需要完成大量的软件开发、测试、适配和认证。据独立第三方测试机构 Testin 的数据表明,目前中国主流的 App 应用对 Android 系统的适配率不到 70%。同时,有接近半数的应用存在严重缺陷,主要体现在无法安装、点击后闪退、启动时间超长、UI 错位、运行不稳定、与其他应用程序冲突等问题。

移动开发的一个重要难题,就是应用在开发过程中,必须使用手机真实环境进行测试,才有可能进入商用。由于操作系统的不同,以及操作系统版本之间的差异,使得真机测试这个过程尤其复杂,涉及终端、人员、工具、时间、管理等方面的问题。对于所有的移动互联网应用,测试是一个应用的必备环节,并且需要重复测试保证各种使用场景下的稳定性。目前,全球移动互联网的应用测试绝大部分都是由人手工执行,企业级解决方案灵活性很差,且费用昂贵。

企业应用适配解决方案:一般大型企业通常都会选择诸如 HP Business Process Testing 之类的企业级应用方案。HP Business Process Testing 软件支持创建实际为模块、可重用的测试案例,帮助确定自动化测试的最佳方案。采用准确涵盖各项功能的业务流程,为业务分析师设计和调整测试提供了一种无须编写脚本的机制,与此同时,支持测试工程师专注于自动化的子系统。HP Business Process Testing 软件无须创建和维持定制框架。事实上作为这样一款定位为企业级的应用,惠普的服务费用高昂,并不是所有中小型开发者都能够负担。

个人应用适配解决方案:国内开发者大多都会买测试机来测试,但很少有开发者能买 400 多款手机对应用进行质量测试。不管是时间成本还是金钱成本都远远超出中小开发者的承受能力。这里建议采用类似 Testin 的云测方式进行测试。

10.1.5 不同界面分辨率

测试移动 App 能否在不同终端上运行的一个测试内容是移动 App 在不同终端分辨率下的显示和运行效果。移动终端屏幕分辨率的差异巨大,因此一款移动 App 需要适应不同分辨率下的显示状态,才能有较好的适应性。

1.安卓布局文件简介

布局文件作为 Android 应用中必不可少的一部分,决定了布局的结构和应用展现给用户的元素。在 Android 应用中可以通过两种方式来声明布局:在 XML 文件中定义 UI 布局,或在运行时定义布局,即采用代码的方式完成布局。Android 的框架支持使用一种或者两种方式来控制布局。例如,开发者可以在布局 XML 文件中声明应用默认的布局方式,包括屏幕中会出现的元素以及这些元素的属性,然后可以在程序运行的时候,通过代码修改这些元素的布局。采用 XML 文件布局的好处是可以将需要显示的元素从控制层的代码中分离出来,描述 UI 的部分和应用的代码是分离的,修改布局文件时不需要重新编译应用的代码。

一个简单的 XML 布局文件的样例代码如下:

```
<?xml version="1.0" encoding="utf-8"?>
<LinearLayout xmlns:android="http://schemas.android.com/apk/res/android"
        android:layout_width="match_parent"
      android:layout_height="match_parent"
              android:orientation="vertical" >
    <TextView android:id="@+id/text"
              android:layout_width="wrap_content"
              android:layout_height="wrap_content"
              android:text="Hello, I am a TextView" />
    <Button android:id="@+id/button"
              android:layout_width="wrap_content"
              android:layout_height="wrap_content"
              android:text="Hello, I am a Button" />
</LinearLayout>
```

上述代码中的 LinearLayout 称为线性布局，是 Android 的基本布局方式之一，即将容器内的所有控件一个挨着一个地排列。其他布局还有表格布局（Table Layout）、网格布局（Grid Layout）、相对布局（Relative Layout）、绝对布局（Absolute Layout）、层布局（Frame Layout）等等。

为了让 Android 应用适应不同的分辨率，一种做法是为每个分辨率都设计一套布局文件，并把这些布局 XML 文件保存在项目的 res/layout 文件夹下面，系统会自动完成编译。这种做法显然比较烦琐，于是出现了一些 Android 应用分辨率自适应的方法。

2.多分辨率适应方法

（1）使用 dp 单位和百分比

dp（Density-independent pixel）是指独立像素密度，是一种密度无关像素，对应于 160 dpi 下像素的物理尺寸。屏幕密度越大，dp 对应的像素点越多。

dp 能够让同一数值在不同的分辨率展示出大致相同的尺寸大小。比如在布局文件中指定某个控件的宽和高为 160 dp×160 dp，这个控件在任何分辨率的屏幕中，显示的尺寸大小是大约一致的（可能不精确）。但是这样并不能够解决所有的适配问题，不同的分辨率下呈现效果仍旧会有差异，仅仅是相近而已。当设备的尺寸差异较大的时候，使用 dp 作为长度单位显示效果还是有较大差异。

百分比的长度定义更容易理解，控件的宽度可以参考父控件的宽度设置百分比，最外层控件的宽度参考屏幕尺寸设置百分比，那么 Android 设备中，只需要控件能够参考屏幕的百分比计算宽高就可以了。百分比能够更好地解决多分辨率适配的问题。

（2）为需要适配的分辨率分别创建布局 XML 文件

这种方式前面已经介绍过，非常不灵活，在需要适配某种不常见的特殊分辨率时可以使用。

（3）使用相对布局和禁用绝对布局

布局的子控件之间使用相对位置的方式排列，因为相对布局使用的是相对位置，即使屏幕的大小改变，视图之前的相对位置也不会变化，与屏幕大小无关，灵活性很强。

(4)使用“wrap_content”和“match_parent”

为了确保布局能够自适应各种不同屏幕大小,可以在布局的视图中使用“wrap_content”和“match_parent”来确定它的宽和高。当指定某个视图的长度为“wrap_content”时,相应视图的宽和高就会被设定成刚好能够包含视图中内容的最小值。当指定某个视图的长度为“match_parent”(在 Android API 8 之前叫作“fill_parent”)时,就会让视图的宽和高延伸至充满整个父布局。通过使用“wrap_content”和“match_parent”来替代硬编码的方式定义视图大小,视图要么仅仅使用了刚好所需的一点空间,要么就会充满所有可用的空间。

(5)使用 Size、Smallest-width 限定符

根据屏幕的配置来加载不同的布局,可以通过配置限定符来实现。配置限定符允许程序在运行时根据当前设备的配置自动加载合适的资源(比如为不同尺寸屏幕设计不同的布局)。

Size 限定符(small、normal、large 和 xlarge)对应了不同屏幕尺寸的设备。比如在应用的 res 文件夹下有两个布局文件 res/layout/main.xml 和 res/layout-large/main.xml,第二个布局的目录名中包含了 large 限定符,那些被定义为大屏的设备(比如 7 寸以上的平板)会自动加载此布局,而小屏设备会加载第一个默认的布局。

使用 Size 限定符的一个问题是,large 到底是多大? Smallest-width 限定符允许开发者设定一个具体的最小值(以 dp 为单位)来指定屏幕大小。例如,7 寸的平板最小宽度是 600 dp,所以可以使用 res/layout-sw600dp/main.xml 来指定在 600 dp 以上宽度的屏幕使用相应的布局文件。

(6)使用 Nine-Patch 图片

支持不同屏幕大小通常情况下也意味着图片资源也需要有自适应的能力。例如,一个按钮的背景图片必须能够随着按钮大小的改变而改变。解决方案是使用 nine-patch 图片,它是一种被特殊处理过的 PNG 图片,可以指定哪些区域可以拉伸而哪些区域不可以拉伸。为了将图片转换成 nine-patch 图片,可以通过 SDK 中带有的 draw9patch 工具打开这张图片(工具位置在 SDK 的 tools 目录下),然后在图片的左边框和上边框绘制来标记哪些区域可以被拉伸。也可以在图片的右边框和下边框绘制来标记内容需要放置在哪个区域。

对于 Android 应用多分辨率的适应性测试,可以利用 Andrioid 模拟器测试不同分辨率,即在 Android 模拟器中切换不同分辨率的模拟设备,检查应用界面在不同分辨率下的显示正确性。

10.2 易安装性

易安装性是指在指定环境中,产品或系统能够成功地安装和/或卸载的有效性和效率的程度。易安装性的测试主要包括安装、卸载和升级。App 安装、卸载、升级测试用例应该包含:

(1)正常安装测试、卸载。

(2)App 版本覆盖安装测试。例如:先安装一个 V1.0 版本的 App,再安装一个高版本(V1.1 版本)的 App。

(3)版本升级测试(包括在 App 内检测到的新版本升级和在应用商店内的升级)。

(4)安装、卸载、升级时,当手机内存、硬盘容量不够的情况下是否有提示。

(5)App 安装、卸载、升级过程中,强行断电、断网、电话呼入、呼出,查收短信、微信、QQ信息时,对 App 的安装、卸载、升级的处理和影响。

(6)升级过程中,突然中断升级,会不会造成以前程序没办法使用,也没有办法再次升级。

(7)安装、升级版本后,验证版本的主要功能是否都正确。

(8)对于不同 Android 系统上的安装、卸载、升级测试(最低版本、最高版本都要测试),首先要确认 App 所支持的版本。

本节描述了安装/卸载的基本方法、异常信息处理、代码方式进行普通安装/卸载和静默安装/卸载的方法,以及监听广播函数来获取安装/卸载信息。在线升级部分描述了升级的基本原理和遇到的问题,并介绍了热修复技术。

10.2.1　安装测试

这里介绍的主要是通过 adb 及开发工具的方式来进行安装,通过移动设备上的图形界面以及其他工具软件进行安装和卸载的方式这里不做介绍。

一般来说,对于已经生成移动 App 的 APK 文件,可以通过 adb 进行安装,也可以通过将 APK 拷贝到移动设备上,然后在移动设备上运行 APK 文件进行安装。通过 adb 安装的命令为:adb install <APK 文件>。而 adb install-r<APK 文件>可以进行覆盖安装。而 adb install-g <APK 文件>可在安装时对运行时权限进行授权,解决 Android 6.0+以后的动态权限检查问题。

另外,可以通过 adb shell pm install <APK 文件>达到和上述命令行一致的效果,其各个参数也一致。

如果开发阶段使用 Android Studio 构建 gradle 项目,那么还可以通过 gradle 命令进行安装。在 Android Studio 中的终端内或者在项目文件夹下的控制台中使用 gradlew,也可以在设定 gradle 的环境变量后通过在控制台 gradle 命令来执行。这里以 gradlew 为例,其相关命令为:

(1)gradlew installRelease 安装 Release 版本 APK 到所连接的设备。

(2)gradlew installDebug 安装 Debug 版本 APK 到所连接的设备。

(3)gradlew installDebugAndroidTest 安装测试 APK 到所连接的设备。

1.安装位置

Android 应用程序的默认安装位置以及是否可移动取决于开发者在其 AndroidManifest.xml中的设置,代码如下。

```
<manifestxmlns:android=http://schemas.android.com/apk/res/android
android:versionCode="1"  android:versionName="1.0"  android:installLocation="auto">
```

其中 android:installLocation 的值有三个,即 internalOnly、auto、preferExternal。缺省值为 internalOnly。internalOnly 表示该应用程序只能安装到手机内部存储中。auto 表示由系统决定该应用程序安装到手机内部存储中还是 SD 卡中。如果有 SD 卡且应用程序大于 5 MB,可安装到 SD 卡中,否则安装到手机内部存储中。preferExternal 表示如果有 SD 卡就把该应用程序安装到 SD 卡中,否则安装到手机内部存储中。

android:installLocation 为 internalOnly 时,用户在“设置”->“应用”->“存储”中不能把应用程序在 SD 卡与内存中相互移动。

android:installLocation 为 auto 或 preferExternal 时,用户在“设置”->“应用”->“存储”中可以把应用程序在 SD 卡与内存中相互移动。

另外,adbshell 中可以使用 adb shell pm set-install-Location <location>命令强行更改安装位置。location 的值取 0 代表自动,1 代表强制装到手机内部存储中,2 代表的是强制安装在 SD 卡中。

Android 应用安装涉及如下几个目录。

/system/app——系统应用安装目录,存放 APK 文件。如需安装系统应用只需把 APK 文件拷到该目录即可,需 root 权限。

/data/app——普通应用安装目录,存放 APK 文件。如需安装普通应用只需把 APK 文件拷到该目录即可,需 system 权限。

/mnt/asec/packageName-number——普通应用安装目录,存放 APK 和 lib(里面存放 so 库),需 system 权限。

/data/data——app 数据目录,需 system 权限。

/data/data/packageName/lib——库目录,存放 so 库链接文件,一般指向/data/app-lib/packageName-number 或/mnt/asec/packageName-number/lib。

/data/dalvik-cache——默认 dex 缓存目录,将 APK 中的 dex 文件安装到 dalvik-cache 目录下(dex 文件是 Dalvik 虚拟机的可执行文件,其大小约为原始 APK 大小的四分之一),需 system 权限。

/data/system/package.list——保存系统中存在的所有非系统自带的 APK 信息,即 UID 大于 1 000 的 APK 内容,包括包名、APK 位置、uid 等信息,需 system 权限。

/data/system/package.xml——用于记录系统中所安装的 Package 信息,内容包括包名、APK 位置、uid、拥有权限、签名等信息,需 system 权限。

2.安装失败的异常信息

下面列出在安装过程中可能会遇到的错误:

(1)INSTALL_FAILED_INSUFFICIENT_STORAGE——存储空间不足导致安装失败。可通过 adb 查 shelldf 来查询/data/下的存储空间是否足够,如果空间不够的话,通过删除无用的 App 来腾出空间。

(2)INSTALL_FAILED_VERSION_DOWNGRADE——版本号错误。在 APK 的清单文件里修改版本号(android:versionCode)后再重新安装。

(3)INSTALL_FAILED_UID_CHANGED——UID 不同导致的安装失败。其原因大多是 APK 冲突或 APK 没卸干净造成,应重新卸载再安装。

(4)INSTALL_FAILED_CONFLICTING_PROVIDER——内容提供者已存在导致安装失败。新安装应用和已安装应用的清单文件中的某个内容提供者地址重复,可卸载干净再安装。如卸载干净后还存在该问题,可将清单文件里注册的内容提供者地址一批一批地去掉,再安装直到安装成功。成功之前的那个内容提供者地址就是导致失败的地址,修改该地址即可。

(5)INSTALL_FAILED_DEXOPT——表明空间不够,卸载其他 App 再试。

(6) INSTALL_FAILED_NO_MATCHING_ABIS——表明某些应用使用了原生库(NDK, Native Lib),这些库的编译目标通常是 arm 架构的 CPU,在 x86 上运行就会报这样的错误。

(7) INSTALL_FAILED_OLDER_SDK——表明该应用的最小 SDK 版本高于目前设备的 SDK 版本,设备的 Android 系统版本太低。

3.使用代码进行普通安装和静默安装

执行普通安装,将会弹出确认安装的提示框,与在文件管理器中打开 APK 文件实现安装、卸载相同。其实质是通过 Intent 来完成安装和卸载,代码如下。

```
Intent intent = new Intent(Intent.ACTION_VIEW);
intent.setDataAndType(Uri.fromFile(new File(apkPath)),"application/vnd.android.package-archive");
context.startActivity(intent);
```

执行静默安装时,正常状态下,前台无任何反应,App 在后台完成安装。该功能一般也被称为"后台安装"。其实质是执行 pm install 命令,代码如下。代码中的 apkPath 是指被推送到移动设备上的 APK 文件路径,比如"/data/local/tmp/apk 文件"。

```
private static final String SILENT_INSTALL_CMD = "LD_LIBRARY_PATH=/vendor/lib:/system/lib pm install-r ";
String installCmd = SILENT_INSTALL_CMD + apkPath
int result = -1;
DataOutputStream dos = null;
Process process = null;
try{
process = Runtime.getRuntime().exec("su");
dos = new DataOutputStream(process.getOutputStream());
dos.writeBytes("chmod 777" + file.getPath() + "\n");
dos.writeBytes(installCmd + "\n");
dos.flush();
dos.writeBytes("exit\n");
dos.flush();
process.waitFor();
result = process.exitValue();
} catch (Exception e){
e.printStackTrace();
} finally{
try {
if(dos != null) {
dos.close();
}if(process != null){
```

```
process.destroy();
}
} catch (IOException e) {
e.printStackTrace();
}
}
return result;
```

4.使用 MonkeyRunner 进行安装

MonkeyRunner 工具提供了一个从 Android 源码外部写程序控制一个 Android 设备或者模拟器的 API。可以用 MonkeyRunner 写一个 Python 程序,来安装一个 Android 应用和测试包,运行它,发送 key 事件、截屏等。其代码如下。

```
from com.android.monkeyrunner import MonkeyRunner, MonkeyDevice
device = MonkeyRunner.waitForConnection()
MonkeyRunner.sleep(15)
device.installPackage('ApiDemos.apk')
print ('安装成功')
```

MonkeyRunner 其实是用 Jython 语言写的,它直接调用 Android API 实现与 Android 系统的交互,所以也可以直接使用 Java 来调用 MonkeyRunner 来进行 App 的安装,代码如下。

```
import com.android.chimpchat.adb.AdbBackend;
import com.android.chimpchat.core.IChimpDevice;
public class MonkeyTest{
    public static void main(String[] args){
        String testApkPath = "D:\\mobiletest\\AndroidSensorBox.apk";
        System.out.println("start");
        IChimpDevice device = new AdbBackend().waitForConnection();
        System.out.println("monkey test connected");
        device.installPackage(testApkPath);
        System.out.println("install package success");
        // Take a snapshot and save to out.png
        device.takeSnapshot().writeToFile("D:\\mobiletest\\out1.png", "PNG");
        device.dispose();
    }
}
```

上述项目用到的 jar 库文件有 chimpchat.jar、common.jar、ddmlib.jar、guava-17.0.1.jar、sdklib.jar。这些文件在 sdk/tools/lib 下能够找到。

5.监听广播统计安装信息

Android 应用程序的安装事件,是由系统进行监听并全局广播的。如果想要监听获取应用的安装事件,只需要自定义一个 BroadcastReceiver 来对系统广播进行监听和处理。具体需要如下两个步骤。

(1)自定义广播

自定义广播 MyInstalledReceiver 继承自 BroadcastReceiver,具体代码如下。

```
public class MyInstalledReceiver extends BroadcastReceiver{
@ Override
public void onReceive(Context context, Intent intent) {
if (intent.getAction().equals("android.intent.action.PACKAGE_ADDED")){
// install
String packageName = intent.getDataString();
Log.i("homer", "安装了 :" + packageName);
}
}
}
```

(2)注册监听

BroadcastReceiver 使用前需要进行注册监听(XML 和代码两种方式),不使用时需要注销监听,其生命周期一般为整个应用的生命周期。

以 XML 方式注册监听的方法为,在 AndroidManifest.xml 配置文件的 Application 节点下,添加自定义的注册监听,代码如下。

```
<? xml version="1.0" encoding="utf-8"? >
<manifest xmlns:android=http://schemas.android.com/apk/res/android …>
<application android:icon="@drawable/ic_launcher" android:label="@string/app_
name">
……
<receiver android:name=".MyInstalledReceiver" >
<intent-filter>
<action android:name="android.intent.action.PACKAGE_ADDED" />
<data android:scheme="package" />
</intent-filter>
</receiver>
</application>
</manifest>
```

在 AndroidManifest.xml 添加的注册监听,其生命周期默认是整个应用的生命周期。

以代码方式注册监听一般在 Activity 的 onStart()方法中注册监听,在 onDestroy()方法中注销监听(也可以在 onStop()方法中注销,其生命周期注销时结束),代码如下。

```
@ Override
public void onStart() {
super.onStart();
installedReceiver = new MyInstalledReceiver();
IntentFilter filter = new IntentFilter();
filter.addAction("android.intent.action.PACKAGE_ADDED");
filter.addDataScheme("package");
this.registerReceiver(installedReceiver, filter);
}
@ Override
public void onDestroy() {
if(installedReceiver != null) {
this.unregisterReceiver(installedReceiver);
}
super.onDestroy();
}
```

以上 XML 和代码两种注册方式,使用时选择其一即可。如果同时使用两种方式,则两种方式都有效,即一次安装或卸载均统计了两次(重复统计)。

10.2.2 卸载测试

1.通过 adb 卸载

卸载可以通过 adb uninstall <包名>来进行卸载。而 adb uninstall-k <包名>则表示不删除程序运行所产生的数据和缓存目录(如软件的数据库文件)。另外,通过 adb shell pm uninstall <包名>可以达到和上述命令一致的效果,其各个参数也一致。

如果开发阶段使用 Android Studio 构建 gradle 项目,那么还可以通过 gradle 命令来进行卸载:

(1) gradlew uninstallRelease——卸载所连接设备上的 Release 版本。

(2) gradlew uninstallDebug——卸载所连接设备上的 Debug 版本。

(3) gradlew uninstallDebugAndroidTest——卸载所连接设备上的测试 App。

(4) greadlw uninstallAll——卸载所连接的设备上该项目的 App。

在卸载过程中,如果卸载失败,可以通过如下操作进行卸载:找到移动 App 安装目录并删除(在上面的安装位置所指定的几个目录中),然后删除该移动 App 所在数据目录,接着在 dex 缓存目录中删除该移动 App 的 dex 文件,最后在 packages.list 和 packages.xml 中删除该应用的配置信息。

2.使用代码进行普通卸载和静默卸载

和安装一致,普通卸载的实质是通过 Intent 来完成卸载,代码如下。

```
Uri packageURI = Uri.parse("package:" + packageName);
Intent intent = new Intent(Intent.ACTION_DELETE, packageURI);
context.startActivity(intent);
```

静默卸载的实质是执行 pm uninstall 命令,代码如下。代码中的 apkPath 是指被推送到移动设备上的 APK 文件路径,比如"/data/local/tmp/apk 文件"。

```
private static final String SILENT_UNINSTALL_CMD = "pm uninstall ";
String uninstallCmd = SILENT_UNINSTALL_CMD + appPackageName;
int result = -1;
DataOutputStream dos = null;
Process process = null;
try{
process = Runtime.getRuntime().exec("su");
dos = new DataOutputStream(process.getOutputStream());
dos.writeBytes(uninstallCmd + "\n");
dos.flush();
dos.writeBytes("exit\n");
dos.flush();
process.waitFor();
result = process.exitValue();
} catch (Exception e){
e.printStackTrace();
} finally{
try{
if(dos != null){
dos.close();
}
if(process != null){
process.destroy();
}
}
catch (IOException e) {
e.printStackTrace();
}
}
return result;
```

3.使用 MonkeyRunner 进行卸载

类似于安装过程,使用 MonkeyRunner 进行卸载的代码如下。

```
from com.android.monkeyrunner import MonkeyRunner, MonkeyDevice
device = MonkeyRunner.waitForConnection( )
device.removePackage ('com.example.android.notepad')
print ('卸载成功')

//使用 Java 调用 MonkeyRunner 进行 APP 卸载过程的代码如下。
import com.android.chimpchat.adb.AdbBackend;
import com.android.chimpchat.core.IChimpDevice;
public class MonkeyTest{
    public static void main(String[ ] args){
        IChimpDevice device = new AdbBackend( ).waitForConnection( );
        System.out.println("monkey test connected");
        try{
            Thread.sleep(3000);
            String pkgName ="com.example.android.notepad";
            System.out.println("package name is "+pkgName);
            device.removePackage(pkgName);
            System.out.println("remove package success");
        } catch (Exception e){
            e.printStackTrace( );
        }
    }
}
```

4.监听广播统计卸载信息

类似于安装,卸载也可以监听其广播。下面自定义一个 BroadcastReceiver,对系统广播进行监听和处理。需要如下两个步骤:

(1)自定义广播

自定义广播 MyInstalledReceiver 继承自 BroadcastReceiver,具体代码如下。

```
public class MyUnInstalledReceiver extends BroadcastReceiver{
@Override
public void onReceive(Context context, Intent intent) {
if (intent.getAction( ).equals("android.intent.action.PACKAGE_REMOVED")) {
// uninstall
```

```
String packageName = intent.getDataString();
Log.i("homer", "卸载了 :" + packageName);
}
}
}
```

(2)注册监听

类似于安装,用 XML 方式实现注册卸载监听的代码如下。

```
<? xml version="1.0" encoding="utf-8"? >
<manifest xmlns:android=http://schemas.android.com/apk/res/android …>
<application android:icon="@drawable/ic_launcher" android:label="@string/app_
name">
……
<receiver android:name="MyUnInstalledReceiver" >
<intent-filter>
<action android:name="android.intent.action.PACKAGE_REMOVED" />
<data android:scheme="package" />
</intent-filter>
</receiver>
</application>
</manifest>
```

用代码方式实现注册卸载监听的代码如下。

```
@Override
public void onStart(){
super.onStart();
uninstalledReceiver = new MyUnInstalledReceiver();
IntentFilter filter = new IntentFilter();
filter.addAction("android.intent.action.PACKAGE_REMOVED");
filter.addDataScheme("package");
this.registerReceiver(uninstalledReceiver, filter);
}
@Override
public void onDestroy(){
if(installedReceiver != null) {
```

```
this.unregisterReceiver(uninstalledReceiver);
}
super.onDestroy();
}
```

10.2.3 升级测试

升级包括下载 APK 包和在线升级。对于升级过程,需要下载新的 APK 文件,不同升级方式应给出提示,如图 10-10 所示。

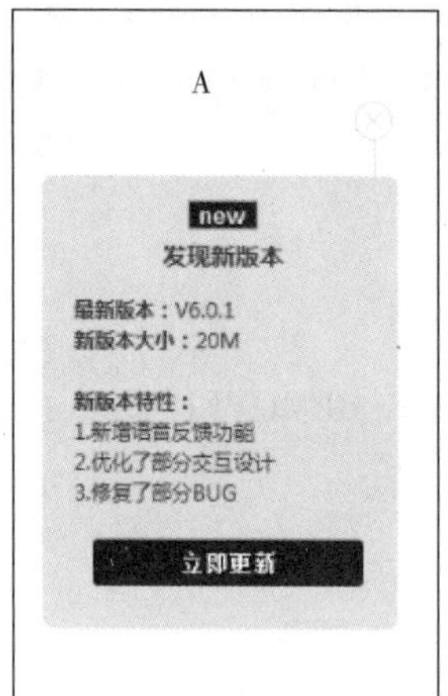

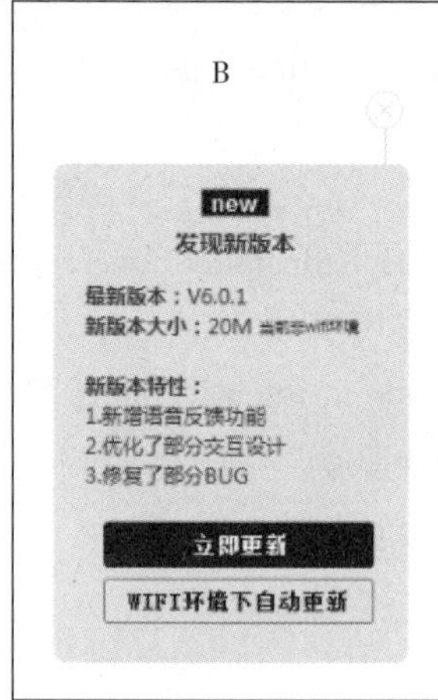

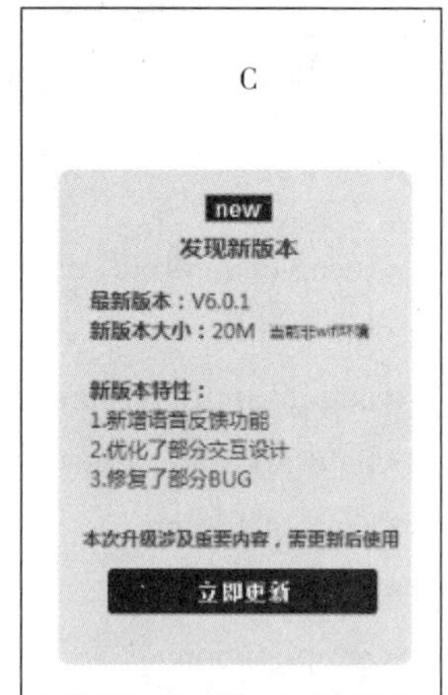

图 10-10 软件在线升级提示

App 一般在运行的首个页面都会有一段代码自动检测是否有新版本,这段代码的基本做法如下,

(1)获取当前 App 的版本的信息,包括 AndroidManifest.xml 中的 versionCode 和 versionName,其中 versionCode 是一个整数,versionName 是一个字符串。

(2)连接 App 服务器获取版本号 versionCode(版本号一般存储在 xml 文件中),并与当前检测到的版本 versionCode 进行比较,如果服务器上的版本号更大,则提示用户进行升级,否则进入程序主界面。

(3)当提示用户进行版本升级时,如果用户点击了确定,系统将自动从服务器上下载新版本的 APK 文件,并进行自动升级;如果点击取消将进入程序主界面。

升级测试中比较容易遇到的情况是:发现了新版本,然后点击确认升级,升级安装后的新版本运行时又发现了新版本,如此往复出现。究其原因就是在生成新版本的 APK 文件时的 AndroidManifest.xml 中的 versionCode 还是老版本里的值,和服务器上的 XML 上的 versionCode 并不一致,导致下载了该版本后还是能检测到新版本。

升级测试时还有一个较常见的问题就是签名问题。这种情况多出现在应用商店上下载新版本时。原因是之前已经安装过较早版本,而现在要安装的新版本和老版本的签名不一致,如图 10-11 所示,需卸载老版本才能安装新版本。如果是在内测阶段,那可能是某个版本是 Debug 签名的版本,而非正式的带签名的 Release 的版本。修正的方法是两个版本都使用正式的发布版本。

图 10-11　签名冲突导致安装失败

10.2.4　热修复技术

移动 App 在线升级最重要的目的之一是修改错误,但往往为了紧急修复错误而发布新版本未必是一种很好的策略,因为用户可能选择不升级。目前在 Android 体系中有一种称为 HotFix 的热修复技术,可以在不发布新版本的情况下紧急修复错误。这里介绍一个阿里巴巴发布的开源热修复框架 AndFix,其支持 Android 2.3 到 6.0 版本,并且支持 arm 与 x86 系统架构的设备,完美支持 Dalvik 与 ART 的 Runtime。其下载位于 Github:https://github.com/alibaba/AndFix。

在 Android Studio 中直接添加 build.gradle 文件中的依赖,代码如下。如果使用 Eclipse 就直接全部使用官网上下载的 lib 包即可。

```
dependencies{
    compile'com.alipay.euler:andfix:0.4.0@ aar'
}
```

接下来的步骤为：

(1)继承 Application 类，添加初始方法，代码如下。

```
public class MainApplicationextends Application {
    public PatchManager mPatchManager;
    @ Override
    public void onCreate() {
        super.onCreate();
        //初始化 patch 管理类
        mPatchManager = new PatchManager(this);
        //初始化 patch 版本
        mPatchManager.init("1.0");
        //加载已经添加到 PatchManager 中的 patch
        mPatchManager.loadPatch();
    }
}
```

(2)在需要加载补丁的地方进行调用，代码如下。这个补丁文件会在后面描述生成过程。

```
//path 是补丁在本地存储的路径，一般修复线上项目需通过后台下载补丁到 SD 卡
patchManager.addPatch(path);
```

(3)当 APK 版本升级时，需要把之前的 patch 文件删除，代码如下：

```
//删除所有已加载的 patch 文件
mPatchManager.removeAllPatch();
```

最后描述如何使用 apkpatch 生成补丁。当发现错误时，修复错误后重新打包生成新的 APK 文件，然后使用以下方法生成补丁文件，其大致原理是根据新老 APK 文件，生成一个差异文件，即补丁文件。这个补丁文件就是上述步骤 2 中要存放在 SD 卡 path 路径下的.apatch 后缀的补丁文件。

在 GB/T 25000.10—2016 中，易替换性是指在相同的环境中，产品能够替换另一个相同用途的指定软件产品的程度。易替换性主要用来测试移动 App 在不同平台的替代程度。测试移动 App 的易替换性时，可考虑以下方面：

(1)测试移动 App 的输入输出是否满足标准的数据格式。例如 App 生成的图像、视频、音频等能否被同一系统中的系统组件或其他软件正确识别。这一属性可以说明被测 App 能够在一定程度上代替同类型的其他 App，降低该功能领域被某一 App 锁定的风险。

(2)测试移动 App 升级后，其核心功能是否保持一致，即验证升级后的 App 是否能够完全替代旧版本的 App。

参 考 文 献

[1]Windows_Phone_7 介绍,https://en.wikipedia.org/wiki/Windows_Phone_7.

[2] Windows_Phone_8 介绍,https://en.wikipedia.org/wiki/Windows_Phone_8.

[3]Windows_10_Mobile 介绍,https://en.wikipedia.org/wiki/Windows_10_Mobile.

[4]Android Studio 安装与配置,https://www.cnblogs.com/xiadewang/p/7820377.html.

附　录

附表　不同 Android 版本的差异

版本名称	版本号	发行年月	API Level	主要特性
—	1	2008 年 9 月 23 日	1	• 第一版商用操作系统
	1.1	2009 年 2 月 9 日	2	• 更新了部分 API，新增一些功能，修正了一些错误，同时增加 com.google.android.maps 包
Cupcake	1.5	2009 年 4 月 27 日	3	• 智能虚拟键盘 • 使用 widgets 实现桌面个性化 • 在线文件夹（LiveFolder）可快速浏览在线数据 • 视频录制和分享 • 图片上传 • 更快的标准兼容浏览器 • 语音搜索 • 立体声蓝牙和免提电话
Donut	1.6	2009 年 9 月 15 日	4	• 完全重新设计的 Android Market，可以显示更多的屏幕截图 • 支持手势，可以让开发者生成针对某个应用程序的手势库 • 支持 CDMA 网络 • TXT-2-Speech 支持更多语言的发音，包括英语、法语、德语、意大利语等 • 快速搜索框，可直接搜索联系人、音乐、浏览历史、书签等手机内容 • 全新的拍照界面——新版相机程序比上一版相机程序启动速度快了 39%，拍照间的延迟减少了 28% • 应用程序耗电查看——软件耗电情况一目了然 • 新增面向视觉或听觉困难人群的易用性插件 • Linux 内核升级到 2.6.29 • 支持更多的屏幕分辨率，如 WVGA、QVGA 等

附表(续1)

版本名称	版本号	发行年月	API Level	主要特性
Eclair	2.0~2.1	2009 年 10 月 26 日	5~7	• 由于文件结构的改动和优化,使整个操作流畅性得到了很大的提升 • 自带的 ChromeLite 浏览器增加了对双击屏幕进行缩放的支持 • 加强了网络社交功能,如将 Facebook 好友整合至联系人功能 • 强化了语音识别的搜索控制。整个系统多处都支持语音控制,并拥有独立的控制面板 • Google 地图服务更新,加入了全新的导航系统,该系统甚至比专业的导航软件更先进 • 加入了原生微软 Exchange 邮件服务支持 • 对多个不同账户,提供统一的邮件收件箱 • 只需双击就能上传图片至 YouTube • 优化了驾车时的体验,新的"CarHome"应用程序为各功能提供了易于操作的快捷链接,还能方便地使用语音控制功能,便于用户驾车时使用 【Android 2.1】 • 可以同时绑定多个 Google 账号 • 无线控件里增加了 VPN 设置 • 增加了连接到计算机的设置 • 增强了语言和声音的转换功能,并加入了文字到语音的转换功能模块 • 全新的拨号界面,按键更大,更易于操作 • 更多的桌面小工具 • 新的 Google 地图可以使用导航功能 • 新的浏览器版本,加强了稳定性和网页渲染能力 • 加强全局搜索功能 • 全新的 Market 程序,搜索更快,布局更合理
Froyo	2.2~2.2.3	2010 年 5 月 20 日	8	• 全面支持 Flash 10.1 • 应用程序自动升级,升级更加人性化 • 支持应用程序安装在外置内存上 • Linux 内核将升级为最新的 2.6.32 版本,系统更加稳定

附表(续 2)

版本名称	版本号	发行年月	API Level	主要特性
Froyo	2.2~2.2.3	2010 年 5 月 20 日	8	•对系统性能进一步优化,让手机有更多的运行内存 •增加了轨迹球 LED 指示灯变色功能 •增加了对 3D 性能的优化,3D 性能更加强大 •FM 功能也将在新系统中得到全面支持
Gingerbread	2.3~2.3.7	2010 年 10 月 6 日	9~10	•用户界面更美观 •提升游戏体验 •提升多媒体能力 •增加官方进程管理 •改善电源管理 •新增 NFC 近场通信 •新增全局下载管理 •新增全新虚拟键盘 •新增原生支持前置摄像头 •新增 SIP 网络电话
Honeycomb	3.0~3.2.6	2011 年 2 月 22 日	11~13	•Android 3.0 系统主要用于平板产品,画面动感,可操控性更强,添加了 Fragment 碎片管理功能
Ice Cream Sandwhich	4.0~4.0.4	2011 年 10 月 18 日	14~15	•Android 4.0 同时支持智能手机、平板电脑、电视等设备
Jelly Bean	4.1~4.3.1	2012 年 7 月 9 日	16~18	•使用了新的处理架构,支持多核心处理器,Android 设备中出现的双核、四核处理器得到更好的优化。其次,在新版系统中,特效动画的帧速提高至 60 f/s,4.1 版系统还将优化最佳性能和很低的触摸延迟,提供一个流畅、直观的用户界面 •新版锁屏 •新版相机对焦框加入动画特效 •人脸解锁增加 Liveness Check 模式 •加入了更加强悍的 GestureMode 功能(手势模式) •多种显示模式转换(操作栏、导航栏、系统栏可见的"正常模式",状态栏、操作栏隐藏和导航栏变灰的"夜间模式",以及状态栏、操作栏、导航栏全部隐藏的"全屏模式") •更轻松地预览并直接使用动态壁纸,更高分辨率的联系人照片

附表(续3)

版本名称	版本号	发行年月	API Level	主要特性
Jelly Bean	4.1~4.3.1	2012年7月9日	16~18	【Android 4.2】 • 完整的 Chrome 浏览器 • 全新的手机风景模式 • 全新的文件管理器 • 文本输入选项的改进 • 一个明确的升级方法 • Android KeyLimePie 精简版 • 具有开关切换的用户界面 • 全新的电源管理系统 • 更为轻便的主题模式 • 全新的锁屏页面 【Android 4.3】 • 支持 OpenGLES 3.0
KitKat	4.4~4.4.4	2013年10月31日	19~20	• 除了默认的 Dalvik 模式,还支持 ART 模式 • 配色设计被更换成了白/灰色,更加简约 • 图标风格进一步扁平化 • 加入了半透明的界面样式 • 新的拨号程序 • 启动语音功能 • 内置了 Hangouts IM 软件,类似于国内的微信 • 全屏模式 • 丰富的 Emoji 输入 • 直接在手机或平板电脑中打开存储在 GoogleDrive 或是其他云端存储的文件 • 屏幕录像功能 • 内置了计步器等健身应用 • 加入了低功耗音频和定位模式 • 加入了新的接触式支付功能 • 内置了两个新的蓝牙配置文件,可以支持更多的设备
Lollipop	5.0~5.1.1	2014年11月12日	21~22	• 基于 Linux 内核 3.0,多核处理器优化,运行速度比 3.1 提高 1.8 倍。 • Material Design 风格 • ART 运行环境替代 Dalvik 虚拟机 • 引入对 64 位系统的支持 • 浮动通知(锁屏界面可以查看通知消息,进行恢复和进入应用) • 支持多种设备(Wear OS、TV、Cars 等) • 改进电池续航

附表(续 4)

版本名称	版本号	发行年月	API Level	主要特性
Marshmallow	6.0~6.0.1	2015 年 10 月 5 日	23	• 动态权限管理 • 指纹识别 • Andorid pay • 深度睡眠可延长电池寿命
Nougat	7.0~7.1.2	2016 年 8 月 22 日	24~25	• 多窗口模式 • 双系统分区 • 通知消息快捷回复(来电时提供接听和挂断) • 通知消息归拢,同一应用的多条通知归拢为一项(可点击全部查看) • 长按应用程序图标可启动新的操作 • 引入 JIT 编译器,App 安装加快,代码编译加快
Oreo	8.0~8.1	2017 年 8 月 21 日	26~27	• 每次安装第三方应用需要手动授权 • 添加具有可调整窗口大小的画中画功能 • 手机不用时导航按钮变暗 • UI 更新为“关闭电源”和“重新启动” • 自动明暗主题 • Toast 消息为白色
Pie	9	2018 年 8 月 6 日	28	• 室内 WIFI • 高精度定位 • 全面屏的支持 • 夜间模式 • 支持多摄像头的开发 • 电源选项添加截屏按钮
Android 10	10	2019 年 9 月 3 日	29	• 对折叠式智能手机的原生支持 • 允许用户控制应用程序何时有权查看所在位置 • 新增控制应用程序在后台时的照片、影片和音乐文件的访问权限 • 内建屏幕录影功能 • 增加对后台应用程序自动唤醒到前台的限制 • 隐私改进——限制对 IMEI 码的读取 • 更快捷的分享方式,允许直接与联系人共享内容 • 新增浮动设置面板,允许直接从应用程序中更改系统设定

附表(续5)

版本名称	版本号	发行年月	API Level	主要特性
Android 10	10	2019 年 9 月 3 日	29	• 照片的动态景深格式,允许在拍照后更改景深模糊程度 • 支持 AV1 视频编解码器、HDR10 +影帧式和 Opus 音频编解码器 • 加入原生 MIDI API,允许其与音乐控制器互换 • 为应用程序中的生物识别技术提供更好的支持 • 新增 53 个中立性别 Emoji • "Bubbles"气泡通知界面。Bubbles 通过在其他应用程序中快速访问 App 内的功能来帮助多任务处理,用于发送消息、正在进行的任务及到达时间或电话等更新,可以提供对笔记、翻译或任务的快速访问 • 新的手势操作设计。新的方案增加了向任一方向拉动导航按钮、在应用程序之间切换的功能 • 类似 iOS 3D Touch 的深度按压功能 • 以纯文字形式显示 WiFi 密码 • 屏幕智能睡眠功能,使用手机时不会关闭屏幕 • 加入全新导航手势(向上滑动),类似于"iPhone X"的底部长条导航